国家社科基金项目"从浩特至浩特：内蒙古牧业社区居住空间的调整与新型城镇化路径的社会人类学研究"（项目号：14CSH041）

从浩特至浩特

内蒙古牧区居住空间与城镇化研究

额尔德木图　著

中国社会科学出版社

图书在版编目(CIP)数据

从浩特至浩特:内蒙古牧区居住空间与城镇化研究/额尔德木图著.
—北京:中国社会科学出版社,2022.5
ISBN 978-7-5203-9957-9

Ⅰ.①从… Ⅱ.①额… Ⅲ.①牧区—居住空间—研究—内蒙古
Ⅳ.①TU241.4

中国版本图书馆 CIP 数据核字(2022)第 049412 号

出 版 人	赵剑英
责任编辑	吴丽平
责任校对	杨 林
责任印制	李寡寡

出 版	中国社会科学出版社
社 址	北京鼓楼西大街甲 158 号
邮 编	100720
网 址	http://www.csspw.cn
发 行 部	010-84083685
门 市 部	010-84029450
经 销	新华书店及其他书店

印 刷	北京明恒达印务有限公司
装 订	廊坊市广阳区广增装订厂
版 次	2022 年 5 月第 1 版
印 次	2022 年 5 月第 1 次印刷

开 本	710×1000 1/16
印 张	20.75
插 页	2
字 数	319 千字
定 价	118.00 元

前　　言

　　本书是国家社会科学基金青年项目——《内蒙古牧业社区居住空间的调整与新型城镇化路径的社会人类学研究》（批准号为14CSH041）的最终成果。该成果以内蒙古中部边境牧区及其周边的城镇群作为研究区域，以1949年至今70年的牧区城乡空间的规划与建构历程为叙述背景，以牧区居住空间的总体结构与各层级之变迁过程为主线，探讨了国家与居住者群体在不同层面进行的居住空间调整实践及区域城镇化发展过程。并基于研究提出了牧区新型城镇化的路径模式。

　　2014年，中共中央、国务院印发《国家新型城镇化规划（2014—2020）》，我国城镇化模式进入以提升质量为主的转型期。由于区位、生态、文化等多重原因，内蒙古牧区的城镇形态与城镇化模式有着不同于农业与工商业区域的特点。寻找一条更加符合内蒙古牧区特点的新型城镇化模式是一个重要课题。在此政策背景及问题意识下，自2014年本研究获准立项至2019年申请结项为止，项目组在个案牧区进行了为期5年的田野调查。项目组在内蒙古牧业社区进行普查和类型化研究的基础上，选取了分属二盟四旗一市（小城市），并与苏木行政区接壤的六个嘎查作为长期关注的田野点。研究者以区域主义研究方法，一改以往以某一级别的行政区划为单位的个案研究传统，将一整片分属不同行政区划的边境牧区及其周边城镇设为研究区域，观察了旗域（县域）和跨旗区域内的城乡体系之总体空间过程及牧民群体在此界域内建构居住空间的多样性实践。

　　经对牧区居住空间体系及近年的种种空间化发展迹象的详细考察，本研究尝试性建构了一种基于社会人类学整体论视域,倾向于地方性文化传统与居住者个体实践的有关牧区居住空间结构与城镇化过程的人文主义研究范式。在理论方面,研究者在系统梳理有关建筑与空间的人类学理论基础上,积极借鉴新马克思主义社会空间理论、建筑现象学理论、景观与聚落的人文地理学理论,整合宏观与微观视角、客观与主观实践、物质与社会空间概念,试图建构一种整体论居住空间理论体系。本研究的最终目的在于寻找更适于内蒙古牧区现实条件与居住者特定需求的一种宜居宜业的城乡居住空间及新型城镇化路径模式,使牧民群体构筑起美好的生活。从总体论述层序而言,本书可以分为旗域城乡体系之发展史、牧区居住空间体系之构成两个层次。当前牧区的居住空间结构正是在此两者互动互构的基础上得以形成。在深度阐述牧区城乡体系的各结点、居住空间各层级之结构与变迁以及近年牧业社区诸种空间化发展现象的基础上最终提出了牧区新型城镇化发展的路径模式。

从城乡空间体系而言,笔者认为,旗域城乡体系,而非个别的城镇空间,才是适于探讨基层社区城镇化问题的空间范畴,故应将"城镇—营地"的二元对立式阐释模式改为由"旗镇(县城)—苏木—嘎查—牧业组"四级空间组织的阐述模式。本书将旗域空间分为由旗镇、苏木、嘎查和牧业组构成的四级空间组织的前提下,探讨了国家对各级空间的规划、建构与重构实践。各级空间组织共同构成了地方城乡体系,成为包括城镇化在内的牧区居住空间变迁得以产生和完成的外部空间架构。对于旗域空间中的两个基层行政中心——嘎查队部与苏木驻地之发展、衰弱与转型过程以及1949年至今的旗域城镇化历程予以了系统回顾。随着道路、资讯等因素的发展,自然时空被大幅压缩,边境牧区之"边远"性质迅速弱化,旗域空间向城乡一体化空间迅速过渡。而此城乡体系是牧区新型城镇化得以顺利进行的前提空间条件。

从居住空间层级而言,本书将牧区居住空间视为一种超越住宅边界的整体性空间结构。这一结构由居室、住居、营地、邻里、牧场、社区、地域七个层级构成。这一空间层级的划分适于依然维持某种程度的移动性生产生活模式的牧业社区现状。同时,研究者并未将居住空间视为一种单纯的物理空间，而将其视为一种社会空间。但不同于城市社会学视域中的由居住空间代表的阶层化社会空间，更多地将社会空间视为一种社会关系场域，并认为特定的居住空间形态是社会关系与交往模式的一种空间化结果。

基于由牧营地至旗镇空间的居住空间结构与城乡体系各结点的系统阐述，研究者提出了牧区小城镇的特色化发展、牧民城镇文化空间与城镇共同体的培育、城乡一体化发展、旗域和区域就地就近城镇化发展四项路径设想。这些相辅相成的空间性实践已由国家在不同区域、不同程度地付诸实施。而有关牧区居住空间与城镇化问题的社会人类学研究，因其对地方文化与居住者日常生活实践的深度阐释，可以有效补充并丰富这些空间规划的地域性实践。

目　录

图表目录

（图表序号结构为章序号）

插 图

表　格

个案目录

第一章 导论:从浩特至浩特

居住空间是个人及其家庭的栖居之所,又是家庭与邻里、社区之间的社会交往得以进行的重要场所。居住空间是由社会和个人将空间加以地方化的产物,故其范围可以从住宅、居民区等物质空间引申至家乡、国家等宏大的空间范畴。随着社会的发展,居住空间亦处于不断的变迁中,并且成为记录和呈现特定时代总体社会文化结构的景观承载体。每一种居住空间模式的确立均离不开社会与居住者个体的空间规划实践及两者之间最终达至的一种交合平衡状态。在现代化时期,国家对总体社会体系及地方社会的空间规划日益成为形塑居住空间的主要力量。从此意义而言,国家所实施的多数发展规划乃属于一种空间规划,其中必然涉及居住空间。当前内蒙古牧业社区的居住空间景观是国家从新中国成立至今的 70 年以来对牧区进行现代化建设的重要成果。由于地域、民族、生产方式等多种原因,在同一政策环境中保留其共性发展规律的同时,牧业社区的居住空间也呈现出有别于农业、城镇及工业社区的模式。故在城乡居住空间得以重构的社会转型期,呈现出一种独特的模式。2014 年国家提出新型城镇化规划,城镇化模式进入以提升质量为主的转型期。如何选择一条更加符合内蒙古牧业社区的新型城镇化路径是我们应关注的重要问题。

第一节 问题的提出

对于一个现代国家而言,城镇化是一种必然要经历的社会过程。城镇化作为现代化的必由之路，其基本模式与路径具有一种共同性特质之外也具有一种基于时空性原因的差异性特质。城镇化在每个国家和地区以及同一国家境内的不同地区的发展模式不尽相同。当前，中国社会已进入一个全新的城镇化发展阶段。党的十八大以来深入推进的新型城镇化发展道路是中国城镇化模式进入转型发展新阶段的核心标志。《国家新型城镇化规划（2014—2020）》作为一种"宏观性、战略性、基础性规划"，在各地贯彻落实时需要"尊重基层首创精神"和"鼓励探索创新"①的地方性模式。故国家新型城镇化规划在指明了一个明确方向的同时给予了实现中国特色新型城镇化模式的思想与实践之广阔空间。在国家的宏观规划前提下，内蒙古自治区制定了"一条以人为本，五化协同，具有内蒙古民族和区域特色的新型城镇化道路"②，各项工作稳步推进。

一　从浩特至浩特：牧区城镇化问题

新型城镇化与过去传统粗放的城镇化模式相比，已进入以提升质量为主的新阶段，并以"走以人为本、四化同步、优化布局、生态文明、文化传承的中国特色新型城镇化道路"③为基本原则。内蒙古牧区的城镇化始于20世纪50年代。在数十年的时间里，牧区城镇建设与人口城镇化从无到有，由小变大，由少变多的发展。与此同时，牧民的城镇化由20世纪八九十年代的自然迁移、2000年的政策性转移，再到2010年后的旗域④就地就近城镇化发展，亦经历了近40年的历程。那么，牧区的城镇化发展呈现出哪些特征？新型城镇化模式能为牧业社区带来哪些变化？作为一项在今

---

① 国务院：《国家新型城镇化规划（2014—2020）》，2014年3月，中国政府网，http：//www. gov. cn/zhengce。

② 内蒙古自治区人民政府：《内蒙古自治区新型城镇化"十三五"规划（2016—2020）》，2017年1月，内蒙古自治区人民政府网，http：//www. nmg. gov. cn/art。

③ 国务院：《国家新型城镇化规划（2014—2020）》，2014年3月，中国政府网，http：//www. gov. cn/zhengce。

④ 为使部分用语能够更好地表达内蒙古牧区的特点，书中将县域改称为旗域，县城改称为旗镇。

后一段时期持续发展的道路与模式,新型城镇化应有哪些更好的路径? 这一系列问题构成了我们的关注点。

基于人口数量、地理环境与文化传统等多种因素的作用,内蒙古牧区的城镇化发展模式与程度是不同的。如果从多种类型的牧业社区中选一处人口稀少(嘎查内的常住户在 60—70 户)、牧场辽阔(草畜承包人均牧场为 3000—5000 亩)、牧户分散而居(相邻住户的平均间距在 1 千米以上)、营地与城镇间的距离较远(平均距离为 150 千米)、属畜种结构较完整(五畜均养)的纯牧业区域,观察其近年的城镇化发展状况及所面临的问题有如下几个方面。

城镇已成为牧区日常生活中的重要场所之一,城镇化(urbanization),即人口向城镇转移的趋势已很明显。基于禁牧转移、子女教育与养老养病等多种原因,在城镇居住的牧民日益增多,除政府提供的保障性住房外,在城镇购买楼房的牧民逐年增多。在城镇中形成了牧民小区、陪读家庭居住区等牧民聚居区,并随之出现了由进城牧民为主要营业者与消费群体的牧民街。常住城镇的牧民以老人、妇女与儿童为主(图 1 – 1)。而中青年,尤其是中年人多数在牧区养牧,促成一种普遍而特殊的城镇化现象——城乡往返模式。它的主要表现形式为牧户将家庭成员一分为二,老人与子女常住城镇,中青年在牧区从事生产,并频繁往返于城乡间,照料家庭生活。2010 年后随着"十个全覆盖""精准扶贫"等政策的陆续实施,出现一股外出牧民返乡建房、返乡养牧的人口回流潮。但此返乡潮并非是通常所说的逆城市化,而是一种城乡融合的现象。

城镇在牧区生产生活实践中的地位提升的同时是牧区日常生活中日益显现的城市性(urbanism),即城市生活方式对牧区的影响及其在基层牧业社区呈现的城市生活方式的特征。随着牧场的碎片化与个户的原子化发展,牧户在嘎查牧场界域内的均衡化分布已日益明显,形成了以现代住居与配套营地设施为中心,由网围栏清晰划定的牧场为外围的现代家庭牧场,以及由若干独立的家庭牧场为基础性生产生活单位的牧区景观。传统游牧时代的社区、邻里等共同体的亲密交往与合作精神日益淡化,代之以一种更加理性的、独立性的生产理念与核心家庭观念。当然,牧区日常生

图 1 - 1　在楼下等孩子放学回来的老人们（东苏旗满镇，2018）

图片来源：项目组摄。

活的现代性、城市性特征并非仅出于城镇的影响，制度、技术与观念等因素的形塑作用亦不容忽视。

如同现代性具有其两面性，牧区城镇化进程也呈现出机会与危机的双重特性。从城镇化给予牧民的机会而言，牧民已享受到与城镇居民相同的社会服务和生活保障；开拓了对外面世界的认识范围，提高了个人的见解与阅历；社会空间与交往领域的扩展使牧民拥有了更加丰富的生活机遇等。而普遍性的问题有：教育、医疗等社会职能在城镇的高度集中使牧民们不得不在大尺度的城乡空间内频繁往返；家庭成员的长期分离导致子女社会化严重、家庭不和睦、家庭开支多等的众多危机；牧民对城镇生活的融入程度不高；城镇就业偏向于低收入劳务市场，在城镇中成功落脚的牧民相对少等。

城乡二元格局的结构性变化、城乡生活模式的趋同化、牧民在城镇空间中的再社会化与再组织化均说明了一种趋于一体化发展的城乡空间结构之成型。从国家政策而言，无论是新型城镇化战略还是后来的乡村振兴战略，虽有各自的侧重点，但均以协调推进城乡社会发展为目标。新型城镇化规划在推动新型城市建设的同时也在强调社会主义新农村的建设,既有绿色、智慧、人文城市,也有各具特色的美丽乡村。而乡村振兴战略以推进乡村可持续发展和促进城乡融合为主要目的,两者的战略目标一致,都是为了缩小城乡差距,实现城乡融合发展。前者侧重于城市的同时兼顾农村,而后者关注农村的同时要助力城镇化的实现。① 这就需要我们改换一种惯用的思路,城镇化并非是人口从乡村向城镇的机械转移,而是在城乡一体化和城乡交融的整体空间中寻求的一种最佳生活状态,城镇化及人口市民化是最终的发展目的。然而,这并不妨碍人口在城乡空间内的往返移动。

城镇化作为由现代国家为了提升社会发展质量而推动的有计划的社会变迁,具有一种清晰的空间规划逻辑与在规定时间内试图呈现的空间结构之目的。一方面,对于居住空间而言,城镇化属于一种居住空间的有目的性的调整。由此,居住者也需调整其生存策略而迎合这一空间结构。而在另一方面,城镇化作为一种漫长而自然的社会过程,在很大程度上体现了居住者对其居住空间所做的主动调整。故将两者结合起来,城镇化成为有效调和"有目的性的人类能动性与有倾向性的社会规定性"②,从而达到最佳状态的一种社会过程。

本书试图从居住空间这一视点探讨内蒙古牧业社区的居住空间调整及新型城镇化路径的选择问题。本书题目——"从浩特至浩特",意在隐喻一种当前阶段往返于城乡间的双向模式与未来从牧区走向城镇的单向模式。浩特为蒙古语,具有指称城市与牧营地的双重含义。故在双向迁移的当前时代,人们往返于城乡之间,从而寻求一种平衡有效的生产生活状态。然而,城镇化作为现代化的必由之路,从牧区转向城镇的现代化发展已成为必然的趋势。当然,这句话所隐含的第三种意义,即人们从城镇返回牧区作为一种阶段性现象,其实已包含在上述第一个意义中,即双向迁移。从居住空间角度而言,在时空被高度压缩的当代时期,居住空间的结

---

① 徐维祥等:《乡村振兴与新型城镇化的战略耦合:机理阐释及实现路径研究》,《浙江工业大学学报》2019 年第 1 期。

② [英]格利高里等:《社会关系与空间结构》,谢礼圣等译,北京师范大学出版社 2011 年版,第 90 页。

构性意义已大于人口在某个单一地点的长期居住意义。

二　城镇化与居住空间

城镇化与牧区居住空间二者间的关系是本书予以重点探讨的核心话题之一。在谈其关系时应对两者之含义做出清晰的界定。城镇的定义已很明确,城镇本身是一种现代社会的主要居住空间类型,而城镇化是以城镇为导向的区域居住空间的一种重构过程。居住空间则是以住居为中心的,居住者之日常生活实践得以产生的总体空间形态。与居住场所、环境、地点、位置等概念所不同的是,居住空间并不专指某一具体地点,而是以频繁产生居住行为及住居迁移实践,并被居住者所深度认同的空间结构。每一种社会形态均有与其对应的一种居住空间,其显在的物质性、潜在的结构性及通过居住者之实践不断被建的意义是不同的。居住空间由居住实践所不断重构,故有一种内在的稳定性和变迁的自然性。可以说,城镇化与居住空间之间具有主动元素与受动结构的关系,即前者是后者产生变化的影响因素。而我们所要关注的是后者的变化结果及两者之间应有的互构模式。

随着工业化而产生的空间过程城镇化,无疑对牧区本土居住空间产生了重大影响。城镇曾被视为一种与游牧社会的文化节奏多少有些不符。然而,随着现代化的进程,城镇还是出现于游牧区域。19世纪至20世纪早期出现于内蒙古南部农牧交错区域的城镇迅速成为向草原腹地提供粮食及其他产品的商业中心,20世纪50年代起出现于草原深处的城镇成为政治中心。但此时的城镇只是被整体性"嵌入",而非有机性"融入"牧区的居住空间层级中。2000年前后大量牧民开始移入城镇,城镇开始逐步成为牧区居住空间体系的一个重要组成部分。

现代化的一个终极趋势是作为中心的城镇与作为边缘的乡村在某种程度上的紧密结合,城镇化是其一种主要形式。在原无城镇聚落形态的草原牧区,城镇化便是城镇这一新型居住空间类型在原有居住空间体系的植入过程,其两种极端形式是城市外在于本土居住空间和城镇作为主导型空间而覆盖并解构原有空间体系。但需要说明的是,城镇化亦有多种模式,其不同模式对居住空间的形塑作用是不同的。城乡二元对立时期的传统城镇化以人口的机械转移为典型特征。在牧区,布局整齐划一却空寂无人的生态移民村成为此项社会运动的记忆载体。然而,以城乡一体化发展为目的的新型城镇化是以调整并优化原有居住空间结构,使居住者在城乡融合的家乡居住空间内的合宜栖居为目的。

住宅或居住空间一向是城市研究领域的一个核心问题。恩格斯(Friedrich Engels)在其《论住宅问题》一书中探讨了城市"住宅缺乏"问题的成因及解决方法①。雷克斯(John Rex)提出了"住宅阶级"的概念②。有关城市住宅问题的城市社会学通常将居住空间视为"导致社会阶层化,社会封闭趋势显性化的重要机制"③。位处城市不同地段的住宅小区与不同的住宅类型成为社会阶层的标志与阶层化的产物。有学者将住房"这一城市居民财产的权利转移方式,纳入到中国社会分层的视野中"④,开展了城市空间内各社会阶层的居住空间及其有关众多社会属性的实证研究。总之,城市社会学视域中的居住空间更多指住宅小区与相应的不同住宅类型,从而是一种具有明确社会意义的物质空间。然而,在包括乡村在内的总体社会领域的研究中显然不能按照上述方式理解居住空间,而需要进一步的作概念化处理。尤其对于拥有多样性住居形态,并保持一定程度的移动性生活模式的当前牧业社区,更需要一种特殊的居住空间概念。

可以说,人文社会科学视域下的居住空间不应被视作一种纯粹的物质空间或自然空间。居住空间同时也是一种社会空间。居住者的认知、居住与体验为空间赋予意义,并使空洞的空间得以地方化,而经居住者的栖居而具备意义的空间反过来影响并形塑居住者的日常生活,将其社会得以空间化。我们能够体察到的是,居住空间的变迁会导致社会空间的重构。在

---

① [德]恩格斯:《论住宅问题》,曹葆华等译,人民出版社1951年版,第2—3页。
② [英]格利高里等:《社会关系与空间结构》,谢礼圣等译,北京师范大学出版社2011年版,第74—75页。
③ 刘精明等:《阶层化:居住空间,生活方式,社会交往与阶层认同:我国城镇社会阶层化问题的实证研究》,《社会学研究》2005年第3期。
④ 李斌:《中国城市居住空间阶层化研究》,光明日报出版社2013年版,第25页。

某种意义上，观察者所关注到的居住空间的多种属性，如距离、密度与方位等均是一种社会结果。

就单从物质空间视角而言，居住空间也并不只限于住宅本身，而是一种具有结构性、层级性的整体性存在，其边界具有一种无限延展性。故此，我们将居住空间的最低层级设为居室，而将最高层级设为具有一定场所意义，且无清晰边界的概念——地域。在自然时空被高度压缩的现代社会，情况更加如此。同样，此处所指的居住概念，也并非仅限于在某处住宅中的长期生活，而是在某种居住空间层级里的栖居与生存。特定的居住空间是一种社会发展的结果，故在任一时间切片里总以某种静态的景观而得以呈现。同时，居住空间的变化亦是一种社会过程。它有一种需经历一段时间方能显露其大致轮廓与发展规律的，由内部多样性要素互动互构而成形的复杂性。居住空间成为由日常起居行为所频繁涉及并限定的，具有清晰界线的场所。其所具有的丰富属性由居住者所享用的社会文化诸因素所决定。住宅建筑的形态与风格、附属设施的种类与数量、居住场所的布局及居住者的世界观、价值观、生计方式、社会组织与社会交往模式等均会影响居住空间的格局。因此，居住空间是多种文化因素复合型影响下的产物。

2018 年国家印发了《乡村振兴战略规划（2018—2022 年)》。其中所提乡村生产、生活、生态空间的优化布局措施已强调了作为整体的区域居住空间之重要性。其中所提"适度生活空间"① 对应于本书所设定的微观居住空间，生产与生态空间则部分重叠于宏观居住空间。居住空间的变迁是一种社会过程，其原动力来自现代化。故它有一种由内部形成的驱动力。而政府的作用是推动这一进程的外部力量。

三 社会人类学视域下的路径探讨及其特点

当前，有关国家新型城镇化发展模式与路径的研究已较为成熟，尤其

---

① 国务院：《乡村振兴战略规划（2018—2022 年)》，2018 年 9 月，中国政府网，http://www.gov.cn/zhengce。

在城市规划、经济学、地理学等学科领域的研究已有一定的理论深度。上述各学科从各自的视野对国家新型城镇化战略规划进行了充分的解读与路径探索,并结合全国性、区域性数据统计与实证研究,提出了若干富有见解的模式。然而,偏向于地域、民族传统的人文主义研究及有关内蒙古牧区的系统研究却依然处于起步阶段。本书试图从社会人类学理论视野,以内蒙古的一处牧业区域为例,研究其整体居住空间结构,从而提出有关内蒙古牧区新型城镇化路径的一些见解。

相比对城镇化问题进行长期探索的其他学科,人类学研究有着截然不同的独特视域与由此形成的研究范式。就本书所关注的主题,其特点应表现在以下三个方面。

其一,以文化为聚焦点的交叉学科性质。在借鉴并吸纳建筑现象学理论、新马克思主义社会空间理论、聚落与景观的人文地理学理论的基础上,本书尝试性建构了一种适于牧区居住空间现状的,整合宏观与微观视角、客观与主观实践、物质与社会空间概念的整体论居住空间理论,提出了一种倾向于居住者能动性与传统文化因素制约的、整体性的、中时段的、有关居住空间的人文社会科学研究范式。

其二,从外围至中心,从乡至城的视角及广阔的时空域视野。在时间维度上,城镇化是一种社会过程,从而有其漫长的时间性特质。故依据某一时间切片所呈现的景观格局来探讨城镇化的发展是有缺陷的。在时间进程中,新事物的成长并非是以纯粹替代旧事物作为其发展规律的,而是以改变事物在原有结构中所处的位置来实现发展的。居住空间的变迁亦如此。在空间维度上,并未以城镇本身作为主要视点,而是将视野扩展至城镇所处的更大区域内。并将区域内的所有空间类型,如嘎查队部、苏木驻地等作为一种整体的构成部分来予以了观察。刘易斯·芒福德(Lewis Mumford)称"如果我们仅研究集结在城墙范围以内的永久性建筑物,那么我们就还根本没有涉及城市的本质问题"[1]。其对现代城市起源问题的

①［英］刘易斯·芒福德:《城市发展史:起源、演变和前景》,宋俊岭等译,中国建筑工业出版社2004年版,第3页。

探讨始于原始村落。沿着相似的逻辑，本书将当前城镇化阶段视为从中华人民共和国成立初期开始的牧区城乡体系的建设历程的一部分。内蒙古的多数牧业旗仅有一个城镇并以其作为由旗镇、苏木、嘎查、浩特组成的城乡体系之核心。仅以"城镇—牧户"作为互动两端的研究视野忽略了处于其间的若干重要结点。本书在总体时空视野上统合了传统与现代的二元时间范畴与城市和乡村的二元空间范畴，并将其视为一种连续体来进行研究。

其三，以居住者个体实践为中心，以区域空间化过程为叙述背景，探讨国家与地方二者间互动互构关系为主的论述模式。本书从居住者个人实践及地方性知识的视角，而未从战略规划的高度谈论了新型城镇化路径。关注微观的居住实践，而非更大的结构或系统的做法并非强化了国家与个体之间的二元对立关系，而是显现了两者间的一种互构关系。以大数据分析为主的、宏大视野的，将城乡、国家与地方相对立的研究，更多展现了规划者意图中的居住空间格局。然而，将居住者重新唤回居住空间中，基于居住者个体日常生活实践的研究才能更显示其真实的空间意义。在居住空间研究中有机结合宏观与微观、整体与部分的视角是必要的。本书在宏观或整体视角的论述中注重观察了国家对地方社会的空间规划，而在微观或部分的视野里强调了居住者的能动性及对策。

总体而言，本研究沿着两条进路展开。即从宏观视野分析区域空间规划过程，即城镇化的中时段自然发展史与从微观视角分析家户住居史，即城市性的自然培育过程。与国家对居住空间的规划相比，居住者个体的实践是人类学偏向于关注的视点。在全面呈现牧区居住文化风貌之同时深度解析地方社会所正在经历的现代性变革是本书的一个重点，也是其作为社会人类学研究实践的一大特征。

第二节　当前内蒙古牧区居住空间类型

内蒙古自治区是中国境内面积最大的牧区，其草原面积占据全国草场面积的 1/4。内蒙古自治区地理形态呈狭长形,东西直线距离有 2400 余千米,南北宽 1700 千米。境内平均海拔高度 1000 米,位居蒙古高原的东南部。在这一绵延数千千米的狭长的地域范围内,从东至西分布着多种土壤、地貌、气候与植被,这些自然环境因素对牧区居住模式与空间格局起到了重要的形塑作用。同时,由东向西排列的多样性地域文化、部族类别与生产方式亦对居住空间产生了不容忽视的影响。

一 牧区居住空间类型的划分

牧区是以畜牧业生产为主导型产业的地区。由于特定的生产方式与自然环境属性,牧区具有与城镇和农区完全不同的居住空间模式。内蒙古牧区除上述两种属性之外,另有民族构成、文化传统等多种特性,故具有相异于国内外其他牧区的居住空间特征,而且在内蒙古自治区境内,亦有多种居住空间子类型。特定的居住空间是受地域生态环境与社会文化诸因素复合性影响下的产物。牧区地貌与植被、牧场面积、畜种结构、人口规模、季节气候等生态因素以及牧民的放牧制度、组织形态等社会因素是影响居住空间的客观因素,而居住观念、文化习俗等是影响居住空间的主观因素。故上述诸因素的复合作用造成了居住空间的多样化结果。

影响居住空间的因素多样而复杂,几乎每一个区域都有其独有的居住空间形态。因此,做出精确包括所有类型的划分并非易事。为呈现内蒙古牧区当前居住空间类型的大致轮廓,获取可靠的比较研究案例,项目组在内蒙古自治区阿拉善盟、巴彦淖尔市、乌兰察布市、锡林郭勒盟、赤峰市、通辽市、呼伦贝尔市七个盟市牧区开展了为期两年的居住空间普查工作,包括最终被选为个案区域的社区,从 2014 年至 2018 年共考察了 15 个牧业社区 (图 1-2)。①

基于以上社区的基础资料,可以依据几项关键变量,对由住居、营地与住居群落构成的微观居住空间做出一种类型划分。若要选出反映牧区微

---

① 包括以上社区在内的内蒙古各盟市牧业社区的住居类型与居住环境图像已由笔者统一整理并出版。参见额尔德木图《蒙古族图典·住居卷》,辽宁民族出版社 2017 年版。

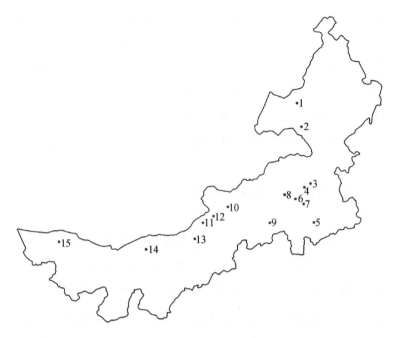

图1－2 项目组调查的牧业社区分布

图片来源：项目组自绘。

观居住空间最为重要的变量，主导型住居类型、居住周期、个户住居聚散
形态与生产方式或许是最为重要的四种变量。我们可以将上述四种变量分
别划分为"移动住居"和"固定住居"、"季节性居住"和"永久性居
住"、"散居"和"聚居"、"游牧"和"定牧"四种属性，并通过各种属
性间的不同组合来进一步细化类型。当然，上述每一种属性也可继续分为
若干子范畴，如移动住居可以包括蒙古包、帐篷、房车等住居类型。每一
组属性也只是设在同一变量下的两种极端范畴，两者之间有着多种中间类
型。如在每个牧户住居聚散形态中可设小聚居大散居、均衡化散居等多种类
型，也可以使用定量方法，量化住居间的聚散程度，从而分为多种类型。

依据上述四种属性之不同组合做出类型划分之前，应再次强调牧区居
住空间所具有的多变性特征。故此，居住空间的分类结果并非呈一种固化
的、简单的数学逻辑组合。此处所指多变性特征主要表现在以下几个方
面。其一，牧区居住空间所具有的季节性变化特征。在不同的季节，上述

属性呈不同的组合形态。其二,居住空间是随着时代的发展而变化的动态组合。制度环境、技术革新、生产方式及年景气候等都会影响居住空间模式。故一些组合已成为现已消失的历史类型或境外类型。此处所做分类具有明确的时空域前提,即当前内蒙古牧区。其三,居住空间的调整作为生计策略的重要环节,通常具有某种程度的不可直观性或隐秘性,故不能仅看外在的景观呈现,而要深度探讨其内在的运行逻辑。综上,我们可以依据上述四种属性的不同组合,基于前期普查资料,将当前内蒙古牧业社区的居住空间模式大致划分为以下四种类型。

A 类:移动/固定住居 + 季节性 + 散居 + 游/定牧

B 类:固定住居 + 永久性 + 散居 + 定牧

C 类:移动/固定住居 + 季节性 + 散/聚居 + 游/定牧

D 类:固定住居 + 永久性 + 聚居 + 定牧

项目组将所调查牧区的主导型居住空间模式划分为4种类型（表1-1）。在此需要说明两点:其一,2010年后随着城镇化的深入推进,牧区居住空间模式经历了急速的转型。此处划分的居住空间类型依据的是调研当时的情况。其二,居住空间模式在同一社区内亦有非均衡发展倾向,即在同一社区内牧户的居住空间设置具有一定差异。因此,确定某一社区的居住空间模式时主要依据了其主导型空间类型。

表1-1　　　　　　　项目组调查的牧业社区 (2014—2018)

序号	地点	时间	类型
1	呼伦贝尔市陈巴尔虎旗东乌珠尔苏木	2014	A 类
2	呼伦贝尔市新巴尔虎左旗乌布尔宝力格苏木	2014	A 类
3	通辽市扎鲁特旗格日朝鲁苏木	2016	C 类
4	赤峰市阿鲁科尔沁旗巴彦温都尔苏木	2016	C 类
5	赤峰市敖汉旗敖润苏莫苏木	2015	D 类
6	赤峰市巴林右旗索博日嘎镇	2014	C 类
7	赤峰市巴林左旗查干哈达苏木	2014	D 类

序号	地点	时间	类型
8	锡林郭勒盟西乌珠穆沁旗浩勒图高勒镇	2017	B 类
9	锡林郭勒盟正蓝旗赛音呼都嘎苏木	2015—2017	C 类
10	锡林郭勒盟苏尼特左旗全境	2015—2018	A 类
11	锡林郭勒盟苏尼特右旗额仁淖尔苏木	2015—2018	A 类
12	锡林郭勒盟二连浩特市格日勒敖都苏木	2015—2018	A 类
13	乌兰察布市四子王旗脑木更苏木	2014—2018	B 类
14	巴彦淖尔市乌拉特后旗潮格温都尔镇	2015	B 类
15	阿拉善盟额济纳旗赛汉陶来苏木	2015	B 类

资料来源:项目组依据田野调查日志整理。

就本书而言,当前牧区共时的居住空间类型的划分,为牧区居住空间的演变史形成一个更加完整的印象与理解,对历时的区域居住空间史研究具有同样重要的意义。故此,除了口述史研究之外,选择至今依然维持游牧业或在季节性景观意义上仍维持游牧生活景象的国内外牧区进行比较研究无疑具有重要意义。作为比较案例,笔者于2014—2015年在蒙古国乌兰巴托市远郊及中央省沿河牧营地、南戈壁省、巴彦洪格尔省的喀尔喀牧民的牧营地、科布多省土尔扈特牧民的大片留居营地开展了调查。在国内主要考察了青海省海西蒙古族藏族自治州乌兰县铜普镇(2018)和硕特牧民夏营地及海北藏族自治州刚察县泉吉乡(2018)藏族牧营地。

二 散居空间

上述四种居住空间类型的 A、B 两类属于散居空间模式。此类模式中每个牧户住居营盘的聚合现象。至于牧户住居营盘的间距视地形地貌与牧户户均牧场面积的大小有所不同。牧户住居营盘分散于单位牧区内,故并不构成高密度的聚落。散居空间模式主要分布于自治区境内从东到西的大部分区域。散居空间的均衡化、固定化发展趋势因牧户的住居化倾向而日益明显。当然,散居只是一种相对的概念,即单位牧区内住居营盘间的平均间距在各地域是不同的。若假定平均间距在一千米以上或在地域景观中呈均衡散布特征的牧区为散居牧区的话,这一区域主要位于自治区境内北部区域。影响住居间距的因素较多,因后文要专门论述,兹予以省略。散居空间模式是自治区境内分布最广的牧区类型。

(一) A 类空间

此类居住空间模式是畜牧业生产方式由游牧型向定牧型过渡时期的中间形态。随着牧户定居化程度的深入与牧场的碎片化发展,最终转化为 B 类空间。在 5 个具备 A 类空间属性的社区均已程度不同地向 B 类空间过渡。如表 1-1 中的 10、11、12 号地点几乎已具备了 B 类空间的重要属性。A 类空间得以存在的核心要素是季节性游牧方式,而非传统游牧方式之某种程度的存续。季节性游牧方式,即冬夏两季牧场之间的往返迁移出于两种原因:一是单位牧场,如嘎查牧场面积相对大,为牧户划分了清晰的冬夏牧场界域。牧户在两个营地间往返迁移。二是嘎查将冬营地牧场承包到户,而将夏营地作为集体牧场。牧户在其冬营地修建了固定住居及配套设施,而以蒙古包为夏营地牧场的住居类型。

在住居类型方面,A 类空间以固定住居与蒙古包作为主要住居。作为固定住居的新式砖房在牧区已基本普及。固定住居是冬营地的主要住居类型。同时,蒙古包依然作为夏季牧场或在个别生产环节使用的主要住居类型而被普遍采用。但蒙古包在过去和现在都并非是唯一的移动住居类型。各类帐篷、窝棚等简易住居及近年出现的车载房车也是重要的移动住居类型。少数牧户仍以蒙古包作为一年四季的住居,但并非是资金问题,而是出于个人习惯、生活开支等原因。牧民所居冬季蒙古包一般设有地热采暖系统。在两类住居并存时居住情况因人而异。一般情况下,同一社区的多数牧户已住在固定住居,只有少部分人仍住在蒙古包。

在两类住居的居住时长或周期方面,近年已有很大变化。除夏季集体牧场外,多数牧户在夏营地修建了固定住居。经近年的牧场再划分与确权工作,多数牧户将冬夏牧场连为一整块,故无须再使用移动住居。网围栏的普及已不利于使用相距一定距离的冬夏牧场。故季节性居住情况已日趋少见。在以嘎查为单位的牧场空间内,各户在一定距离内分散而居。在一些地区,夏季趋向相对聚合的趋势。但并不构成一户挨一户的聚合形态。

在区域城镇空间方面，A 类空间区域的城镇规模在四种类型中是最小的。旗镇是全旗牧民城镇化转移的中心。乡镇或苏木驻地的规模小，除政府及少数机关单位的办公场所，三五家商店之外几乎无常住居民住宅。除从事服务业的几家个体户常居苏木驻地以外，公职人员仅以乡镇为工作场所，而非常居之所。其家庭在城镇，故频繁往返于城乡之间。

（二）B 类空间

此类居住空间是畜牧业生产方式由游牧型向定牧型完全转化后的最终形态。故在当前内蒙古牧区，B 类居住空间模式是最为普遍的类型。季节性游牧方式，即在两处营地间的往返迁移的减少最终使牧户们定居一处，构成永久性定居的居住空间。牧户的定居化发展及由此形成的居住空间类型受多种因素的影响，其成型与稳定发展具有一种维持机制。其中，政策起到总体规划和促进发展的作用，而现代性因素的日益积累为其提供了物质与技术保障。定居化发展最终构成了以牧户为生产单位，以现代畜牧业为主导型生产方式的家庭牧场式生产生活空间，而这一空间模式只有在高度发展的社会系统内才能得以确立和存续。因此，至少在牧区居住空间意义上，B 类空间是牧区城镇化发展的真正起点。

在住居类型方面，B 类空间以固定住居为主。但蒙古包的使用依然维持在一定水平。在 4 个具备 B 类空间属性的社区内，经常会看到搭建于固定住居旁的蒙古包。但蒙古包在 A、B 两类居住空间中所扮演的角色有着本质的差异。前者将蒙古包作为生产生活所用必备住居类型，而后者将蒙古包作为辅助性、陈设性住居。在 B 类空间内蒙古包只是住居空间的某种延伸。

在区域城镇空间方面，B 类空间区域的城镇规模与 A 类区域大致相同。旗镇仍是全旗牧民城镇化转移的中心。乡镇或苏木驻地的规模偏小。2000 年后实施的撤乡并镇政策使部分保留建制的苏木驻地向乡镇方向发展，但其规模依然很小。

三　聚居空间

四种居住空间类型中的 C、D 类属于聚居空间模式。此类模式中无牧户住居营盘的长久性分散现象。聚居空间是以畜牧业为主导型生产类型的由三五牧户至数十牧户组成的村落。聚居空间除有聚散相合(C 类)与永久聚居(D 类)两种基本类型之外,也可以依据构成单一聚落的牧户数分为小聚居与大聚居两种基本类型。

(一)C 类空间

C 类空间是在特定的地理环境与区域社会史影响下形成的特殊类型。此类型是季节性更替于散居与聚居、畜牧与农耕、移动与定居等二元形态间的动态类型。牧户营地在单位牧区内呈季节性变化特征,即在某一特定季节牧户聚居于村落中,而在其他季节,通常是夏季处于一种散居形态。在此种情况下,牧户在村落中以固定房舍为住居,而在季节性散居时多使用蒙古包或帐幕等移动住居。这一牧区类型分布于内蒙古中、东部,主导生产形式为以畜牧业为主的半农半牧业。

相比 A、B 两种类型,C 类空间得以形成的地理环境较为复杂。在项目组调查的所有地点中,A、B 两种类型几乎在平整的大草原上,而 C、D 两种类型多在地形较为丰富多元的山坡和河谷地带。尤其是 C 类空间往往处于由河谷平原和高山牧场构成的较大尺度的地理空间内。在表 1-1 中 4、6 号地点,村落位居肥沃的平原,而夏季牧场在山谷和山坡上。每年 5 月末 6 月初牧草返青时牧民赶着畜群从村落向山坡牧场迁移,在 4 号地点最大迁移距离达一百千米,这已远远超出 A、B 两类空间的平常迁移距离。

有关地形条件对牧区居住空间的影响方面,日本学者七户长生所提水平与垂直两种放牧形态的论述有一定启发意义。他在谈到内蒙古与新疆牧区的畜牧业生产差异时认为内蒙古牧区是利用广阔的丘陵草原,进行水平方向的生产,而新疆牧区是利用天山山脉,进行上下垂直的生产。并由此得出在内蒙古牧区"定居之所以进展快,就是因为那里的草地资源可以水平利用,比较容易进行地域的划分"的结论。[①] 笔者在中国赤峰市阿鲁科尔沁旗北部大兴安岭西南余脉夏季牧场(4、6 号地点)、青海省海西与海

---

① [日]七户长生等:《干旱、游牧、草原:中国干旱地区草原畜牧经营》,农业出版社 1994 年版,第 12 页。

北牧区夏营地，蒙古国阿尔泰山土尔扈特营地的考察证实了山地牧场有别于平原牧区的特殊居住空间形态。在上述三个牧区，牧民在聚居村落与散居营地间往返迁移。在夏季牧场，均以蒙古包、帐幕作为住居，牧户间无明确的牧场空间界限。七户长生在内蒙古的调查地点为平坦的乌拉特中旗与呼伦贝尔牧区，故倾向于将内蒙古牧区视为水平放牧区域。其实，在内蒙古东部大兴安岭余脉区域仍有与蒙古高原西部相似的垂直放牧区域。

与山地牧场系统相同，沙漠丘陵地带也具有类似效应。位居浑善达克沙地的 9 号地点之居住空间模式属于 C 类空间的小聚居模式。以 9 号地点的巴音查干嘎查为例，该嘎查共有 19 个浩特，当地牧民称由三五牧户聚居而成的牧村为浩特。两处浩特之间的平均间距为 3.5—4 千米。每个浩特均位居由沙丘环绕的一小块平地，平均 3—5 户牧户在此空间内自然排开。各牧户住居间距为数十米。住居为固定住居。虽仅有 3—5 户牧户，但每个牧村在景观上具有较强的聚合态势。这种牧村景观表现为住居修建的柳条篱笆与多处牛粪堆。与同属 C 类空间的大聚居类型不同的是，这些浩特以畜牧业为唯一的生产方式。

在住居类型方面，C 类空间以固定住居为主，蒙古包或各类帐幕属于辅助型住居类型。C 类空间聚散相合、农牧交错的居住空间与生计模式除受特殊的地理环境影响之外还受到了区域特有的社会过程之影响。在内蒙古东部地区，农耕文化的影响是导致其村落化发展的主要原因。

在区域城镇空间方面，C 类空间区域的城镇规模相比前两种类型明显大。旗镇只是全旗牧民城镇化转移的中心之一。而已有一定规模的乡镇成为就地吸收转移人口的主要地方。在 4、9 号等地均有除旗镇之外的较大规模的乡镇。这些乡镇均有包括学校、卫生院等在内的较为完善的社会服务职能。乡镇街道上排满了由常住乡镇的牧民开设的各类店铺，具有浓郁的牧区小城镇气息。

（二）D 类空间

D 类空间主要分布于内蒙古中南部与东部地区。它指住户营盘在单位牧区内呈聚居形态，并且常年维持这一聚居模式而无季节性变化的居住空间。构成住户聚居的影响因素也较为复杂，这与人地关系、土地利用方式与畜种结构有直接关系。多数永久性聚居空间适于开展半农半牧业。居住者从事以畜牧业为主、以农业为辅的半农半牧业。故以牧村称此类空间区域更为合适。

在住居类型方面，D 类空间以固定住居为唯一住居类型。表 1 - 1 中 5、7 号地点的 70—80 岁的牧民已无游牧生活与移动住居的个人生活记忆。与 A、B 两类空间区域相比，其生产方式更具一种自主性与灵活性。所谓自主性是指牧民兼顾农牧业，从而构成小规模的家庭饲养业，形成一种内部循环。随着畜牧业产品价格的上升，人们加大了对畜牧业、养殖业的投入，从而增强了居住景观的牧村特点。近年来，内蒙古农区的养殖业比重已有明显上升趋势，位居城镇周边的农区已成为向周边城镇提供肉类畜产品的主要基地，这说明半农半牧业所具有的一种灵活性。

在区域城镇空间方面，D 类空间区域的城镇规模与 C 类区域大致相同。旗镇只是全旗牧民城镇化转移的中心之一。乡镇或苏木驻地的规模偏大，一般牧民的日常生产生活半径被限定于村落至乡镇的小尺度区域内。

第三节　研究区域

为了深入探讨牧业社区的居住空间及城镇化发展历程，本书从前期普查的 15 个地点中最终选择了毗邻相连的 4 个地点（图 1 - 2 中的 10、11、12、13 号地点），作为持续开展田野工作的个案区域。此片区域位居内蒙古中北部，为横跨乌兰察布市与锡林郭勒二盟市的边境牧区。同时，一改学界以某一行政区划，如旗、苏木、嘎查为个案区域的研究范例以及对多个田野点进行共时的结构式比较研究的方法，而将所选区域视为一个整体，从而探讨了由区域城镇网所覆盖的特定地缘空间内的地方社会之居住空间实践与城镇化发展历程。

一　研究区域的选择

个案区域的选择可以有多种方式。如从自治区各盟市或上节所提四种居住空间类型中各选一处代表社区进行多点民族志研究,从而进行比较等。在居住空间调整及城镇化路径的探索性研究方面,人类学与地理学、建筑学、城市规划学等学科具有研究视野、理论范式等方面的多种差异。后者更多地倾向于大范围多样本的大跨度区域主义研究。而对于前者而言,小地方,而非大区域的深度关注更具吸引力。特定社区的居住空间调整及城镇化发展路径是在一定时空域内得以进行的社会过程。而兼顾国家的政策方针与地方民众的具体实践,并对后者适度倾斜而获取地方社会的诸种信息是人类学的学科特性与优势所在。体现这一学科特点势必要将研究视野聚焦于小地方。此外,人类学视域中的居住空间、城镇化等概念亦具有有别于后者的内涵与意义。故学科的特殊性与对概念的不同理解注定了本书对个案区域的选择方式。

(一)行政区域研究

在当前内蒙古牧区研究实践中,包括人类学在内的多种学科通常以某一级别的行政单位作为个案区域,进而开展研究。其范围包括自治区、盟市、旗县、苏木与嘎查等所有级别的行政区划。以行政区划为边界的区域或社区研究具有明确的地理方位与边界、完整的社会系统与地方文化特性等诸多优点。研究区域的行政级别与经济类型视学科属性与研究主题而有所不同。人类学研究通常以旗县、苏木和嘎查为研究区域。其原因为保证田野工作的有效性与人类学偏向于研究地方社会的学术倾向。在此可以列举一些与本书相关的学术实践之研究区域范围。

在以自治区为整体研究区域的学术成果中有《新牧区建设与牧区政策调整——以内蒙古为例》①、《内蒙古牧区城镇化发展研究》② 等学术著作。在以盟市为个案区域的学术实践中有《中国牧区城镇化研究——以内蒙古赤峰为例》③ 等学术著作。以自治区和盟市为研究区域的方法,可以提供有关研究主题的宏大区域图景和丰富的比较案例。此类研究适于区域政策研究、民族经济学等学科领域。

---

① 盖志毅:《新牧区建设与牧区政策调整——以内蒙古为例》,辽宁民族出版社 2011 年版。
② 贾晓华:《内蒙古牧区城镇化发展研究》,中国经济出版社 2017 年版。
③ 傅帅雄:《中国牧区城镇化研究——以内蒙古赤峰为例》,经济科学出版社 2014 年版。

以旗县为个案区域的学术成果较多,如《牧区的抉择——内蒙古一个旗的案例研究》①、《根在草原——东乌珠穆沁旗定居牧民的生计选择与草原情结》② 以呼伦贝尔市、锡林郭勒盟等盟市的某一代表性牧业旗为田野地点,展开了有关生态、生计模式等方面的专项研究。

以苏木为个案社区的学术实践较少。由卡洛琳·汉弗莱(Caroline Humphrey) 主持的麦克阿瑟基金会国际合作项目③从中国、俄罗斯、蒙古国境内共选择 10 个社区作为研究地点进行了比较研究。该项目从中国新疆与内蒙古中共选择了 4 个社区,其中包括锡林郭勒盟与呼伦贝尔市的两个苏木。荀丽丽以锡林郭勒盟苏尼特右旗的一个北部苏木为研究区域④。

以嘎查为个案区域的学术成果较多,在此可以提到《文化的变迁——一个嘎查的故事》⑤《环境压力下的草原社区——内蒙古六个嘎查村的调查》⑥《自然的脱嵌——建国以来一个草原牧区的环境与社会变迁》⑦ 等学术成果。近年由国内各学术机构主持开展的对全国范围内的多个基层社区的研究在内蒙古自治区选择个案社区时通常以嘎查为标准。如《巴音图嘎查调查》⑧《塔木沁草原上的嘎查——苏尼特左旗乌日根呼格吉勒嘎查调查报告》⑨ 等。这些调查常以结构式内容提纲作为调研框架,故可提供特定社区的自然环境、社会生活、生产方式及民俗文化等较为全面的内容,一些

① 王婧:《牧区的抉择——内蒙古一个旗的案例研究》,中国社会科学出版社 2016 年版。

② 张昆:《根在草原——东乌珠穆沁旗定居牧民的生计选择与草原情结》,社会科学文献出版社 2018 年版。

③ 《内亚环境与文化保护项目》(简称 ECCIA)(1993—1995)。

④ 荀丽丽:《"失序"的自然——一个草原社区的生态、权力与道德》,社会科学文献出版社 2012 年版。

⑤ 阿拉腾:《文化的变迁——一个嘎查的故事》,民族出版社 2006 年版。

⑥ 王晓毅:《环境压力下的草原社区——内蒙古六个嘎查村的调查》,社会科学文献出版社 2009 年版。

⑦ 张雯:《自然的脱嵌——建国以来一个草原牧区的环境与社会变迁》,知识产权出版社 2016 年版。

⑧ 杨思远:《巴音图嘎查调查》,中央民族大学:《中国民族经济村庄调查丛书》,中国经济出版社 2009 年版。

⑨ 中国社会科学院边疆史地研究中心:《当代中国边疆·民族地区典型百村调查:内蒙古卷(第三辑)》,牧仁:《塔木沁草原上的嘎查——苏尼特左旗乌日根呼格吉勒嘎查调查报告》,社会科学文献出版社 2018 年版。

研究甚至细化到具体的牧户层面。因此这些系列丛书具有很好的比较研究价值。这些入选系列丛书（或一部文集）中的多部专著（或文章）可以提供珍贵的比较研究素材，其学术团队一般由对某一社区有着长期关注的资深研究者组成，故其社区研究系统地呈现了地方社会的全貌。

（二）跨界区域研究

以特定行政区划为研究区域的方法可以为读者呈现一幅整体且全面的地方社会图景，这对任何一项关注点而言都是必要的知识背景，并且所选社区范围越小时这一优势更加明显。毕竟在地域辽阔的内蒙古牧业旗中各嘎查所处地理区位、社会发展水平与文化景观均有一定差异。在本书中，笔者在借鉴上述以行政区划为研究区域的众多研究实践的基础上试图尝试一种新的方法，即跨越基层行政边界的一片区域作为个案区域的方法。这一区域由若干嘎查构成，其辖区内亦有若干乡镇（苏木驻地）以及虽不处于区域范围内但对区域具有重要影响的若干城镇，从区域整体图景上构成一幅由城镇网覆盖的，社区间有多重社会联系的牧业区域。当然，此方法并不提倡一种"去地域化"的主张，而是注重将地域、社会关系等属性转化为整体空间的方法。在个案区域中行政区划与社区边界依然具有重要地位，但研究更加倾向于阐释跨边界的社会交往、居住空间的调整及牧民的就地就近城镇化发展的倾向。

以行政区划为单位的方法通常会忽略同一层级相邻区域之间日益被强化的社会网络与交往。在较长时间的历史跨度内，相邻牧业社区之间其实有着频繁而密切的社会联系。在空间视域中，牧场相连的基层社区间具有多重社会关系，并且有日益扩大的发展趋势。因此，选择跨越某一特定行政区划的一片牧区为研究区域的方法在本项目研究意义上更显重要。选择既能跨越盟市、旗、苏木和嘎查边界，又在地域方面接壤相连或相近的一片牧区作为个案区域的最大优点在于它能够保证区域空间内的产生的社会现象的完整性。当然，除非将国家或世界视为一个整体，区域范围的选择将是一种无限的延伸。同时，区域的过度扩大也会影响研究的深入。故选取横跨两个盟旗的区域至少能够反映出区域社会所具有的丰富属性。

将一片区域视为一个整体的观察,并非忽视了必要的比较研究视野。在有关近现代蒙古地区的人类学、社会学研究领域中比较研究方法较为常见。这些研究多以若干同级行政单位作为比较对象。近年国内又兴起跨省市与国境的比较研究。

(三) 选择个案区域的理由

将内蒙古自治区中北部的一片边境牧区作为田野调查地点的主要原因,是在具体研究过程中逐步体验到其重要性的两个核心问题,即对地方性知识的深度理解与社区与区域史的全面掌握。

第一个核心问题涉及有关社区居住文化与生活时空设置的深度理解。这在短时期的调查期限中是很难驾驭的问题。学者的田野介入具有时点性,因而其看到或进入的居住空间通常是一种静态的文化呈现,其背后的动态因素、观念、逻辑等文化实践需要被深度阐释。而对于有关居住空间的选题,它本身需要观察者有一段时间的"居住"与体会。但这并非说前期普查毫无意义,相反,大尺度地理空间内的普查可以提供一种必要的比较视野,为解读地方社会的居住现象提供了很多启发。个案区西部为笔者的家乡,优越的地方关系与遍布个案区域的亲属以及朋友关系为研究工作提供了诸多便利之同时,也给予了从局内人视角观察问题的良好视野。

第二个核心问题涉及有关社区及区域社会史的全面掌握。包括城镇化在内的所有居住空间变迁均属一种空间化过程。由此,在较长的时间尺度内,如十年或数十年的过程中方可观察到其清晰而完整的发展路径。笔者以及研究团队在此片区域内曾长期从事有关畜牧业生产知识、社会组织、民居、聚落的田野工作与社会调查,故积累了丰富的区域史研究基础,这对本研究而言无疑具有重要意义。

在地广人稀的戈壁牧区,如同马克思"用时间消灭空间"的思想,空间在某种程度上消耗着时间。对于项目期限、研究者所工作生活的城市与田野调查地点的距离及研究者所具备的研究能力而言,选择能够集中开展田野工作,并能够保证田野工作之延续性的牧区是极为重要的。故此,笔者最终选择了此片牧区作为田野调查地点。

二 个案区域概况

本研究所选个案区域（图 1 - 3）位居内蒙古自治区乌兰察布市与锡林郭勒盟交界处的北部，包括一片横跨四子王旗、苏尼特右旗、二连浩特市与苏尼特左旗等三旗一市的边境牧区及作为各旗（地级市）政府所在地的四个城镇（市）。因此，此片区域可被分为地理位置上并不相连的牧区与城镇两种区域。牧区为地处中蒙边境地区并连接为一整片的狭长区域。四个城镇中除一座边境口岸城市位居个案区之北外，其余三个城镇均位居个案区之南部，三旗境之中南部，从而并不与个案区接壤。整体个案区除包括一个小城市与三个旗镇，即旗政府所在地之外包含 4 个苏木驻地、6 个嘎查（表 1 - 2）。故包括了牧区所有典型小城镇、建制镇、基层村镇类型。个案区域居自治区中北部，地理位置在北纬 41°10′—45°15′，东经 110°20′—115°12′。区域内草原属于戈壁丘陵荒漠草原类，平均海拔在 1000 米左右，年平均降水量 100—150 毫米，属于干旱草原牧区。在居住空间模式上属于大跨度散居定牧类型，即 A、B 空间类型。有关城乡社区名称的命名方法上，结合地方称谓与学术惯例，采用了以地名首字为代指名称的简化命名方式。为区别旗镇、苏木驻地、嘎查，将旗与苏木政府所在地的汉文地名首字为简化名称，如满镇、额苏木等，二连浩特市简称为二连市；嘎查名称采取地名汉语拼音首字母，如 B 嘎查。至于旗名，统一采取地方简称，如将苏尼特左旗称为东苏旗等。

（一）四子王旗乌镇及脑苏木两个嘎查

四子王旗位居中国内蒙古乌兰察布草原西北部，东与西苏旗毗邻，北与蒙古国接壤，国境线全长 104 千米。总面积 25513 平方千米。1953 年全旗进行第一次人口普查，总人口为 86010 人，其中蒙古族 6067 人。[①] 2018

---

① 四子王旗地方志编纂委员会：《四子王旗志》，内蒙古文化出版社 2005 年版，第 34 页。

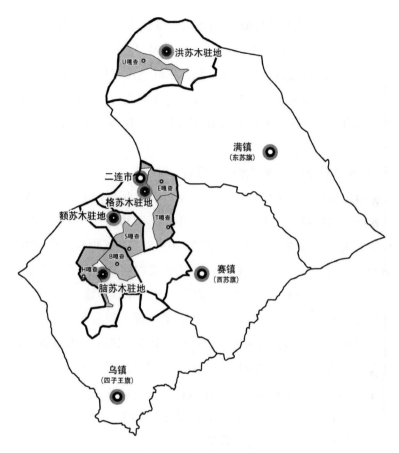

图1-3 个案区域地图

图片来源:项目组自绘。

年时总人口 21.25 万人,其中蒙古族 20137 人,占总人口比例 9.47%。①
旗南部区域在清末民国时期开垦为农区,故构成南农北牧的空间格局。其
中农区面积为 4670 平方千米,位居旗西南部。牧区面积为 20843 平方千
米,位居旗东南和中北部。

乌镇为四子王旗旗政府所在地。位居旗西南部,距内蒙古自治区首府
呼和浩特市 100 千米。乌镇辖区总面积 484 平方千米,镇区周边所辖区域

---

① 内蒙古通志馆:《四子王旗年鉴(2018 年卷)》,内部资料,2018 年,第 1 页。

为农区，共有 18 个城中村与 68 个自然村，常住人口 84696 人。① 城镇区人口为 40762 人，在常住户中蒙古族人口有 4994 人。② 项目组仅关注了乌镇镇区西北区位，即进城牧民聚居区。脑苏木驻地位于乌镇正北 150 千米处，脑苏木为旗 3 个边境苏木之一及 4 个纯牧业苏木之一。③ 脑苏木辖 H 嘎查、B 嘎查在内的 6 个嘎查。H 嘎查与 B 嘎查接壤，B 嘎查又与西苏旗 S 嘎查接壤。

（二） 西苏旗赛镇及额苏木一个嘎查

西苏旗位居锡林郭勒盟西部，东与东苏旗，西与四子王旗毗邻，北与蒙古国接壤，国境线全长 18.15 千米。总面积 22300 平方千米。1953 年全旗进行第一次人口普查，全旗总人口为 10775 人，其中蒙古族 7105 人。④ 2018 年时全旗常住人口为 6.81 万人，其中蒙古族 24006 人，占总人口比例 35.8%。⑤ 旗境内原仅有一个乡为农区，现属朱日和镇。

赛镇为西苏旗旗政府所在地。位居旗境南部，距乌镇 179 千米，距二连市 119 千米。赛镇辖区总面积 3303 平方千米，镇区周边所辖区域为牧区，辖 7 个嘎查，总人口 40040 人，其中牧业人口 2809 人，占总人口的 7%。⑥ 项目组仅关注了赛镇镇区西北区位，即进城牧民聚居区。额苏木驻地位于赛镇正北 140 千米处，苏木辖 S 嘎查在内的 8 个嘎查。

（三） 二连市及格苏木两个嘎查

二连市位居锡林郭勒盟西北部，为边境口岸城市。东与东苏旗，西、南与西苏旗毗邻，北与蒙古国接壤。1956 年初建时全镇有居民 263 户 1100 人。⑦ 在数十年的发展历程中城市辖区几经变化。当前辖区面积为 4015 平方千米，国境线长 68.29 千米，城市建成区面积 27 平方千米，总人口约

---

① 内蒙古通志馆：《四子王旗年鉴（2018 年卷）》，内部资料，2018 年，第 381 页。
② 内蒙古通志馆：《四子王旗年鉴（2017 年卷）》，内部资料，2017 年，第 420 页。
③ 四子王旗三个边境苏木分别为卫境苏木、脑木更苏木、白音敖包苏木；四个纯牧业苏木为卫境苏木、脑木更苏木、白音敖包苏木、查干敖包苏木。
④ 巴雅尔：《苏尼特右旗志》，内蒙古文化出版社 2002 年版，第 112 页。
⑤ 苏尼特右旗人民政府：《苏尼特右旗 2018 年国民经济和社会发展统计公报》，2019 年 4 月，《苏尼特右旗人民政府网》，http://www.sntyq.gov.cn/zwgk/tjxx/tjgb。
⑥ 笔者田野调查记录，2019 年 7 月，苏尼特右旗赛罕塔拉镇文体旅游广电局。
⑦ 二连浩特市地方志编纂委员会：《二连浩特市志》，内蒙古文化出版社 2003 年版，第 14 页。

10 万人，户籍人口 3.1 万人，其中蒙古族人口 1.4 万人。① 项目组仅关注了市区西南区位进城牧民聚居区。

格苏木所在地赛乌苏在二连市南 26 千米处。格苏木为二连市所辖唯一的苏木，苏木辖 E 嘎查、T 嘎查在内的 5 个嘎查。E 嘎查为边境嘎查，边境线长 4 千米。T 嘎查位居赛镇与二连市中间。T 嘎查与西苏旗 S 嘎查之间隔着一条属于另外一个嘎查的沙地。

（四）东苏旗满镇及洪苏木一个嘎查

东苏旗位居锡林郭勒盟西北部，西与西苏旗和二连市毗邻，北与蒙古国接壤，国境线全长 316 千米，总面积 34251.7 平方千米。1953 年全旗进行第一次人口普查，全旗总人口为 6439 人。② 2018 年时总人口 34494 人，其中蒙古族 22326 人，占总人口比例 65%。③ 东苏旗地广人稀，每平方千米约一人，全境为牧区。

满镇为东苏旗旗政府所在地，位居旗境中部。距赛镇 154 千米，距二连市 143 千米。满镇辖区总面积 6003 平方千米，其中城镇所在地面积 288 平方千米。镇区周边所辖区域为牧区，辖 8 个嘎查。2015 年总人口 16754 人，其中蒙古族人口 7753 人，牧业人口 3505 人。④ 项目组仅关注了满镇镇区东、东北、西南、南四个区位的进城牧民聚居区。洪苏木为东苏旗三镇四苏木之一，为全旗五个边境苏木镇之一及边境线最长的苏木。苏木驻地位于满镇正北 165 千米处。总面积 4447 平方千米，2006 年时人口 1463 人，其中蒙古族 1241 人。⑤ 苏木辖 U 嘎查等 5 个嘎查。U 嘎查为边境嘎查，边境线长 37 千米。在 U 嘎查与二连市 E 嘎查之间夹着东苏旗的 4 个嘎查。除位居 U 嘎查西边的同属洪苏木的一个嘎查外，其余 3 个嘎查的大

① 二连浩特市委办综合科：《二连浩特市概况》，2018 年 2 月，二连浩特市人民政府网，http://www.elht.gov.cn/mlel/csgk。
② 苏尼特旗地方志编纂委员会：《苏尼特左旗志》，内蒙古文化出版社 2004 年版，第 144 页。
③ 笔者田野调查记录，2019 年 10 月，苏尼特左旗党史地方志办公室。
④ 苏尼特左旗党史地方志办公室：《苏尼特左旗年鉴 2011—2015》，创刊号，2017 年，第 387 页。
⑤ 此时不包括新阿米都日勒嘎查。参见苏尼特左旗党史地方志办公室《苏尼特左旗志：2000—2010 年》，内蒙古文化出版社 2016 年版，第 52 页。

片牧场从 2016 年已开始进行新一轮禁牧。

表 1-2　　　　　　　个案区 6 个嘎查的基础数据（2016—2018）

嘎查	草场总面积 （平方千米）	人均草场面积 （亩）	户籍/人口	户籍/人口 （常住）	营地 （个）
H	961	2700	334/603	95/245	121
B	937	3000	210/412	70/210	91
S	777	3800	121/307	89/243	85
E	747	2800	119/306	85/223	45
T	913	2500	170/465	72/339	69
U	940	2512	115/412	105/374	101

资料来源：笔者依据 2015—2018 年的调查资料整理。

三　个案区域的特点

上文已谈到选择个案区域的理由。除具备区位、研究基础、人际关系等优势之外，从本书的预设方案与视角而言，个案区域具有若干有利特点。如相比城镇周边牧区，个案区近年的城镇化过程与居住空间变迁更具一种清晰性，这可以使在既定调查时限内能够观察到较为完整的区域空间化发展轮廓。

（一）住居史记忆之清晰性

与 C、D 类区域所不同的是，A、B 类居住空间区域具备地域住居史之清晰记忆。地域住居史是指特定地域所经历的一系列住居形态变迁及由住居所承载的日常起居生活方式之传承与演变史。住居史是以住居空间为核心的整体居住空间演变史之核心内容。它有单一住居类型之住居生活史与住居形态之替代与更新史两种基本类型。住居史的清晰性特征主要表现在居住者对所经历住居形态之完整体验与鲜活记忆。其记忆清晰度与社区所经历的住居形态变迁之时间长度成正比。故此，住居形态演变史越短，记忆清晰度就越高。在个案区，60—70 岁的牧民经历了蒙古包、生土住居、砖瓦房、新式住居与城镇楼房在内的几乎所有类型的住居形态。并且因急速的社会变迁，多种住居类型之间并未形成相互替代与更新的关系，而是交错叠加在一起，形成各类住居形态并置的景观特点。

在多数 C、D 类区域，从游牧时代的蒙古包至现代新式住居的演变已经历上百年，甚至数百年的历史。与个案区口述史完全还原的地域居住空间历程相比，此类区域的住居史过程还原需要系统的史学研究。如在表 1-1 中 5 和 7 号地点，70—80 岁的老人几乎没有有关蒙古包及其相关居住空间的记忆。受农耕文化之影响，这些地区在 20 世纪初已有农垦化、村落化发展倾向。因此，最终选择了具有清晰完整的住居史记忆，到 20 世纪 90 年代为止依然在很大程度上维持游牧文化景观与传统生产生活方式的个案区域为重点研究区域。

（二）区域城镇分布之均衡性

对于个案区而言，研究所涉及的 3 镇 1 市构成了一种与牧区日常生产生活实践密切相关的城镇群，对区域城镇化进程起着重要拉动作用。牧民以就近城镇化模式，跨越行政区划，进行适度流动。对牧民而言，其活动范围并非仅限于某个特定城镇，而是视其需要在周边的几个城镇之间进行选择。如在赛镇上学，在二连市购物等。

除格苏木外的 3 个乡镇（苏木驻地）到其各自旗镇的平均距离为 150 千米。对于本书的预定方案而言，这一间距对除阿拉善盟之外的内蒙古盟旗区域中是一种理想的距离。它能够反映旗政府所在地与同一旗内其他苏木镇之间的最大距离。4 个城镇（或市）分布于个案区域的南北，其平均间距约 150 千米。由其构成的城镇网络覆盖了整个个案区域，满足了牧民对城镇社会服务需求及就地就近城镇化需求。

本研究选择距城镇较远的边境牧区作为个案区域，主要是试图观察牧业社区较为完整的城镇化发展进程。城镇近边牧区因其地缘优势，较早便受到城镇影响，其城镇化程度也明显高于边境牧区。我们可以综合分析边境牧区典型的居住空间格局、清晰完整的居住空间演变史及从近年开始加速发展的城镇化倾向，能够准确推断牧区居住空间的调整及城镇化发展的内在规律与特性。这对考察地方时空历程，追究社会变迁深层机制的社会人类学研究而言是很有必要的。

（三）区域小城镇类型的代表性

研究所选 1 个小城市、3 个旗镇、4 个乡镇在最小的区域范围内尽可能代表了内蒙古境内所有牧区小城镇类型。内蒙古自治区共有 20 个城市，"其中大城市 2 个，中等城市 4 个，小城市 14 个，旗县城关镇 69 个，建制镇 425 个"。[①] 二连市为 14 个小城市之一，并具备出城便是广袤草原的典型的牧区小城镇区位、边境地区的典型城市形态——边境口岸城市等诸多特征。3 个旗镇均为旗县城关镇，但其城镇发展史、区位属性、规模布局各不相同。如乌镇位居农牧交错带，由新中国成立前的集镇演变而来。它代表了内蒙古南部与东部的多数小城镇的城镇发展模式。赛镇与满镇是位居纯牧区的新建城镇，赛镇又是沿 20 世纪 50 年代铺设的铁路线形成的城镇。在人口规模方面，乌镇最大，赛镇次之，而满镇最小，镇区仅有 1 万人口。4 个乡镇均为建制镇，但从人口规模及地方称谓而言，称苏木驻地更为合适。四者均位居边境牧区。格苏木驻地位居城市周边，而其余三个均远离城镇。

（四）区域生态、居住、生产方式之一致性

个案区域属戈壁荒漠地带，草原植被类型为温性草原荒漠类与草原荒漠化类相结合的区域。在个案区域中部有自南向北延伸的一小段沙漠，两侧为戈壁草原。整体区域地形平坦，干旱少雨，属典型的干旱牧区。这一生态环境特征有力影响了个案区域有别于草甸草原和典型草原的居住与生产方式。实施草畜承包政策时的人均牧场面积在 3000—5000 亩。区域居住空间类型属于典型的大跨度散居空间类型。牧户在相对宽敞的地理空间内均衡分布，个户居住空间呈清晰可辨的住居、营地、牧场三层结构。由于牧场空间的相对宽裕，多数牧户有冬夏二季牧场，至 2000 年初，普遍维持两季倒场的往返迁移模式。

戈壁牧区在科学定义上虽属荒漠草原类草场，但其内部生态空间却多

---

① 内蒙古自治区人民政府：《内蒙古自治区新型城镇化"十三五"规划（2016—2020）》，2017年 1 月，内蒙古自治区人民政府网，http：//www.nmg.gov.cn/art。

样而复杂。故个案区域的畜牧业生产模式保留了较多传统因素,畜种、品种与畜群在一定程度上维持了游牧时期的传统结构。与内蒙古西部与东部区相比,位于两者之间的个案区域至今维持着畜种结构的平衡性。如在阿拉善盟、巴彦淖尔市牧区大量牧养的骆驼在锡林郭勒盟中部以东地区却逐步减少。而在个案区域,尤其是其西部区仍被大量牧养。

从旗域牲畜数量分布来看,个案区域的 4 个苏木均是各自旗境内的代表性牧区。从整体而言,三旗位居全区 33 个纯牧业旗县、19 个少数民族边境旗县之列,并均为牧业大旗。在 20 世纪 60—80 年代各旗牲畜总数业已超越百万头(只)。1964 年四子王旗全旗牲畜总头数首超百万头,成为自治区牲畜超百万头(只)的七旗(县)之一。[1] 1972 年东苏旗牲畜总头数首次突破百万大关。[2] 1989 年西苏旗牲畜总头数首超百万。[3]

(五) 区域行政、部族、文化之差异性

个案区域分属 2 个盟市、4 个旗(包含一个县级市)、4 个苏木和 6 个嘎查。处于不同行政区划的地理区位特点,使具有相同自然环境与生产方式的个案区域同时具备了社会文化方面的诸多细微差异。促成差异的因素有行政区划、地方传统、部族文化等多种因素。将横跨两个至多个行政区划的一片区域视作一个整体的研究路径必然会面临区域范围内各社区间存在的众多差异。然而,差异性的存在对本研究而言是有益的:一方面可以增加研究区域的多样性;另一方面能够证明区域社会在城镇化发展路径与模式上的趋同性。

文化的独特性是社区共同体所具有的一种共性。虽同属一个苏木,毗邻的两个嘎查社会文化风气亦有所不同。这不仅是行政区划不同,也与其文化生成的众多地方原因有关。当然,当行政区划等级越高时行政因素所起的作用似乎更加明显。个案区分属乌兰察布市与锡林郭勒盟。由于其地方政策以及在落实中央和省级政策时所表现的地方性特征,即结合地方实际因地制宜地制定和落实具有地方特色的具体政策措施,对地方社会的影

---

① 四子王旗地方志编纂委员会:《四子王旗志》,内蒙古文化出版社 2005 年版,第 39 页。
② 苏尼特左旗地方志编纂委员会:《苏尼特左旗志》,内蒙古文化出版社 2004 年版,第 44 页。
③ 巴雅尔:《苏尼特右旗志》,内蒙古文化出版社 2002 年版,第 49 页。

响效果具有一定差异。

　　除外在的行政区划及政策落实差异外,个案区亦有民族、部族及文化传统等众多差异。在民族构成方面,个案区为蒙汉民族和谐共居,并以蒙古族占据多数的区域。汉族人口在总人口数中所占的比重在 H、B 嘎查较高,U 嘎查次之,S、T、E 嘎查较低。在居住模式与偏好、城镇化倾向与城镇空间的适应能力方面,蒙汉牧民之间具有一定差异,但在牧户居住空间调整及城镇化发展路径方面并无太大差异。故本书所称牧民只是职业专称并无民族区别。除民族构成外个案区域的蒙古族牧民之间具有部族差异。个案区的两大部族分别为杜尔伯特和苏尼特。两者在语言、习俗方面具有明显区别。

(六) 区域跨界交往之频繁性

　　对孤立而封闭的社区进行民族志研究的传统在当前人类学界早已成为过去。随着全球化、现代化的扩张,传统意义上的社区早已被解构,同时新的社区模式以多种方式被重构,从而呈现出由实体至虚拟、由地域至网络的多种演变趋势。然而,必须要注意的是被人们所理解为完全封闭的社区其实只是一种学术建构或想象的结果。一些传统社区类型所具有的跨界交往与外在世界的多重关系被学者们严重低估。对于牧业社区而言,在传统游牧时代便有不仅限于社区范围的较高流动性和与外在社会的广泛联系。另外,传统社区在空间转化过程中显示出一种复杂性。在从乡村至城镇的空间转型中,社区正以某种方式被重构。与集体经济时代的嘎查相比,如今的嘎查社区与外界的交流更加频繁和多样。嘎查社区不仅与相邻或相近嘎查社区,而且与更大区域范围取得日益密切的联系。如嘎查社区之间的通婚现象及认亲访友的交往日益增多。20 世纪 80 年代开始复苏的一些公共节庆仪式,如敖包祭祀活动起到连接不同社区的作用,市场经济制度下的生产要素之跨界流动也更加频繁。这些现象使原有社区成员之社会交往不只限于本社区内,而向更大的空间范围延伸。这一社会交往范围和社会网络的存在是跨界居住空间得以存在的前提条件。

第四节 研究视角、方法与篇章结构

本书的研究方法属于一种人文主义方法论的定性研究。项目从国家视域中的宏观规划与个体生活中的微观调整的双向视角,考察了牧区居住空间结构与变迁历程。在对居住空间的理解上,建构了一种双重时空域框架,确定以 20 世纪 40 年代至今的个案区域为本书所论述的自然时空域,进而设置了与居住空间相重合的社会时空域。在具体方法上采用区域主义的住居民族志方法对牧区居住空间的演变史与每个阶段的日常住居生活形态进行了深度观察与记录。

一 研究视角:国家与个人的空间规划

本书的主要视角是国家与个人二者的居住空间调整实践及由此形成的互动与交融。从基层社区和社会行动者的立场与视角,观察其对国际或国家相关政治经济政策的应对行为是 20 世纪 70 年代开始兴起于社会人类学界的一种重要视角。在此从相近视角关注了国家在宏观层面的区域空间规划与微观层面的住房改造实践,两者对牧区传统居住空间结构所起到的重构性影响,以及牧民在政策环境下的一种对居住空间的积极调整实践。

(一)国家的空间规划

国家对区域空间的规划与调整属于一种自上而下、由大到小的空间化过程。通过行政建制的设置、行政区划的调整与城乡体系的建设,国家将地方编入整体国家体系中。国家所精心规划的空间格局与国家的发展战略目标息息相关。故为达到特定的发展目标与顺应时代的要求,国家不断地调整这一空间规划,以达到最好的空间效益。在区域空间规划的基础上,国家将空间化实践细化至地方社会建设与居民住房问题上,由此完成从宏观到微观、从上至下的空间规划目的。对于地域辽阔而人烟稀少的牧区而言,国家的空间规划具有与农区完全不同的意义与效益。若借用并适度演绎经济学家戴利(Herman E. Daly)"空世界"和"满世界"的理论①,国家对牧区的空间规划属于一种"填充"和"建设"实践。

若要以个案区域的任一个旗为例,观察从新中国成立初期至今国家的旗域空间规划实践,可以发现一种地域空间化过程及变迁规律。这一过程由国家权力的"延伸—收缩—再延伸"的节律完成。随着国家对旗域空间的调整,人口流动亦呈现出"向地方—向中心—再返地方"的模式。这对旗域居住空间的变化起到外部制度环境的塑造作用。当然,国家的空间规划实践也被分为宏观与微观两个层面的规划与调整。

从宏观层面看,新中国成立初期国家在原有地域空间结构基础上对地方实施再组织化实践,新建作为旗行政中心的城镇,并将其作为旗域政治、经济和文化中心,建构了以旗镇为核心的具有单一中心和明确边界的行政单元。在人民公社化时期,国家加大了对旗域空间的规划力度,广泛建立人民公社驻地、生产队队部、公私合营牧场总部等层级有序,具备一定规模的新型聚落形态,将空旷的草原牧区编入一种城乡网络体系中。改革开放以后设立在公社、生产队两级的职能单位被陆续收回并集中至旗镇里,基层牧区乡镇与队部聚落规模趋于缩小。2000 年以后随着撤乡并镇工作的推进,旗域行政区划被大幅调整,一些苏木的辖区被扩大,成为下辖多个嘎查的行政建制。同时,在生态环境保护政策下促使人口向移民村与城镇流动。旗镇被大力建设并逐步扩大,牧民向旗镇转移。近年来,随着国家各项民生工程的实施,又出现了外出牧民的返乡热。

在微观层面,新中国成立初期国家便倡导游牧民的定居化发展。80 年代实施草畜承包政策,将牧场承包给牧户,从而确定了其倒场迁移的界域。90 年代起大力提倡家庭牧场式现代畜牧业的发展,鼓励并扶持牧户营地设施的配套化建设。2010 年后实施一系列住房改造政策,以多种方式为牧民新建或改建住居。

空间规划是一种社会再生产的过程。苏贾(Edward W. Soja)称"城

---

① [美]戴利:《超越增长:可持续发展的经济学》,诸大建等译,上海译文出版社 2001 年版,第 11 页。

市化是对现代性空间化以及对日常生活的战略性'规划'的概括性比喻"。① 从新中国成立初期的城镇建设、城乡体系建构至近年的城镇化战略规划实践均属于一种自上而下的空间规划,其范围从宏观的国土空间到微观的家庭居住空间。

(二) 个体的空间规划

居住空间是人们将空间予以地方化的结果。而这一实践通常会受到由国家所规划的空间界域、传统的地域居住空间结构、特定的生产方式、物质技术基础与居住观念等多重影响。国家对地域空间的规划结果,如行政边界的确立、城镇与各级行政中心的布局、社会服务职能的调配、城乡住房政策的实施等对居住空间的影响是深远的。如将学校从基层合并至旗镇的政策,自然加强了牧民与城镇的关系。牧区住房补贴政策的实施,使长期在城镇务工的牧民纷纷返乡建房等。然而,我们应注意两点问题:一是政策因素,这并非是对牧区居住空间产生深刻影响的唯一决定因素;二是对于国家的空间规划,牧民也并非只是被动接受者。其表现为一种,由政府推行的居住空间规划并不总是能够达到预期目的。

除国家力量对牧区居住空间的形塑作用之外,上述各种因素对居住空间的影响也是非常重要的。若从诸多因素综合作用下的宏观居住空间调整实践视角,可以看到牧民在特定政策环境下的一种主动性与适应性。在此我们则侧重于牧民在微观居住层面的调整实践视角。

传统游牧业在1949年初期的一段时间内依然持续。牧民以"浩特·艾勒"形式维持了一种小聚居模式,其因有生产方式、社会组织、技术条件等多种因素。如在干旱牧区,水井是构成牧户小规模聚居的重要因素。故形成围绕一口水井聚合的传统牧业组居住空间。在集体经济时代,牧户的居住空间由生产队统一调控,牧户除自家居室以外无需对居住空间进行调整。80年代实施草畜承包政策后,集体经济时代设立的牧业组——"浩特·独贵龙"被维持下来,并因住居形态之变革,逐步向定居化方向发

---

① 〔美〕苏贾:《后现代地理学:重申批判社会理论中的空间》,王文斌译,商务印书馆2004年版,第77页。

展。但在住居定居化景观背后依然维持一种频繁的迁移模式。90年代起因持续的干旱、对城镇生活的憧憬等多种原因,部分牧民向城镇转移,构成社区内部牧场资源的闲置,传统居住空间由此被延续下来。2000年后国家推行生态移民政策后部分牧民迁入设于社区或旗境内的生态移民区养殖奶牛,但仅仅经过短暂的几年后又陆续返回了牧区。2010年前后在国家城乡住房政策引导下牧民们在城镇中陆续购买楼房,但国家实施一系列乡村住房改造政策时又纷纷返乡建房,但这一次返乡并非是学界所称的逆城镇化,一种更加灵活多变的城乡往返模式得以确立。

在国家视域中的平面化、科学化的居住空间在居住者视域中却是感性化、符号化的生活空间。在前者视域中,牧场以面积、产草量、载畜量、植被类型的数量与指标呈现。而在后者视域中包括住宅、营盘、牧场在内的居住空间是一种记忆与情感的载体。故两者对空间的体验与调整结果是不同的。与传统粗放的城镇化相比,"尊重意愿,自主选择,因地制宜"①的以人为本的新型城镇化规划能够更加符合地方历史文化脉络与居住者独立自主的居住意愿。故两者可以有更好的重叠与交融。

二　双重时空域

此处所提双重时空域是将时空概念分为自然与社会两大时空范畴的产物。在谈居住空间问题时首先要确立的是一种自然时空域,即现象得以产生和发展的时间限度与空间范围。因为同一种事物在不同时空域中的表现与意义是不同的。另外,居住空间通常又被理解为一种物质空间,其空间性借由居住者的社会实践方能显现。同时,超越单纯住居范围的居住空间具有显著的社会空间含义,不同的居住空间层级是被国家或居住者生产出来并使用的生活空间。故此,对居住空间意义的充分解读需要结合自然与社会时空的双重视域。

---

① 国务院:《国家新型城镇化规划(2014—2020)》,2014年3月,中国政府网,http://www.gov.cn/zhengce。

(一) 自然时空域

此处所提自然时空域包含两层含义,即现象所产生的时空范围及作为现象本身的居住空间。本书将论述牧区居住空间的时空域限定为 20 世纪 40 年代至今的个案区域。并将居住空间首先视为一种居住场所,即物质空间,再对其社会文化意义进行了阐释。

在对一项社会文化现象进行研究时有必要首先确定该现象得以产生、发展和演变的时空域。时空概念在此意义上完全成为社会现象得以产生的容器、场域或衡量尺度。居住空间是一种具有物质与社会双重性质的文化现象。其每一个时间切片里的静态表现是社会外部力量与文化持有者内部影响的双重作用下构成的社会文本。因此,需要从一段时间的历时视角对有限空间界域内的深度考察,方可得出较为完整而深入的结果。

对于特定区域居住空间的研究,必定要关注其形成与演变史。只做某一时间节点的共时分析无法呈现其真实的面貌。本研究在界定研究区域的基础上,把研究时段限定于 1949 年至今的 70 年。同时,结合所论述的主题,把这段时间划分为诸如传统游牧社会时期 (20 世纪四五十年代)、集体经济时期 (20 世纪 50 至 80 年代中期)、市场经济时期 (20 世纪 80 年代至今) 等不同时期。

传统游牧社会时期的地方史料稀少,因此主要依靠口述史所能清晰反映的上限,即 20 世纪 40 年代为开端。有个别口述资料可上溯至 20 世纪二三十年代,但由于信息涵盖面的不足,只能将其作为参考资料来看待。依据口述史可断定,20 世纪四五十年代,所选区域内依然从事传统游牧业。地广人稀、生态环境完好、迁移自由是该时期的特点。然而,必须要注意的是,现代化的脚步已悄然接近这些闭塞的边远区域。在旗南部地区已开始兴建现代工商业、教育、金融等机构,一些地区已实施牲畜改良、贫困人口的集中化管理等措施。位居旗南部的政治中心与其周边诸城镇构成一张商贸网,将其势力逐步伸向边远的北境。

集体经济时期始于人民公社化运动,终于草畜双承包制的实施。这段时期,在微观住居层面虽未出现实质的变化,但在空间层面出现了大幅变化。从 1949 年初期的互助组、合作社的建立到人民公社化运动,边远的牧区被牢牢地编入庞大的国家体系中。以生产队为单位的基层行政社区的出现是此段时期牧区出现的最重要的现象。生产队为最小的集体生产单位，牲畜与牧场归集体所有。由生产队统一规划其境内的所有牧场，依据需要将其分为若干季节性区域。统筹调动生产队全体牧民进行集体生产。此时，牧户在生产队的统一领导下放养集体畜群，除其个人住宅以外其余生产资料归集体所有。牧户的迁移，从常规性倒场至大尺度的游牧完全由生产队统一指导并实施。

市场经济时期始于 20 世纪 80 年代初期草畜双承包责任制的推行。嘎查将集体畜群作价归户，再将牧场分包到户。家庭从而成为独立自主的生产单位。虽然现实层面上的牲畜归户与牧场归户未能同步完成，但牧户的定居化趋势已开始初露端倪。70 年代末至 80 年代初，已有牧民开始修建生土住居。经 30 余年的发展，牧户已基本完成定居化，成片的住宅与棚圈，以及配套的机井、围栏等设施使牧户牢牢地固定在牧场的某一区位，成为固定的居住空间。

对于本书的关注点——居住空间而言，特定区域内的长期关注会得到更多有意义的发现。看似与当前城镇化问题无直接关联的基层牧区之居住空间现象其实有着十分重要的意义。因为，牧区城镇化历程始于 1949 年初期。这一社会变迁起初虽未以人口的城镇化转移为特点，但城镇以及各级行政中心的建立对牧区而言是一项从无到有的重要社会变革事项。由国家建构的旗域城乡体系成为牧民生产生活实践的空间架构。虽在此后的数十年间，城乡体系经历了由中心至外围的扩散化，以及后来的由外围至中心的集中化过程，中华人民共和国成立之初设立的城乡体系仍未失去其重要的空间意义。牧民在旗域内的居住空间调整仍受这一空间架构的影响。牧区的城镇化，尤其是新型城镇化发展问题并非只关乎作为中心的城镇，而是涉及整体的城乡体系。需要说明的是，近二十年是内蒙古牧区居住空间变化最为显著而迅速的时期。

（二）社会时空域

居住空间既是一种产生行为的空间，亦是一种被社会所创造或生产的空间形态。对社会空间结构的理解，学界中有广义和狭义之分。广义的理

解"未曾将自然空间排除在社会建构之外,而视其为行动的构成要素"①,
而狭义的理解将自然空间完全排斥在外。在此,我们将从广义的社会空间
视域看待牧区居住空间。其实,有关空间的物理性与社会性,或者客观性
与主观性之间并不存在一种二元对立性,而是一种互构关系。如住宅是物
理空间,家庭则是社会空间。住宅的空间秩序与家庭的社会行为之间具有
互构关系,但在空间边界方面两者不一定是重合的。

在谈社会空间时必须要谈到社会时间。传统与现代社会之社会时空结
构是不同的。而在谈社会时空结构之前,先来看看可精确计算的钟表时间
及空间测量知识对牧区传统生活所构成的影响。在微观层面,自然时空结
构作为一种尺度标准被引入牧区日常生活中。钟表时间、日历时间对牧区
生产生活中的引入已有一段历史。在 20 世纪 40 年代时通过观察从蒙古包
天窗照射进来的光点而确定时间从而安排生产环节的习俗已被改为依照钟
表时间刻度的精确计算。在现代家庭牧场,每日的生产安排已有一张科学
的时间安排表,甚至每次补饲一头牲畜所需的时间、饲草量及摄入营养都
有精确计算。个案区牧民在 1949 年以前主要使用农历。1949 年后阳历的
引进曾引起一段时间的日常生活生产环节的某种不统一与混乱。在自然空
间的测量技术方面,测量地理距离的千米、牧场面积的亩、住居空间的平
方米等概念已被引入牧区日常生活。

在宏观层面,自然时间是一种流逝过程,社会时间则是一种社会进
程②,故社会时间具有循环往复的特性。如同很多传统社会,牧区的社会
时间节律以周而复始的公共节庆、集体生产环节予以记录。然而,随着现
代技术与生产方式的推广,一些传统生产环节被省略或简化。传统社会时
间节奏的打乱与现代社会时间的确立几乎同步进行。周末、假期等时间节
律开始进入牧区。无论家住多远,在城镇上学的孩子在周末被接回牧区的
家中,或年轻夫妇在周末下午将牲畜安顿好后开车进城看望子女;牧民对
度假旅游的爱好迅速上升,其出游范围已不限于自治区,甚至国内。

---

① 景天魁等:《时空社会学:理论和方法》,北京师范大学出版社 2012 年版,第 71 页。
② 景天魁等:《时空社会学:理论和方法》,北京师范大学出版社 2012 年版,第 64 页。

在社会空间方面,与不同层级的居住空间相对应的家庭、邻里、社区、社会网等构成了静态的社会空间属性,而随着现代化与城镇化的推进出现的牧区,贫富差距及其在城镇空间中的诸种表现,如居住空间、社会交往领域的整合与分化构成了社会空间的重构趋势。

三　区域主义方法与住居民族志

本书采用的区域主义研究方法。此方法可以在区域空间界域内最大限度地呈现牧业社区所具有的跨越行政区划的多重居住空间层级及其变化。从具体研究方法而言,本书属于居住空间的实地研究。在借用相关学科的理论与方法的基础上,提出了属于人类学范式的居住空间研究方法——住居民族志。住居民族志是一种系统观察和记录被调查者在其居住空间内实施的一系列社会实践的方法。与通常的民族志所不同的是住居民族志对居住空间与起居行为的严格界定。首先,居住空间是以居住者为中心逐层向外扩大的空间层级。住宅是整体居住空间的核心,住居形态、数量、区位的变化使整体居住空间更加复杂化。故观察一户的起居实践时既要关注到其位居牧区和城镇的居住空间,也要关注其在不同住居形态中的行为模式。其次,起居行为被严格限定在居住空间之内,并与空间产生直接或间接关联的行为。它包括居住者的空间体验与感知、特定空间内的行为模式与实践。与建筑学所不同的是人类学视域中的住宅并非只是满足日常生活需求的功能性场所,而是居住者生活世界之空间呈现。

项目组以走访形式完成三个阶段的普查工作之后对选定的个案区域进行了住居民族志研究。第一阶段,在自治区境内开展了普查工作。具体方法为,从选为调查地点的 15 个苏木中各选择 1—2 个有代表性牧业嘎查,进行有关人口、面积、牲畜数量等基础数据的收集工作。再以实地探访方式,进行入牧户调查,记录其住居形态、牧户住居史、聚落布局、乡镇形态与日常生产生活方式的关键信息,以备比较研究。第二阶段,在个案区三旗境内进行了南北牧区的对比调查。具体方法为从旗境中南部区域各选一个牧业苏木,进行有关人均牧场面积、营地密度、住居形态、营地设施、与旗镇的关联程度及牧民日常生产生活安排的系列比较,从而总结出有关北部苏木的显著特点。第三阶段,继续深化在个案区内的实地调查。按照事先选定的三条路线在个案区进行多次穿越与走访,结合普查与重访形式,确定了数十户进行深度调查的重点牧户。

对于已选重点牧户在 5 年的研究期限内保持每年至少重访一次,以记录其居住空间的演变过程。实地调查时间的安排考虑到了一年四季、牧区中小学生的上学与寒暑假时期、平常年景与干旱季节的分布。因为,在上述每一个时期,牧业社区的总体居住模式与家户居住空间具有一定差异。2014—2018 年恰好是牧区居住空间急速变迁的时期。内蒙古自治区"十个全覆盖工程"(2014—2016)是促使牧区住居形态得以普遍革新的重要政策。此后的各项政策均包含了有关牧区人居环境的改善与住房改造的具体措施。由此,2014 年及之后几年成为牧区住居形态及居住空间结构得以普遍更新的分水岭。故在田野工作期间观察到了个别牧户由蒙古包迁至砖房,再至城镇楼房的完整住居变迁过程。

田野工作是社会人类学的基本方法。故此,深入牧业社区,长居苏木驻地和牧户营地,参与牧民的日常生产生活实践,观察其行为与观念,关注牧户在大尺度居住空间(如旗境)内的迁居路径和生活安置成为本研究的主要方法。笔者在 6 个嘎查内共走访 115 个牧户,调查内容包括家族迁移史、住居建造史、日常生活实践及城乡生活安排。对 30 余个重点牧户进行了持续观察与深度访谈。借助研究者自身的多重身份建立起的社会关系,以及基于长期往来的信任,获取了除调查提纲所定内容之外的诸如个体对当前社会形势的判断、家庭生产生活安排、个体对居住空间的认知与评价、城镇生活的经验与教训,甚至成就感与困惑等更为主观的信息。同时,访谈 10 余名已退休或在职的旗、苏木、嘎查各级干部,获取有关社区发展历程,个人工作经验与基层社区的重建观点等多种信息。

除牧营地之外,项目组在 4 个城镇的牧民聚居区开展了延续 4 年的调查。其中以满镇、乌镇为重点,在牧民小区、陪读家庭聚居区及牧民街开展调查。共入居住于牧民楼、商品房、平房小院、养老院等各类住宅的 52 个牧户,进行了微观居住空间与日常生活的深度观察。在其余 2

镇重点调查牧民小区,共入 11 牧户。除入牧户调查以外,对城区内的学校、居委会、畜牧局等相关单位开展了调查。在 4 个苏木驻地中,重点考察脑苏木与额苏木驻地。观察苏木驻地的机构设置、现有景观与建筑遗存、苏木商业点与牧户的关系、在苏木驻地开展的各项建设工程等。在收集和整理通过地方文献、访谈、观察所得到的资料的同时,使用建筑学的研究方法对个别营地布局与住居建筑进行了实地测绘。并依据口述史与实地测量数据绘制了个别嘎查与苏木驻地的七八十年代的布局规划图。

四　本书章节结构

本书以 1949 年至今 70 年的牧区城乡空间的规划与建构历程为叙述背景,以牧区居住空间的总体结构与各层级之变迁过程为主线,探讨了国家与居住者群体在不同层面进行的居住空间调整实践及其城镇化发展过程。全书分为 8 章,每章设 4 节。章节次序的设置清晰表达了本项目的研究进路与思考逻辑。

第一章为导论,提出了核心关注点——内蒙古牧区居住空间的调整与新型城镇化路径问题,并介绍了研究区域、调查方法及篇章结构。项目组在内蒙古境内选取了以苏木为单位的 15 个社区,在进行初期普查的基础上最终选取了分属 2 盟 4 旗 1 市(小城市),并在苏木行政区划上接壤的 6 个嘎查作为长期关注的田野点。研究区域的选择尽量考虑了牧区社会特性、城镇网的布局等多方因素。

第二章对牧业社区、居住空间与新型城镇化路径等本项目的核心概念与居住、住居、浩特、定居化、家乡情结等一系列重要概念进行了概念梳理与界定。并系统回顾了人类学对空间与建筑的研究实践及相关理论成果。建筑的人类学研究与建筑人类学对住居建筑的研究涉及从形态与形制至隐喻、实践及场域的广阔领域。本书综合利用了这些前期研究成果。同时,回顾了近年牧区研究实践对牧区居住空间的关注及普遍呈现的一种空间转向。

第三章对新中国成立初期至 2000 年初的旗域空间规划史进行了梳理与总结。本书将旗域空间分为由旗、苏木、嘎查和牧业组构成的四级空间组织。分别探讨了国家对各级空间的规划、建构与重构实践。各级空间组织共同构成了地方城乡体系,成为包括城镇化在内的牧区居住空间变迁得以产生和完成的外部空间架构。

第四章对牧区居住空间之微观层级,即由居室、住居与营地构成的三重空间进行了研究。在改革开放至今的 40 年内,仅在住居形态方面,牧民在其个人生命历程中依次经历了蒙古包、生土房、砖瓦房、项目房、新式住居及城镇楼房的多样性住居。住居空间由单室向多室、并排式向复合式的转变,在形塑居住者日常生活模式的同时培育了牧区日常生活方式的城市性特点。

第五章对牧区居住空间之宏观层级,即由邻里、牧场、社区与地域构成的四重空间进行了研究。在传统游牧时代便已存在的宏观居住空间是一种适宜于干旱牧区的,并维持一种必要的移动性的,更具有社会空间意义的居住空间结构。在现代化时期,牧区宏观居住空间虽有大幅变化,但其结构性与空间性意义依然在存续,并有再生产和扩大的趋势。

第六章对旗域空间中的两个基层行政中心——嘎查与苏木驻地之发展、衰弱与转型过程以及 1949 年至今的旗域城镇化历程予以了回顾与研究。与第三章所论述的由国家自上而下设置并建构的空间规划所不同的是,本章重点考察了基层行政中心的社会服务职能之向心性转移构成的空间重组过程。旗镇的扩大与乡镇或苏木驻地的衰弱成为其空间结果。

第七章在前面各章对旗域和跨旗区域的居住空间结构进行充分阐述的基础上,对现代家庭牧场、社区景观及生产实践、边远牧区的旅游景区、城乡往返模式进行了系统研究。现代家庭牧场及与此相应的新型社区与区域空间是牧区生活方式的城市性特点得以呈现的空间基础。国家地质公园与牧家乐作为一种新的空间形式被生产出来。城乡往返模式成为牧区城镇化的一种新型模式。

第八章基于个案牧区居住空间结构与城乡体系各结点的系统阐述,提出牧区小城镇的特色化发展、城镇文化空间与城镇共同体的培育、城乡一体化发展、旗域和区域就地就近城镇化发展四项路径设想。上述相辅相成的空间性实践是已由国家不同程度地付诸实施的空间规划。而社会人类学视域下的居住空间及城镇化研究，因以其对地方社会文化的深度关注，可以补充并丰富这些空间规划的地域性实践。

第二章　概念辨析与理论回顾

　　本章对研究所用核心概念与其他相关概念以及理论进行了梳理与回顾。牧业社区、居住空间、新型城镇化是本书所选三个核心概念。对概念的适度扩延与深入理解将有助于整体研究的深入开展。对居住、住居、家乡情结等概念的阐释中，本书使用了从地方性知识中获取词语原初意义的语义学分析方法。通过对概念的阐释而获得的一些关键属性是牧业社区居住空间研究中应予以关注的核心理念。在理论回顾方面，本章总结并归纳了牧区研究实践中有关居住空间的相关论述与系统研究，并指出显现于当前牧区研究实践中的空间转向。梳理并总结有关人类学对空间与建筑的研究以及建筑人类学的理论阐述是本章的重点。本研究借鉴并吸纳了这些理论观点与方法，从而建构了一种更加适于牧业社区居住空间模式与城镇化问题研究的理论范式。

第一节　核心概念辨析

　　为使研究更加清晰而深入，有必要对研究之初便设定的一系列用语进行进一步界定与概念化处理。牧业社会研究领域的学者所惯用的诸如牧业社区、居住空间等用语通常被视为一种既定的事实与范畴而被用作特定研究对象的客观背景。然而，若对这些名词进行进一步的概念化处理，厘清其层序与维度，将会大幅拓展我们的视野。

一　牧业社区

常见于牧区研究成果中的三个概念——牧区、游牧社会与牧业社区是一组既有意义差异，又常被忽略不计的概念。三者均强调了"牧"，即所指区域内的主导型生计模式。当然"牧"亦有游牧型与定牧型等多种类型，这在上述三个概念中的呈现方式是不同的。除共同的修饰语之外，三者分别指称区域、社会与社区，即牧区是以畜牧业作为主导型生计模式的区域，游牧社会是以游牧型畜牧业为主导型生计模式的社会形态，而牧业社区是以畜牧业作为主导型生计模式的地方性社会。此处选用"牧业社区"为核心概念，用于强调牧区所具有的地方性特征。

（一）牧业社区的定义

在社区一词的理解上，人类学家总是强调其共同性，认为共同性是社区组织生成延续背后的逻辑。[1] 共同的自然环境、文化、社会结构、利益等建构了社区。在社会空间的构成序列中，社区介于家族与国家间，成为供人类学家观察的中间社会形态。随着社会的发展与人类学理论视野的拓展，界定社区的属性从具体的事物扩展到了诸如象征、意识等抽象领域。但无论从何种角度界定社区，它始终具有比较清晰的范围，即界定范围的关键属性是边界的存在。边界具有物质性与精神性的多重属性。有边界说明社区是一种具备空间性的社会存在。同时，社区本身是一种社会过程与结果。时间性是社区的另一个重要属性。因此，从社会时空视角审视社区成为本研究的一项基本原则。

在 20 世纪初至中叶，人类学家所观察到的牧业社区一般为从事游牧型畜牧业的，由从属于单一部落的小规模游牧人构成的，以移动式简易住居分散而居的，空旷而干旱草原上的牧业社区。埃文斯－普里查德（Evans-Pritchard）所研究的努尔社会（1930—1936）、弗雷德里克·巴斯（Fredrik

---

① ［美］拉波特等：《社会文化人类学的关键概念》，鲍雯妍等译，华夏出版社 2013 年版，第 59 页。

Barth）所研究的巴赛里游牧民社会（1957—1958）均属于上述社区范畴。对于人类学家而言，相比"牧业社区"（Pastoral community），更加倾向于使用"游牧社会"（Nomadic society）。其田野工作在具体的社区范围中开展，但并未对社区概念进行刻意的界定与阐述。社区是客观存在的一种实体，而无须对其进行专门的界定。社区最初为研究便利而人为设定，当介入之后却因其复杂多样的属性而不断调整研究策略。由此，从时空视角界定社区成为必然。相比其名称所含的时间性意义，社区的空间性意义更加突出。因此，从时间的任一点上关注社区的静态结构较为实用。在时间序列中的社区呈现出复杂多样的特征，即每一个时间点上的社区结构是不同的。这一情况在现代社会更趋于多样化。

　　那么，该如何定义牧业社区？卡扎诺夫（Anatoly. M. Khazanov）曾指出农民社区（Peasant community）和游牧社区（Nomadic community）的区别，并提出后者所具有的与牧场等核心资源的联系、与特定的垂直结构之不可避免的关联、比一般农民社区所更频繁的成员变动三个主要特征。[1] 当然，这些特征更加适合依然维持游牧型畜牧业的游牧社区。社区是一种社会设置，其形成需借靠内部与外部的双重形塑作用。在游牧时代，前者是首要或有时是唯一的形塑社区的力量。而在定牧时代或现代社会时期则需两者的共同形塑作用。在世界范围内，多数游牧社会在 20 世纪均经历了由游牧转向定牧，并被予以再社区化的过程。地处偏远区域的游牧社会被编入现代国家体系内，从而构成国家，甚至全球体系的一个组成部分，并且随着国家与市场力量的扩延，日益卷入这一庞大的体系内。行政区划的设立是国家对游牧社会实施的空间化实践，从而也成为游牧社会"社区化"发展的推动因素。在内蒙古牧区，嘎查社区成为国家与地方双重形塑作用下形成的最具典型意义的社区。

　　从居住空间视域看，牧业社区具有下列特征：其一为相对宽敞的地域空间；其二为以散居为主的居住空间结构；其三为由家户、邻里、地域共

---

　　① Anatoly M. Khazanov, *Nomads and the Outside World*, *Second Edition*, Translated by Julia Crookenden, Madison: The University of Wisconsin Press, 1994, pp. 131 – 133.

同体构成的三重结构。社区是一种社会概念，构成社区的社会关系与社会结构是应予以充分关注的重点所在。牧业社区是以畜牧业作为主导型生计方式的，在社会组织、文化生活与居住空间形态方面有别于城镇、农村社区的的生活共同体。

（二）牧业社区的类型

社区具有多种类型。在现代社会，人们常依据社区主导的生计模式，将其划分为城镇社区、农业社区与牧业社区三种主要类型。由于畜牧业通常被视为广义农业的一种特殊形式，故在学界也将牧业社区视为农村社区的一种类型。[①] 当然，社区类型的划分更多的是以生计模式作为关键属性，同时包含各自多个共同性特征的划分结果。社区所具有的道德、利益、文化观念等共同性也可以作为划分社区类型的关键属性。这些共同属性中包括居住空间。

社区，无论以何种属性为其定义，均离不开共同地域这一属性，即社区首先是一个居住区。故社区具有自然空间与社会空间的双重属性。人类具有趋向于共同生活，彼此交往，并相互依赖的本性需求，而这一需求以成员共享的文化形式得以满足。社区的居住空间无论呈何种形态，均有与此相适应的社会文化运行模式。并且，社区具有完整意义上的社会属性，其结构能够反映规模更大的社会。

出于研究主题，虽然在社区类型名称上依然采取以主导型生计模式命名的社区类型，如牧业社区，本书更倾向于将社区的居住空间作为一项重要属性，进而界定与理解社区。社区之所以成为一种生活共同体，是因为社区为其成员提供了一个共同的生产生活空间。而居住空间是社区生产生活空间最主要的景观呈现。每一个社区均有其特定的住居形态与居住模式。住居形态指社区成员所栖居的住宅建筑与场所类型。如固定式与移动式住宅、单户独宅式与多户独宅式、平房与楼房、有院落与无院落等。居住模式指社区住宅的排列分布、居住周期与空间利用的程式化布局与设置。如聚居与散居、长期性居住与周期性居住、移动与定居等。

---

① 丁元竹：《社区的基本理论与方法》，北京师范大学出版社 2009 年版，第 50 页。

　　依据畜牧业生产方式、人口规模与构成、住居形态与布局、生态环境属性等主要因素，可以将牧业社区分为多种类型。如游牧社区与定牧社区、散居社区与聚居社区等。在此仅依据居住空间图式将内蒙古牧业社区分为以下几种类型。

　　其一为典型的散居社区。无论对游牧或定牧社区而言，在相对空旷的牧场空间内的散居景观是最为典型的空间特征。游牧社区因其移动性住居特征而具有变幻多样的空间图式。而定牧社区是前者所拥有的多样性空间图式之一种选择和固化。其刚开始定居化发展时期的空间图式接近于游牧社区的代表性空间形态。其具体的空间图式有大散居而小聚居、大散居、小散居三种基本类型（图2－1）。

　　其二为特殊的聚居社区。在特定自然环境、气候与季节条件下，适度聚合是游牧社区的一种常见居住模式。游牧社区的居住空间在呈聚居模式时呈现出一些固定的空间图式。其中包括圆圈式、单排式（横向）与狭长式（纵向）三种方式（图2－1）。永久性或长期性聚居则多由于外部形塑作用而产生的居住模式。牧业社区的聚居规模并不是很大。永久性的定居定牧降低了牧业社区本有的借由迁移而减少灾害的能力。其生产在一定程度上要依靠种植业。

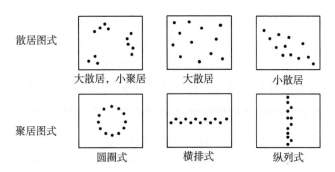

图2－1　牧业社区传统居住空间图示

资料来源：项目组自绘。

　　其三为聚散相合的社区。在聚居村落与散居牧场之间进行往返迁移的社区是其最为典型的类型。此类社区所具有的一种特性是在其散居模式下最大限度地展现了游牧社区所具有的居住空间景观。

从表面来看,居住空间的景观意义强于其社会意义,然而,两者之间却具有复杂的关系。可以认为,特定的居住空间模式是一种社会过程的结果和社会结构的物化表达。有学者称聚落内"每个房子与房子间的关系,其实就是聚落中人与人之间关系的表现"。[①] 牧业社区的传统居住空间图式也表现出此种关系。但其前提是个体对其居住空间所持有的一定调整能力。另外,居住空间与生计模式间并无既定的相互决定关系。例如,城镇、农村、牧区三种社区均可以呈聚居模式,也可以呈适度散居模式。这说明决定居住空间格局的并非是生产方式,而是更为复杂的社会原因。

二　居住空间

对于空间概念的理解,取决于特定学科的视野。就居住空间(Inhabited space)而言,20 世纪 70 年代以来出现的整个人文社会科学领域的空间转向及由此形成的有关空间的多样性阐释基础上,地理学、建筑学、社会学等学科均提出了各自的见解与观点。同时各学科间又有某种程度的交融趋势,从而建构了更加复杂的空间概念。对善于整合各家学说,并惯于从综合性视角看待问题的人类学而言,居住空间的概念必然会包括上述三个学科所关注的空间模式,即地理空间、建筑空间及社会空间。需要再次说明的是,此处所指"居住"具有"栖居""安居"之意,而并不仅仅指人在住宅中的起居生活。

(一) 有关居住空间的不同解释

被称为空间科学的地理学对自然空间及社会空间的研究为本书提供了必要的知识背景与论述框架。除去对空间本质的讨论,地理学以确定的空间语言描述了客观的地理要素,如地形、地貌、气候、植被等因素对居住空间的影响。人文地理学将地理学的知识与社会文化因素相结合,提出了更有益于本项目的观点。大卫·哈维(David Harvey)强调了空间理解的

---

① 王韵:《向世界聚落学习》,中国建筑工业出版社 2011 年版,第 29 页。

感觉层次和表达层次之间的差距，指出空间概念的出现与它在其中发展着的文化结构之间的密切联系。[①] 一些学者反对把人文地理学视作空间科学，强调了"现实世界具有三维性——空间、时间、事件"。[②]

建筑学是一门塑造建筑空间的学问，故理所当然地将居住空间纳入自己的研究领域中。建筑学所关注的居住空间主要指住宅建筑的室内及由建筑体所限定的周围空间。因此，人类行为与建筑空间二者之间的关系是其研究重点所在。建筑作为一种制度，势必会限制与塑造行为。但更重要的是人类行为是建筑物得以产生的前提，由建筑体所围合或组织的居住空间总包含着居住者预设性的行为秩序。在建筑学视野中，居住空间是由墙体、屋顶、地面等诸建筑要素加以限定，以预期设定其中的行为模式的物质场所。

相比建筑学，社会学对居住空间的关注更加抽象和广泛。其关键在于，社会学所理解的居住空间并非仅仅是由住宅建筑所限定的物理空间，而是社会行动与社会关系得以形成的社会空间。居住空间是产生和影响社会行动的场所，也是社会关系的物化表达，但更重要的是居住空间并非仅仅是具有丰富社会属性的容器，而是一种社会产物。

在综合以上三个学科有关居住空间的观点之后，我们可以界定一种人类学视域下的，或者说更适于本书研究的居住空间概念。人类学所关注的居住空间应有如下属性。其一，它是一种超越住宅，即由建筑体所界定的物理空间的社会空间。但这与意义宽泛的行为空间有本质的区别。居住作为人类最基本的社会行为，必然有一种空间性。将居住行为视为一种复杂的行动系统，并从多个视点观察时其所表达的空间性意义将更加丰富多样。因此，仅就居住行为的空间性而言，它涉及由住宅或居室为核心的多个层级的空间连续统。其二，居住空间虽由多个层级组成，但其边界始终受居住行为所包含空间性意义所限定。视野与思辨层面的无限延展势必会降低居住空间原初概念的准确性与有效性。空间的形成必然要涉及特定的空间化实践，其结果是产生多样化空间模式的出现。而每一种空间模式均

---

① ［美］大卫·哈维：《地理学中的解释》，高泳源等译，商务印书馆1996年版，第232页。

② ［英］约翰斯顿：《地理学和地理学家：1945年以来的英美人文地理学》，唐晓峰等译，商务印书馆2010年版，第176页。

涉及一种时间性。由此就导出了另一个维度的问题，即居住空间的空间过程。从单体住宅到邻里及村落等周边环境，再到更大范围的城市区域，居住空间的边界始终处于一种伸缩的动态变化当中。因此，每一个时间切片里的空间模式是不同的。其三，居住空间是在社会与个体双重作用下产生的一种社会结果。其构成并非仅取决于个人的选择，其背后有社会、制度等多种原因。

（二）牧区居住空间层级

在居住空间的层级类型方面，建筑学与哲学的研究更显充分而详细。诺伯格－舒尔茨（Christian Norberg-Schulz）将人类居住方式分为聚居区域、城市空间、公共建筑、居住房屋四种类型。[①] 海德格尔（Martin Heidegger）的学生布诺弗（O. F. Bollow）将生活空间（lived space）分为一个以家为原点的垂直的结构，此结构由家、街道、城市、景观或区域、地域和国家构成。[②] 这些划分均以城镇居住空间作为划分层级的前提。

居住空间的层级性特征在牧业社区也较为明显。从唯物主义视角对牧区居住空间的层级，即构成序列做一分析的话，可以认为能够构成居住空间的层级有居室空间、住居空间、营地空间、邻里空间、牧场空间、社区空间及地域空间等。在不同的时期，居住空间的边界徘徊波动于这七个层级之间。

居室空间是指满足居住者多样性日常起居需求的各类功能性居室。如卧室、客厅、厨房等。居室是构成住居的基本单位。居室空间进一步细分为家具及室内某一特定区位。但为避免微观起居行为的烦琐论述，在此仅以居室空间为最小的层级，由两个或两个以上居室构成的独栋住宅而言，居室空间是最小一级的居住空间单位。

住居空间是指以独栋住宅为单位的家庭生活空间，除住宅之外包含院墙、阳台等附属室外空间。住宅在多个学科内被界定为居住空间的载体，两者具有等同的边界。而在人类学视域中，居住空间超越了住宅的概念。

---

① ［挪威］诺伯格－舒尔茨：《居住的概念：走向图形建筑》，黄士钧译，中国工业出版社2012年版，第11页。

② 彭怒等：《现象学与建筑的对话》，同济大学出版社2009年版，第122页。

　　营地空间是以住居空间为中心，辅以牲畜棚圈、车辆、燃料堆等多样性设施的，具有生产与生活双重属性的综合空间。与营地意义相近的一个词为"营盘"。在牧区研究实践中人们也常用营地指称季节性牧场。在此选用营地指称由住居与配套生产设施构成的空间。

　　邻里空间是指在适度距离内安营游牧或定居驻牧的，在生产生活各领域维持友好互助模式的，由两牧户至若干牧户营地构成的公共空间。构成邻里空间的居住模式为浩特或牧业组。

　　牧场空间是指由家户或邻里预先设定和协调利用的放牧空间。将牧场空间划入居住空间的主要原因是，在游牧或定牧区域存在一种牧民在其可利用牧场的任一点居住的可能性，即牧民可依据生产需求，在牧场空间内频繁更换营地的可能性。

　　社区空间是由若干组邻里群体构成，并协调使用同一牧场的地方社会空间。构成社区纽带的有部族、亲属制度、道德信仰与相对完整的牧场系统。行政边界是构筑现代社区的一个重要因素。

　　地域空间是指社区成员所拥有的超越社区边界的社会关系。在干旱时期，牧民在跨社区的地域空间内寻找牧场资源，产生了社区外的居住空间。它是一种非常规的，但又是不可或缺的一种居住空间层级。

　　上述七个层级的居住空间是以居室为中心，逐层向外扩大的居住空间结构，其各层级分别对应不同的社会空间（图2-2）。我们可以把居室、住居、营地三者指称为微观居住空间，而将邻里、牧场、社区、地域四者指称为宏观居住空间。

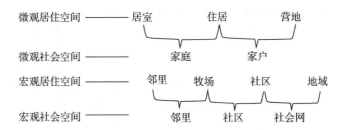

图2-2　居住空间与社会空间的对应层级

图片来源：项目组自绘。

(三) 牧区居住空间的调整与变迁

居住空间层级是以居住者的日常起居行为的空间性意义为主要依据,从微观住居生活层面向宏观社会交往空间逐层扩延而得出的一种居住空间的结构模式。这一居住空间结构及其中的每个层级的划分是严格依据所选时空域的现实情况而设定的。而且,静态的居住空间层级始终处于一种动态的社会过程中。将居住空间的变迁视作一种社会过程时,可以从侧面观察到其变动的逻辑。包含现代化在内的牧业社区所经历的以往(20 世纪40 年代至今)所有形式的社会变迁进程中,上述层级的序列并未受到结构性变动。处于变化中的则是各空间层级及其相互关系。如 2000 年后,随着定居化发展的深入,微观居住空间的各层级不断扩大,同时邻里与牧场空间则趋于明显缩小趋势,并且两者的边界大幅接近,构成一种空间重合趋势。随着住居形态的变化,从住居空间中分化出各类功能性居室空间。而随着城镇化、信息化的深入发展,跨越社区边界的社会交往空间得以扩大,地域空间随之向外拓展。而社区作为一种行政建置,其内部组织形态虽有很大变化,但边界基本得到维持。(图 2 - 3)

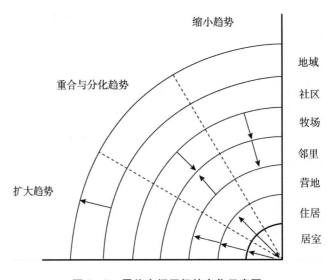

图 2 - 3   居住空间层级的变化示意图

图片来源:项目组自绘。

在时间维度上，居住空间是处于动态的变迁过程中的。其变迁过程与结果受外部与内部双重力量的作用。在此，将影响和塑造居住空间模式的实践统称为"居住空间的调整"。调整者包括国家与居住者个体，二者的作用及在实践层面的互动成为本书的研究对象。在从传统至现代的社会变迁过程中，各层级的居住空间结构及其相互关系是有很大变化的。其调整实践与结果的多样性在后文有系统论述。为说明牧区居住空间所经历的变化及其社会人类学意义，在此仅以居住空间层级的两端作为案例，进行阐述。

以居室空间为例，在以蒙古包作为主要住居形态的时代，居室空间与住居空间是合二为一的，即蒙古包室内无隔间的开敞空间构成一览无余的单室空间。若要进行隔离，从而营造功能性居室空间，只能采取增加住居数量的方法。如搭建两顶至三顶蒙古包，各为起居、加工奶食、招待客人或供佛的独立居室。此方法并非是一种通用方法。在 40 年代初，拥有两顶至三顶蒙古包的家户并非很多，这一方法仅流行于 80 年代中期至 90 年代末期。而我们所关注的问题是由单室至多室的居住空间变化对居住者既有行为模式的影响作用。

再以地域空间为例，据 40 年代及之后的情况，牧户一般不会跨越既定的社区边界，而是按照固有的迁移路线与农历节令进行小距离倒场。但遇到旱灾与白灾等灾害时，有组织或自行联络社区外的牧场，进行迁移，由此达至居住空间的最大层级。在自然灾害频发的近 20 年，此类迁移成为一种常态，故形成跨越嘎查、苏木与旗界的地域居住空间结构。甚至在年景好的时候，一些牧户仍停留于合宜的社区外牧场内。随着城镇化进程的深入，一些牧民在城镇购置房产或租用房舍，将城镇纳入地域空间中，并往返于城镇与牧场间。但原有跨越社区的，以生产为主要目的的地域空间依然存续。我们关注的问题是地域居住空间的调整策略与生计安排，以及城镇新型居住空间的构成问题。

三　新型城镇化路径

新型城镇化是对传统城镇化模式进行深刻反思的基础上提出来的。城镇化是伴随工业化发展，非农产业在城镇聚集，农村人口向城镇集中的自然历史过程，是人类社会发展的客观趋势，是国家现代化的重要标志。① 随着我国城镇化发展由速度型向质量型的转型，提倡低碳、绿色、方便、宜居的新型城镇化成为城镇化的主要路径。而在内蒙古牧区，如何将以生态、绿色著称的传统居住空间理念融入新型城镇化发展进程中，并在有利于现代化发展的总体趋势的同时保护和传承与时代相适宜的优秀文化脉络，最终完成牧业社区新型居住空间格局是需要关注的问题。

（一）牧区新型城镇化路径

根据"国家新型城镇化规划"精神，新型城镇化是"以人为本，公平共享；四化同步，统筹城乡；优化布局，集约高效；生态文明，绿色低碳；文化传承，彰显特色；市场主导，政府引导；统筹规划，分类指导"为基本原则的，有别于传统粗放的城镇化模式的中国特色新型城镇化模式。有关新型城镇化的基本内涵与重要特征，学界已有充分的总结与论述。例如，经济高效、社会包容和环境可持续是新型城镇化道路的基本内涵。② 新型城镇化的两个重要特征，首先是以人为本，其次就是要实现人与自然的和谐③。

在实践层面，新型城镇化进程正以国家所制定的规划稳步推进。这在区域总体社会进程及个体社会行为的调整层面上是显而易见的。作为一种完全顺应时代发展之深度需求的变迁模式，新型城镇化的提倡在民众层面也得到了很高的认同。然而，城镇化作为一种复杂的社会过程，需要相对较长的适应与调适时期。另外，出于牧区特殊的居住空间属性，呈现出与农区城镇化模式相区别的特征。因此，在当前新型城镇化发展规划的框架范围内，继续探索更加符合地域性特点的新型城镇化发展路径是有必要的。作为一种规划，其本身具有丰富的空间性含义，即它需要被进一步的

---

① 国务院：《国家新型城镇化规划（2014—2020）》，2014 年 3 月，中国政府网，http://www.gov.cn/zhengce。

② 国务院发展研究中心课题组：《中国新型城镇化：道路、模式和政策》，中国发展出版社2014 年版，第 7 页。

③ 李拓：《中国新型城镇化的进程及模式研究》，中国经济出版社 2017 年版，第 1 页。

深度解读与不断探索。

根据"内蒙古自治区新型城镇化十三五规划",内蒙古自治区新型城镇化道路应是一条"具有内蒙古民族和区域特色的新型城镇化道路"。① 针对内蒙古特殊的区域条件,在上述规划中提出"由于地广人稀和地理因素的限制,城镇布局分散、相距较远、城市数量少、规模偏小、经济联系较弱、导致人口和城镇发展空间分布不匹配"。② 因此,因地制宜的地域新型城镇化路径选择成为必然。

(二) 城镇化、新型城镇化与居住空间

从空间视角来看,城镇化属于一种居住空间或人居环境的变迁过程。这一过程通过一系列居住空间的转变,即从乡居至城居、散居至聚居、平房至楼房的转化来实现。同时,居住空间承载的社会空间由同质性地方社区向异质性城镇社会转型。以宏观的居住空间层级来看,新型城镇化涉及城市群、城镇、城镇小区与住居四个层面。这是区域视域下的一种居住空间规划与布局。至于微观居住空间方面,《国家新型城镇化规划(2014—2020)》中提出了很多有待深度解读的概念。如"城镇人居环境和谐宜人""住有所居"等。从"住有所居"至"生态宜居"的转型本身就是社会发展的表现。在城镇生活方面,《国家新型城镇化规划(2014—2020)》提倡城市生活和谐宜人、小尺度的城镇生活空间、包容性城市,即家庭与群体融入社区等理念。以人为本、尊重自然、传承历史、绿色低碳等理念融入城市规划全过程。

当然,新型城镇化并非是农村人口向城镇的机械转移。《国家新型城镇化规划(2014—2020)》中也谈到"农村牧区劳动力在城乡间流动就业是长期现象"③。因此,在向城镇转移的同时如何解决乡土居住空间的调整也成为学界所关注的问题。城乡发展一体化的倡导与保护传统民居和乡土

---

① 内蒙古自治区人民政府:《内蒙古自治区新型城镇化"十三五"规划(2016—2020)》,2017年1月,内蒙古自治区人民政府网,http://www.nmg.gov.cn/art。

② 内蒙古自治区人民政府:《内蒙古自治区新型城镇化"十三五"规划(2016—2020)》,2017年1月,内蒙古自治区人民政府网,http://www.nmg.gov.cn/art。

③ 国务院:《国家新型城镇化规划(2014—2020)》,2014年3月,中国政府网,http://www.gov.cn/zhengce。

特色的倡议也被规划所提及。对本书而言，作为新迁入地的城镇空间与牧民的适应问题、就地就近城镇化与居民宜居期待、家乡情感融合等由此成为关注的焦点。

第二节　其他重要概念辨析

除了上述几个核心概念的阐释之外，本节对居住、住居、浩特、定居化、家乡情结等常用词语及学术用语也进行了适度的分析。通过语义解析与相关地方性知识的探讨，梳理并总结出这些概念所蕴含的原初意义及其在现代化语境中的语义变化。新型城镇化是以人为本的城镇化模式，在其路径设置中适度融入由上述概念承载的地方性知识与理念，将有益于实现其和谐宜人的发展目的。

一　居住

海德格尔在谈栖居和筑造的本质时称"假如我们留心语言的特有本质的话，关于一件事情的本质的呼声就会从语言而来走向我们"。[1] 在此，可以借用此观点来对地方性居住概念进行一番阐释。但这并非是对居住本质的哲学探讨，而是从有关指称居住与住居的多样性地方用语中获取有关居住的原初含义与地方观念，这对深入探讨居住空间及其变迁是有一定启发意义。居住这一最重要的人类生存行为具有其共同的本质属性，但在不同文化中的所展现方式是不同的，对其展现方式，即文化性格的追溯将有助于发掘地方性的居住观念，只有获得对地方居住观念的准确理解以及在此基础上对其中适于时代发展需求的优秀因子，才能够发展出人、自然、文化相合的居住理念。如何将新型城镇化所提倡的尊重自然、绿色低碳等居住理念融入现代居住空间模式中并加以发扬是值得思考的问题。

---

① ［德］海德格尔：《海德格尔文集、演讲与论文集》，孙周兴译，商务印书馆2018年版，第158页。

在研究方法上，从语言中寻求对某种观念的语义支持很容易使研究陷入一种有关语义的无休止的追根溯源中。故此，我们仅以简练的方式谈论暗含于语言中有关居住的本意及变化。在现代蒙古语中居住一般被称为 orošin saɣuqu。其字面意义为存在与生活。orošin 的词根为 oro，即进入或位置，saɣuqu 的字面意义为坐，但在日常言语中有共居、居住之意。住居为 oron saɣuča，其中 oron 为地点或位置，saɣuča 为坐处，即栖居之所。营址被称为 baɣuča、nutuɣ 等。前者的词义为下来之处。上述词语均以运动的停止，即在迁移途中的暂时停留为其共性。在 20 世纪 40—70 年代人们更多以 ebülǰiqü、qaburǰiqu、ǰusaqu、namurǰiqu，即过冬夏春秋指称在四季营地的居住。其中，只有指称季节的时间性含义而无确定的空间性意义。随着时间的节律而更换居住位置，具有较强的时空融合含义及更加强调时间性的意义。其原初含义更多强调"此时住在此处"，而非"住在此处"。然而，居住空间的变迁导致的结果是有关居住的传统词语之丢失与意义变化。现代蒙古语中的居住更多用 saɣuqu，即居住或停留来指称。以索仁 saɣurin 为词根的 saɣurišiqu 一词开始被普遍使用。其词义为长久性居住或定居。从偏向于时间至偏向于空间的概念的过渡，这反映了居住空间的某种变化趋势。

海德格尔认为"筑造乃是真正的栖居"[①]，而栖居是居住者在大地上的存在方式。栖居或居住是在特定的物中得以完成的，这一物通常由建筑物来显现，但并非只是从单纯技术理性而指的建筑物。"栖居通过把四重整体的本质带入物中而保护着四重整体。"[②] 海德格尔所称由天、地、神、人四方归为一体的四重整体可以被理解为一种合乎于自然与社会发展规律的整体性存在。建筑物，即住居应含自然、精神与个人的"自由"属性。由此，我们可以认为居住是在"天地之间"以依循自然与社会规律的方式宜居生存的状态。

---

① ［德］海德格尔：《海德格尔文集、演讲与论文集》，孙周兴译，商务印书馆 2018 年版，第 161 页。

② ［德］海德格尔：《海德格尔文集、演讲与论文集》，孙周兴译，商务印书馆 2018 年版，第 164 页。

当然,在保存居住所含有的本质意义的前提下,为使居住概念更适于本研究所设计的居住空间结构,而防止"居住"意义的随意延展所导致的与"生活""存在"等概念的无限接近或重叠,应将作为行为的居住与作为空间的住居二者紧紧联系在一处。凡居住行为必定以特定住居为场所。无论居住空间从居室延展到地域空间,均不离开住居这一空间条件。在一些居住空间层级中住居意义并不明显,但依然以住居为显在或潜在的物质前提。如在牧场空间内,住居是潜在的存在,即人们可以在牧场的任一适于居住的地方建造住居,地域空间内,人们可以在任一地方居住等。由此来看,居住是指一种已实践或能够实践的空间的地方化过程,在此过程中文化起到了关键性作用。居住就是对居住空间的营造、认知与体验。

二 住居

在有关指称住居的多种汉语名称中,始终含有住、房(宅、屋)、家三个核心要素。三者分别指称行为、建筑、社会组织。故三者之不同组合造就了例如家屋、住房等有关住居的多样性名称。仅以含有住的名称而言,有住居、住宅、住房、住所、住处等多种名词。从词义学视角看,上述各名词均有其意义倾向。如住居强调居住与栖居;住宅强调宅基地与住宅建筑的规模及豪华程度;住房强调建筑体本身;住所与住处强调场所与区位;家宅强调居住者的社会组织等。本书在比较上述各类名词的意义基础上,最终选用住居作为指代家宅的统一名称。住居在蒙古语中为"敖仁·苏查"(oron saγuča)。住居所含有的上述三个核心要素说明了住居概念本身所具有的多重空间属性。

(一)住居学的"住居"概念

住居学(Housing and living science)是研究生活行为与居住空间的对应关系以及相互关系的学问。[①] 作为建筑学的基础科学,住居学侧重于研究住居内部空间。然而,其视野涉及历史与社会的广阔范围,以求探寻

---

① 胡慧琴:《世界住居与居住文化》,中国建筑工业出版社 2008 年版,第 3 页。

"居住生活的内在规律性"及"生活与空间的关系"。在住居学视域中，住居是家庭生活的容器。住居中的空间划分、起居方式与功能等反映了居住者群体的文化。

住居是一种建筑，故住居学视域下的草原住居研究能够提供更加专业的学术视野与理论。以牧区传统住居形态蒙古包为例，这一风土型民居类型高度凝结了居住者群体的社会文化观念与行为模式。对其建筑形制、空间秩序的解读或转译无疑会极大地丰富现有草原住居理论。而从蒙古包过渡至各类固定式住居形态的转变，可以为建筑学家提供有关住居变迁的若干思考。在空间秩序方面，蒙古包内无划分私密与公共空间的物理性隔断，其室内起居行为更多地依赖隐含而内在的空间秩序，标示这一秩序的便是一系列象征符号。而在固定住居内，公与私的空间划分主要依靠墙体、隔扇等物理设施，空间秩序依赖外在的物体。住居形态的变化会重塑人们的起居行为模式，如人们在蒙古包内席地而坐，而在固定式住居内则垂足而坐。起居行为的变化进而又影响整个文化系统。

住居学视域下的住居由住宅与周围环境构成①，从而与本书所设定的住居空间相区别。后者在空间范围上小于前者。作为一种"微型建筑学"，无论其视野有多么广泛，住居学的终极关注点是住居建筑本身。而对长期关注住居的人类学而言，住居只是研究社会文化的一种"途径"，而非终极关注点，即人类学更倾向于透过住居观察文化。

（二）人类学的"住居"概念

在人类学的初创阶段已有学者曾系统关注过建筑。摩尔根的《美洲土著的房屋和家庭生活》（1881）是住居作为人类学经典研究对象的首次学术宣称。此后，住居与聚落便进入人类学视野，二者被视为社会组织的物化表达、适应生态环境的技术手段、社会观念的隐喻、社会实践的场域等。住居在人类学研究实践中所呈现的巨大空间，一方面是出于人类学理论范式的多样化；另一方面则是出于人类学特有的学理进路，即人类学家的视点只是"掠过"住居，而并不最终"停留于"住居建筑本身。

---

① 胡慧琴：《世界住居与居住文化》，中国建筑工业出版社2008年版，第10页。

在住居研究领域，人类学的重要性毋庸置疑。人类学是人居环境科学（Sciences of human settlements）的外围学科之一。人居环境科学是围绕地区的开发、城乡发展及其诸多问题进行研究的学科群。① 吴良镛认为，居住系统是人居环境的五大系统之一，而建筑是人居环境五大层次中最小的一级。② 人类学不仅关注居住系统与建筑，并且将所有五大系统与层级囊括在其视野内。

住居有多种形态。若要依据构成材料、空间类型、所处区位、建筑风格与居住群体，对个案区域内的现存住居形态进行划分，可以得出丰富的类型结果。从历时的视野看，新中国成立初期至今的 70 年是牧区住居形态发生深刻变迁的时代，除蒙古包之外的上述诸种住居形态全部产生于此时段内。而此前，蒙古包是唯一的民居形态。

住居变迁更多指住居形态的更替与变化现象。它包括显性的形式变化与隐性的内容变化。在关乎文化持有者，即居住者群体主体认知与体验的人类学视野中，住居变迁绝非仅仅是更换住居的简单行为，而是牵涉一种"文化适应"问题的复杂现象，尽管这一适应并不显得很明显。从变迁动力而言，住居变迁有自然变迁与计划变迁两种类型。前者出于文化传播、技术更新与需求变化等多种原因。因此它是一种缓慢的自然变化过程。而后者由国家或某一权力机构所推行。有关特定住居形态的评价方面，社会各阶层时而统一，时而产生差异。

三   浩特

浩特是一个具有丰富空间含义的词语。在近现代蒙古语中，浩特有营地、营盘、牧业组、城市等多种含义。在本书中多以邻里、牧业组等词语代指浩特。

（一）指称营地与牧业组的"浩特"

浩特在指代营地时仅有场所与领地意义，而无户数、规模之限定。因

---

① 吴良镛：《人居环境科学导论》，中国建筑工业出版社 2008 年版，第 38 页。
② 吴良镛：《人居环境科学导论》，中国建筑工业出版社 2008 年版，第 47—50 页。

此由单户单包构成的营地也被称为浩特，由三五户或数十户组成的营地也同样被称为浩特。浩特在指代营盘时主要指牛羊圈及其营盘内的散卧处。有时其意义延伸至包括住居、水井等设施在内的整个营地环境。

在牧区，以浩特指称邻里空间或牧业组时常使用一些相互间具有一定意义差异的合成词。"浩特·乌素""浩特·艾勒""浩特·索仁""浩特·独贵龙"是经常被用到的四个词语。"浩特·乌素"指以共同水源维系的牧业组；"浩特·艾勒"指以若干户（艾勒）构成的邻里空间；"浩特·索仁"指长久性定居的聚落；"浩特·独贵龙"为1949年后出现的由新旧两种社会组织名称合成的一个新词，"独贵龙"意为小组，是1949年后加入浩特之后构成新词的词汇。在集体经济时代，生产队将其下属牧户分为若干组，并将其称为"浩特·独贵龙"。

（二）指称城市的"浩特"

在现代蒙古语中通常以浩特指称城市，以巴剌合孙指称小城镇。浩特之词义从营地转向城郭的转换证实了特定历史时期内的社会变革，即以帐幕为浩特的原有景观体系中出现了规模更大的"浩特"。浩特指称城市的用法见于13世纪的文献。《蒙古秘史》中浩特已有营地与城郭的双重含义。然而，其指称城市的意义似乎并未普及，在《蒙古秘史》中更多以巴剌合孙指称城市。只有在17世纪及之后的文献中多以浩特指称城市。明代蒙古人不仅称自己所筑城市为浩特，几乎对周边区域内的所有城堡均起了蒙古名称。浩特词义之转变成为草原聚落演变的一种文化隐喻。

在康熙年间（1708—1717）编修的《二十一卷本辞典》（以下简称《二十一卷》）中将浩特释为"由砖石砌筑并内住民众"[1]的地方。将巴剌合孙释为"称浩特为巴剌合孙，也称浩特巴剌合孙"。[2] 1940—1943年编修的《二十八卷本辞典》（以下简称《二十八卷》）在《二十一卷》之基

---

[1] 内蒙古蒙古语言文学历史研究所：《二十一卷本辞典：蒙古文》，内蒙古人民出版社2013年版，第287页。

[2] 内蒙古蒙古语言文学历史研究所：《二十一卷本辞典：蒙古文》，内蒙古人民出版社2013年版，第174页。

础上增加了"浩特也指圈山羊绵羊等小畜的卧处"①　一条。由此看至 20
世纪中叶，浩特与巴剌合孙二词的传统意义一直被保存沿用，之后在内
蒙古自治区范围内出现了以前者指城市，后者指小镇的词义分化。

　　巴剌合孙或许是指称城市的最为古老的蒙古语。13 世纪的指称城市的
"八里"一词多少与其有着亲缘性。对于 13 世纪的蒙古人而言，城市虽为
一种新兴聚落，然先前时代所遗留的城市旧址并非是陌生事物。古代城
址、墓葬、石碑、长城遗迹遍布于草原，游牧民对这些遗存是有一定认知
的。在近现代漠北蒙古方言中以巴剌合孙指代古城遗址或废墟。这是个颇
值得探究的语义学问题。另外，蒙古语中指代墙体的名称"和日木"本身
具有指称城市的意义。因为城市最显著的外观特征便是围合的城墙。

　　（三）索仁

　　索仁指长期定居的营地或基地。在个案区域，牧民在倒场时用于存放
无须搬运的多余用具的相对固定的营盘被称为索仁。因此，冬营地常被用
作索仁，而夏营地的选择视雨水、畜种等多种因素而常有变化。《二十八
卷》释为"所有不迁移的住宅"。②　在新中国成立初期，嘎查下属牧业组各
设一固定地点搭建若干蒙古包，将该组所有家户的米面、皮衣、被褥等多
余用具存放起来，并安排 1—2 位老人驻守索仁营地。现代蒙古语中的
"浩特·索仁"是包含城镇、村落在内的所有固定聚落的统称。

四　定居化

　　定居化（Sedentarization）一直是关注游牧社会的众多人文社会科学研
究的核心话题之一。在现代化语境中，游牧民的定居化被视为"促进发展
和文明进程中不可避免的和必要的阶段"③，并由现代国家所积极推行。在
非洲、中东及中亚的人类学研究均证实了各国对所辖境内游牧民的定居化

---

　　①　那木吉拉玛：《二十八卷本辞典：蒙古文》，内蒙古人民出版社 2013 年版，第 354 页。
　　②　那木吉拉玛：《二十八卷本辞典：蒙古文》，内蒙古人民出版社 2013 年版，第 466 页。
　　③　［英］当·查提等：《现代游牧民及其保留地：老问题，新挑战》（英文版），知识产权出
版社 2012 年版，第 9 页。

发展实践。由现代国家所推行的定居化实践包括基础设施的建立、集中性居住区的建立、农业试点计划以及土地使用权的确定等多种方法。当然，这些措施大多以失败告终。① 牧区定居化是现代性的一种产物。结合不同的文化与地域现实，深刻解读定居化现象及重新评估其"失败"问题具有非常重要的意义。所谓定居化是指特定游牧群体的生产与居住方式由传统的游牧型畜牧业与移动式住居向定牧型畜牧业与固定式住居转变的过程与结果。定居化的决定因素是生产方式的变迁，而其在景观层面的表现则是住居与相关设施的固定化、规模化变迁。因此，定居化是一项复杂的社会变迁结果，而并不与住居形态构成直接联系。

（一）定居化对城镇化的意义

从牧业社区城镇化进程的量变趋势与发展逻辑来看，定居化是一个重要起点。广义的定居化也包括城镇化。定居化可被分为就地定居化与异地定居化两种形式。而牧区城镇化通常属于后者。从移动到定居，从在牧区定居到在城镇定居是一种社会过程。这是现代化的必然趋势。然而，现实情况是复杂的。这一过程并非以一种单向度的时间过程，而是以一种双向的空间过程来呈现。促成定居化的外部因素为非移动性住居形态的普及与牧场的牧户承包。而内部因素则是居住者对现代生活方式的追求。定居化以弱化住居与营地设施的移动性的方式将生活与生产领域固化在特定的居住空间层级内。但微观居住空间的非移动化发展并不能完全取缔生产方式的移动性。故现代时期的移动性以分化生活与生产领域的方式得以延续。

现代家庭牧场式营地空间的一个显著变化是以家庭为生产单位的牧户在社区空间内的均等分布。影响营地位置的一个重要元素为牧户所承包的牧场之植被结构与地形、水源诸条件。若牧户所分得的牧场内牧草种类较为多样，地形条件适于放牧，并且有足够的水源，其营地选址较为自由，可供选择的地方较多。若条件与此相反，其营地选址则受到一定限制。故

---

① ［英］当·查提等：《现代游牧民及其保留地：老问题，新挑战》（英文版），知识产权出版社 2012 年版，第 137 页。

牧场毗邻的几个牧户在适度参考传统的散居单牧户营地模式的基础上重新
做出了营地安排。其表现为,将冬营地安设于相隔数千米的区域内,并且
每家营地均设在各自的牧场边缘上。现代家庭牧场的规模化发展在减弱了
生产方式的移动性的同时将其隔离于外围邻里与社区空间。同时其与远处
的城镇之间的关系逐步得到强化。定居化生活模式使居住者能够更快地适
应城镇居住空间。

(二)"逆定居化"

逆定居化指已定居的牧业社区在某种程度上恢复其移动性特质的过程
与结果。汉弗莱曾提出,虽然 20 世纪的整个内亚牧区呈现明显的人口定居
化趋势,但对牧民而言这一过程并非是不可逆转的,"甚至在今天,逆定
居化(de-sedentarisation)也有可能性"。[1] 无论定居化或逆定居化并不能以
住居和营地的固定化景观为唯一的评判标准,随着时代的发展,其居住者的
频繁移动也可成为评判的一种重要标准。当前牧区的城乡往返模式、人口在
更大地域中的流动与灵活生产模式均可视为逆定居化的一种展现方式。

有学者提出移动—定居连续统(the mobile-sedentary continuum)的概
念,并借此归纳了包括游牧业在内的三种传统生产方式在不同时期的移动
性特征及变化趋势。[2] 循着同样的思路,有学者称"游牧—定居"的过程
可分解为游牧、半定居、定居和定居后四个阶段。[3] 在移动—定居连续统
进程中,移动性的减弱虽成为一种趋势,但在某一时空条件下会形成一种
反向发展趋势,即移动性的增强。

五 努图克情结或家乡情结

在有关人们对故乡的依恋,学术和文学作品中有"乡土情结""恋地

---

① Caroline Humphrey and David Sneath, *The End of Nomadism? Society, State and the Environment in Inner Asia*, Durham: Duke University Press, 1999, p. 196.

② Richard Symanski, Ian R. Manners, and R. J. Bromley, "The Mobile-Sedentary Continuum", *Annals of the Association of American Geograrhers*, Vol. 15, No. 3, 1975.

③ 罗意:《游牧—定居连续统:一种游牧社会变迁的人类学研究范式》,《青海民族研究》2014年第 1 期。

情结""草原情结""故乡情结"等多种表述。费孝通曾论述了"粘着在土地上的"① 农民所具有的，和游牧人与做工业的人所不同的非移动性与乡土性。在牧区人类学研究实践中有学者提出"以草为核心的愿望、信念与情感"② 的"草原情结"。段义孚为"广泛而有效地定义人类对物质环境的所有情感纽带"③，创造了"恋地情结"（topophilia）概念等。本书使用蒙古人指称家乡并多少带有一些诗意的词——"努图克"（nutuɣ）指代了维系恋乡情结的空间概念。努图克的原初含义为蒙古包的基址，即当牧户迁移之后存留于地上的圆形遗迹。在日常用语中引申为指称家乡、故土、出生地的词。牧区有"努图克的土是金子"的谚语。此话语在表面上常被理解为具有浓郁恋乡情结，然而在实践层面则是一种生产经验之概括，即灾害时期返回故土的重要性。

以带有明确空间指向的努图克，即家乡作为恋乡情结的代名词更具一种适宜性。泥土与草含有清晰的地域意义，即两者使人容易联想到农村牧区。已成为情感事件的载体而变为符号④的"地"指地方与环境。而努图克，即家乡更多是一种随着人们的地理经验与生活阅历而变动的空间概念，确切而言，它属于一种被感知和想象的精神空间类型。努图克有从住居至区域和国家的广泛意涵。在牧区，牧民们普遍具有较为强烈的地方意识与情感。这一意识与情感的载体便是家乡或社区。然而，随着空间的压缩及居住空间的变动，这一边界逐层扩大，从住屋、营地、牧场扩至整个旗境。家乡情结之存在，在某种程度上影响了牧民的就地就近城镇化倾向。

巴什拉（Gaston Bachelard）在谈家宅最宝贵的益处时称"家宅庇佑着梦想，家宅保护着梦想者"⑤，并称"一切真正有人居住的空间都具备家宅概念的本质"。⑥ 努图克既有家宅的意涵，并且因长久的游牧文化影响及移

---

① 费孝通：《乡土中国》，人民出版社 2008 年版，第 11 页。
② 张昆：《根在草原：东乌珠穆沁旗定居牧民的生计选择与草原情结》，社会科学文献出版社 2018 年版，第 25 页。
③ ［美］段义孚：《恋地情结》，志丞等译，商务印书馆 2018 年版，第 136 页。
④ ［美］段义孚：《恋地情结》，志丞等译，商务印书馆 2018 年版，第 136 页。
⑤ ［法］巴什拉：《空间的诗学》，张逸婧译，上海译文出版社 2013 年版，第 5 页。
⑥ ［法］巴什拉：《空间的诗学》，张逸婧译，上海译文出版社 2013 年版，第 3 页。

动生活之因，其含义又并不限于草原上的住居，而包含整个牧场、区域在内的多层级的居住空间。

有关家乡情结的生成，人们通常以为这是一种自然形成的心理现象。然而，人们常常忽略外部环境对其构成的影响。莱赛尔·克里斯蒂安（Ressel Christian）以蒙古国的一个苏木为例，将变迁中的努图克（原文作nutag）概念作为一种生产空间的过程予以了研究。并认为努图克作为一个地方（place），是一种制作地方（place-making）的过程。[①]

第三节　牧区研究及其空间转向

牧区研究是一项综合研究实践。它包含国内外学术机构与个人对全世界范围内的牧业区域的多学科和跨学科研究。国内牧区研究常以内蒙古、新疆、青海等地的牧区为个案区域，从自然生态、生产方式与政策环境等多视野，关注牧民、牧业、牧区的"三牧"问题，构成由经济学、人类学、政治学等多学科参与交融的学术领域。从研究者的队伍来看，不仅有国内学者，近年来也有来自西方与日本的学者加入国内牧区研究领域，丰富了现有研究成果。

一　牧区研究对居住空间的关注

从现有牧区研究成果来看，学界的关注点主要围绕生态、社会、经济、政策、文化等几大领域。虽无有关牧区当前居住空间与人居环境的专门论述，但居住空间作为任何一项学术研究所无法绕开的社会事实与或多或少必然涉及的"学术空间"，在几乎所有研究成果中均有不同程度的"关注"。一些研究专设章节探讨了住居、定居化的问题。有些成果在整篇论述中虽对居住问题只字未提，但透过文本而呈现的丰富的"空间性"依

---

① Ressel Christian, "Some Remarks on a Changing Concept of Nutag in 20th Century Mongolia", *Mongolica. an International Journal of Mongol Studies*, Vol. 52, 2018.

然给予本研究很大启发。

（一）草原生态研究

草原自然生态环境的研究一向是牧区研究的一个重点领域。这与近现代以来草原生态环境的恶化与由此构成的一系列危机有密切联系。生态环境无疑具有居住空间的意义，生态空间是人们得以栖居的空间。对于"逐水草而居"的游牧民而言，这一意义更显突出。因为，区域生态环境中的每一个点均有构成住居空间的可能性。对于本书而言，一个十分具有隐喻意义的概念便是"生态"一词本身。生态学（ecology）一词的词根为"eco"，源自希腊语"oikos"，即房屋或住所。从一种引申的意义来看，生态环境是有机体共同的"家"，人类又是有机体的一部分。

有关内蒙古草原生态研究的著述十分多，在此仅举一些人类学、社会学研究案例，分析其理论视角及涉及居住空间的论述。当然，因各项研究得以开展的时空性差异，学者们所关注的问题与视野之间具有一定区别。其空间性体现于学者所选取的个案区域之不同。内蒙古狭长的地理空间含括多种生态环境，虽处于相同的政策环境，但各区域间的生态境况是有显著差异的。其时间性体现于国家政策在不同时期的侧重点之变化。如围封转移、生态移民、新型城镇化等具有不同的政策倾向。并且，同一政策在其推行期间因时空原因而有不同的表现。如 2000 年初开始推行的生态移民由前期的集中、中期的短暂维持与后期的瓦解等阶段构成。对于在不同时期介入个案区域的研究者而言，"田野"所呈现的图景是完全不一样的。如色音、包智明、任国英等学者对内蒙古额济纳旗、正蓝旗、鄂托克旗生态移民村开展了调查，并认为移民村特殊的聚集居住空间有益于形成"真正意义上关系紧密的社区"。[①]

荀丽丽以西苏旗北部牧区为例，以"国家构建"为主线，"通过生态、权力与道德三个核心概念来解析草原人与自然关系、国家与社区关系以及人与人关系的变革与转型"。[②] 张雯以鄂尔多斯市毛乌素沙地的牧业社区为

---

① 色音等：《生态移民的环境社会学研究》，民族出版社 2009 年版，第 184 页。
② 荀丽丽：《"失序"的自然：一个草原社区的生态、权力与道德》，社会科学文献出版社 2012 年版，第 178 页。

例，详述了自然的"脱嵌"过程，即自然与人类的关系从原有的"渗透融合为一体的关系转变为一种互相分裂和对立的关系，自然沦为人类作用于其上的客体"。① 王婧以呼伦贝尔市陈巴尔虎旗为例，呈现了旗域环境与社会的变迁史，从国家制度与地方知识两个层面反思了"当前中国草原生态治理思路"。② 三位学者在研究区域、理论视野与研究重点上各不相同，但其研究方法、理论范式与学术主张具有较高的一致性。三部著作成为在草原生态研究的传统范式中注入视野宽阔，兼顾国家意志与民众知识，反思人类学理论具有划时代意义的成果。学者们从多重视野关注了生态环境与居住空间的关系。其中，特定的居住模式，如定居化被视为造成生态问题的一种原因。反过来，既有生态问题也成为构筑特定居住模式的主要原因。总之，生态环境与居住空间之间形成了一种多重的关系。

（二）牧区经济研究

在当前内蒙古牧区的制度经济学、经济史研究中，学者们广泛讨论了不同的畜牧业经济类型与居住空间的关系。近年，又出现将内蒙古牧区与毗邻区域或国家牧区的经济发展状况相比较研究的范例。在经济史研究中，从传统游牧业过渡至现代畜牧业的转变是一种主要的研究视角。生产方式的转变对居住空间的影响是从移动式居住到固定式居住模式的转变。

在制度经济学研究领域中，一些学者对"特定的产权制度和生产技术方面的制度设计，如游牧制度、划区轮牧制度、禁牧舍饲等"③ 给予了深入关注。草原和牲畜是畜牧业经济的两大生产资料，而草原又是稀缺的有限资源。当前政界和学界普遍使用的休牧、禁牧、轮牧、过牧、轻牧等词作为制度和学术话语，与草原利用模式与放牧制度之传承与演变具有密切联系。纵观这些研究实例后可以发现，肯定游牧型畜牧业所具有的合理性与如何在定居定牧的前提下有效发展畜牧业是牧区经济研究的两

---

① 张雯：《自然的脱嵌：建国以来一个草原牧区的环境与社会变迁》，知识产权出版社2016年版，第4—5页。

② 王婧：《牧区的抉择——内蒙古一个旗的案例研究》，中国社会科学出版社2016年版，第3页。

③ 敖仁其：《制度变迁与游牧文明》，内蒙古人民出版社2004年版，第2页。

个重要议题。

在上述所有研究成果及专门探讨牧区社会的研究实践中，对牧区既有居住空间的呈现与探讨比较普遍。由于时空原因，学者所关注的居住空间层级、类型与模式具有一定差异。牧场空间与营地空间是多数学者所关注的两个层级。以网围栏清晰界定的牧场空间与由各类设施构成的营地空间常以平面示意图形式呈现于多部学术成果中。学者们以此展示了碎片化、原子化的当前牧户居住空间。而与此居住空间所对应的生产方式便是商品化、规模化发展的现代家庭畜牧业生产方式。

二　对居住空间与城镇化关系的探讨

在近年牧区研究实践中，对居住空间的类型、构成及其与定居化、城镇化的关系做出较为全面而系统分析当属由汉弗莱主持的"内亚环境与文化保护项目"于1991—1995年在中蒙俄三国开展的研究。项目组从内蒙古境内选取两个苏木——锡林郭勒盟青格勒宝拉格苏木与呼伦贝尔市哈日嘎那图苏木作为个案地点。该项目主要关注了内亚（Inner Asia）牧业区域的生态环境与社会系统，对同样经历由集体经济过渡至市场经济的三个国家的牧区开展了一系列有关生态环境、地方制度、定居化与城镇化路径等广泛视野的比较。在综合现代性的共同性与地方实践的差异性的基础上，提出诸如牧养移动性（herd mobility）的维持是区域可持续畜牧业的关键所在①等观点。项目所提游牧性或畜牧业移动性与现代性并无本质的矛盾，相反，移动性畜牧业可得益于现代科技，并能促使牧业社区参与城市乃至世界文化的观点是值得探讨的核心观点。

（一）居住形式与社会关系

"内亚环境与文化保护项目"的另一位主要参与者大卫·斯尼斯（David Sneath）将牧区居住形式（residential form）分为家户（household）、居

---

① Caroline Humphrey and David Sneath, *The End of Nomadism？ Society, State and the Environment in Inner Asia*, Durham: Duke University Press, 1999, p. 3.

住群体（residential group）、居住家庭群体（residential family group）三种类型。① 后两者的区别在于构成居住群体的若干家户之间是否具有近亲属关系。

斯尼斯对牧区居住形式的类型划分是一种兼顾自然空间与社会空间的划分。其中作为场所的住居与作为居住者的社会群体融为一体。除去单个家户，居住群体概念的设定意义在于它强调了群体所居住的同一空间性，即若干家户对某一居住区位与周边牧场的占有。在大范围的牧场空间内，以户为单位的住居之间的距离是相对"近"的。其中，以小尺度间距相连的浩特仅是一种形式。而存在于相对分散的各户之间的多种社会文化纽带是构成居住群体的关键。居住群体的景观特征在传统游牧业时代较为明显。如行进在空旷牧区时每隔一段较长距离便能看到由三五组蒙古包构成的营地组团。而在现代定牧时代，这一景观特征逐步式微，并趋于均衡化分布。

由居住群体所占据的居住空间更多是一种社会空间。亲属关系是构成居住群体的一个主要纽带，即具有亲属关系的几个家户更倾向于占有共同的居住空间，在日常生产环节中维持友好互助的关系。通过节庆与仪式强化内在关联，构成斯尼斯所称"仪式性家庭"（ritual family）。在集体经济时代，由国家所提供和实施的社会支持体系与组织化实践曾使亲属关系的组织作用大幅降低。然而，包括斯尼斯在内的多数学者认为，集体经济的瓦解重新强化了亲属制度的重要性。牧民在生产生活实践中更多地寻求于亲属关系的支持。当然，亲属关系并非是构成居住群体的唯一纽带。个人总是通过各种关系建构并得到所需社会支持。居住群体维系着一种互惠的社会关系。

在游牧社会，居住群体的构成并不稳定，通常处于变动状态中。斯尼斯引用支持了苏联民族学家希姆克夫（A. D. Simukov）的观点。希姆克在20世纪30年代以蒙古国中部的一个基层牧业社区开展了调查，他未将浩

---

① Caroline Humphrey and David Sneath, *The End of Nomadism? Society, State and the Environment in Inner Asia*, Durham: Duke University Press, 1999, p. 139.

特描述为一个群体,而是称"构成浩特的过程"。① 浩特是极为不稳定的居住群体,始终处于一种不断的分散、再组合的动态过程中。

(二) 家户住居模式 (household dwelling types)

汉弗莱分析了牧区聚落系统 (systems of settlement),关注其与土地利用文化的互动关系及与环境之间的关系,并对家户住居模式与定居化、城镇化之间的关系进行了深入探讨。在家户住居模式的分析层面,提出七种家户居住复合体类型 (types of household living complex)(表 2-1)。此划分几乎囊括了 20 世纪 90 年代前期中蒙俄三国牧区的所有家户住居类型。

表 2-1 家户居住复合体类型

固定式 (stat1)	仅有固定住居,不迁移
固定式 (stat2)	有季节性固定住居 (如冬、夏营地),可迁移
固定与移动相结合式 (comb3)	在冬、夏营地同时使用移动与固定住居
固定与移动相结合式 (comb4)	在冬营地有固定住居,其余牧点使用移动住居
固定与移动相结合式 (comb5)	在夏营地有固定住居,其余牧点使用移动住居
移动式 (mob6)	在冬、夏营地仅使用移动住居
移动式 (mob7)	在两处以上地方使用移动住居

资料来源:"The End of Nomadism? Society, State and the Environment in Inner Asia," 1999。

表 2-1 的住居类型模式以清晰有效的方式概括呈现了 90 年代的中蒙俄三国牧区的家户住居类型。然而,至 21 世纪情况已有很大的不同。仅依据住居类型与季节性居住点对所属区域,尤其是内蒙古牧区进行分类已缺乏说服力。住居类型的多样化、住居使用目的之复杂化与城镇化的密切联系促使个案区域的家户住居类型发生了深刻变化。仅以固定与移动的二元划分模式所无法概括的新型居住复合体类型,如由固定住居与移动住居构成的固定式模式已开始出现。另外,城镇居住空间的介入已超越了汉弗莱所提出的类型模式。如汉弗莱关注到了呼伦贝尔市哈日嘎那图苏木的牧民向苏木驻地的聚集倾向。但在当前已变为向城镇的聚集或生活重心向城镇的迁移。

① Caroline Humphrey and David Sneath, *The End of Nomadism? Society, State and the Environment in Inner Asia*, Durham: Duke University Press, 1999, p. 174.

构成家户住居模式的影响因素有文化传统、地方制度与土地利用方式等多种。在个案区，固定与移动相结合式模式是最主要的类型。但影响家户住居模式的因素更显复杂多样。在中国仅有部分贫困户使用移动住居[①]的观点在 90 年代可以确立，而在当前情形下显然已不符合实际。

三　牧区研究的空间转向

从 20 世纪 80 年代起，人文社会科学开始有了明显的空间转向。在近十年出版的牧区研究论著中已频繁出现"放牧空间""生态空间""文化空间""社会空间"等概念。空间在每位学者的理论著述中有着不同的意涵。但若要进行一种大致的划分，可以看到有关空间研究视角与理论的明显转变。它表现为从空间性表征以及"空间中的生产"研究转向对"空间的生产"之关注。

朱晓阳在研究有关草原共有地的治理问题时谈到了同一空间的两幅地图，[②] 它们分别为由外来权力者制定的地图（mapmaking）和地方原住民的地图（mapping），由两幅地图喻指的两种时空概念的差异导致了种种问题。王晓毅探讨了在产权制度、工矿业、外来人口、城镇居民等外部因素压力下的"被压缩的放牧空间"问题，认为这一空间的被压缩已非单纯的由面积减少而构成的平面问题，而是包括地下水乃至气候在内的立体压力。[③] 应对放牧空间的缩小，牧民在嘎查外寻找新的空间。罗意以新疆阿勒泰牧区为例，将导致放牧空间被压缩是由于外力扩展至农业集约化、旅游业、人口增长和城镇化等原因。[④] 两位学者的空间观点虽依然倾向于"空间中的生产"，但其视域中的放牧空间已并非是平面化的草牧场，而是

① Caroline Humphrey and David Sneath, *The End of Nomadism? Society, State and the Environment in Inner Asia*, Durham: Duke University Press, 1999, p. 186.
② 朱晓阳：《语言混乱与草原"共有地"》，《西北民族研究》2007 年第 1 期。
③ 王晓毅：《环境压力下的草原社区：内蒙古六个嘎查村的调查》，社会科学文献出版社2009 年版，第 53 页。
④ 陈祥军：《草原生态与人文价值：中国牧区人类学研究三十年》，社会科学文献出版社2015 年版，第 214 页。

包含多种元素的总体社会空间。在人类学一向关注的居住空间方面，张昆以东乌旗牧区为例，论述了居住空间的变迁对家庭生活的影响。在从游牧到定居以至再定居过程中，牧民的住居形态依次经历了蒙古包、砖瓦房与楼房，使牧民处于一种不断变迁的生存环境与生活空间中。[①]

　　近来，一些学者开始借用后现代主义空间理论对牧区空间问题开展了研究。马威借用列斐伏尔（Henri Lefebvre）的"差异空间"概念，深入探讨了通过那达慕而营造的"文化空间"在抵御现代性的碎片化与均质化发展目的中起到的积极作用。[②] 从关注物质空间到社会空间，从聚焦于空间中的生产到空间的生产，空间转向及对空间的批判性研究已成为当前牧区研究实践的一种明显趋势。

第四节　居住空间的人类学研究

　　在人文社会科学领域，一直就有居住空间研究的传统。建筑与聚落作为社会实践的主要场域，早已受到人类学、社会学等学科的关注，从而形成聚焦于居住现象的丰富研究实践，并已出现专门研究建筑与建成环境的诸如建筑人类学等分支学科。同时，在专门研究建筑与聚落的建筑学、城市规划学等学科内亦兴起关注建筑所承载的多重文化特性的强烈意愿。故上述两类学科群视野聚焦于建筑与聚落，出现了理论对话与借鉴，并初步形成一些交叉学科与多学科研究实践。积极参与学术对话的两个代表性学科或许就是人类学与建筑学。两者的视角与关怀点各不相同，我们暂且将其差别总结为人类学的"透过建筑看文化"和建筑学的"透过文化看建筑"两种不同视角。但两者的交融，尤其是后者对前者理论成果的积极借鉴促成了人类对自身栖居之所——建筑的认知水平。

---

　　① 张昆：《根在草原：东乌珠穆沁旗定居牧民的生计选择与草原情结》，社会科学文献出版社 2018 年版，第 156 页。

　　② 陈祥军：《草原生态与人文价值：中国牧区人类学研究三十年》，社会科学文献出版社 2015 年版，第 96 页。

一　人类学对空间的关注

在 20 世纪八九十年代，人文社会科学领域中出现了明显的空间转向。受此影响，在人类学学科内部也出现了变化。人类学家开始将他们的视角转向文化的空间维度上，而不是把它们当作背景来看待，由此所有行为是在空间中被定位和建构的观点具有了新的意义。① 当然，人类学对空间问题的关注并非始于此时期。在人类学、社会学领域，涂尔干（Emile Durkheim）、毛斯（Marcel Mauss）、齐美尔（Georg Simmel）等人在 20 世纪初便已关注了空间性问题。毛斯曾与涂尔干合作进行了一系列城镇历史、人类空间组织的研究。② 涂尔干已关注到了空间的社会建构意义。他认为，空间的不同表现源自各个地区所具有的不同情感价值，而情感价值则源于社会。③ 涂尔干以普韦布洛人的营区与空间区域实例分析了空间的表现所具有的社会性，并认为"社会组织就变成了空间组织的模型和翻版"。④ 齐美尔在其"空间社会学"一文中认为空间"从根本上讲只不过是心灵的一种活动"⑤ 场域。空间在齐美尔看来是由不同社会形态所填充的自然空间。受上述影响，人类学的研究虽有丰富的空间性视角，但到 20 世纪 80 年代以来，人类学的空间研究一直停留于将空间视为自然空间的认知模式。

然而，"空间转向"后的人类学已开始接受列斐伏尔、福柯（Michel Foucault）、卡斯泰尔（Manuel Castells）、吉登斯（Anthony Giddens）、哈维、苏贾等人的社会理论影响，其对空间的关注开始转向超越单纯自然空间研究领域的更大范围。但受学科研究范式之影响，人类学的多数研究集

---

① Setha M. Low and Denise Lawrence-Zúñiga, *The Anthropology of Space and Place*, Malden: Blackwell Publishing Ltd. , 2003, p. 1.

② ［美］穆尔：《人类学家的文化见解》，欧阳敏等译，商务印书馆 2009 年版，第 139 页。

③ ［法］爱弥尔·涂尔干：《宗教生活的基本形式》，渠东等译，商务印书馆 2011 年版，第 13 页。

④ ［法］爱弥尔·涂尔干：《宗教生活的基本形式》，渠东等译，商务印书馆 2011 年版，第 14 页。

⑤ ［德］齐美尔：《社会是如何可能的：齐美尔社会学文选》，林荣远编译，广西师范大学出版社 2002 年版，第 292 页。

中于包括居住空间、仪式空间、城镇空间在内的日常生活的空间性研究。当然，在具体研究实践中，学者们对空间的观点与视角是不同的。在此，试用两本较有影响的人类学空间研究的论文集，对人类学的空间研究范式予以阐释。

黄应贵在《空间、力与社会》（1995）的序言中归纳了呈现于被该论文集收录的9篇论文中的空间概念。据其分析，人类学对空间的理解与建构包含空间被视为自然的地理形式与建成环境、建构于物质性空间上的其他性质的空间（如社会关系）、某种先验的非意识的认知架构、宇宙观或一种象征、意识形态或政治经济条件、文化习惯，包括文化的分类观念与个人的实践等。[①] Setha M. Low 和 Denise Lawrence-Zúñiga 共同主编的《空间与地方人类学》中将收录的20篇论文把空间划分为表现的空间（embodied spaces）、性别空间（gendered spaces）、内嵌空间（inscribed spaces）、争议空间（contested spaces）、跨国空间（transnational spaces）、空间策略（spatial tactics）6个专题类型里。上列6个专题类型其实高度概括了人类学领域中的空间研究范式。如爱德华·霍尔（Edward T. Hall）的《空间关系学》（Proxemics）论文被置于表现的空间专题下，而布迪厄有关卡比尔家宅的论文在性别空间专题下。

随着学科理论与视野的转向，人类学对"原始"土著社会的空间研究开始转向包括西方社会在内的所有社会形态之区域、城镇、社区至家庭日常生活空间的广泛关注。在宏观层面，人类学家已开始关注现代都市及都市社区的空间问题。而在微观层面，已从建筑空间转向了更加细微的家庭空间（domestic space）方面。有关家庭空间的一些更加细致入微的观察，如在建筑形式未变的前提下发生的居住行为的变化，以及并非以墙体所标示，而是以居住者向客人所实施的行为所象征的家庭边界[②]等问题吸引了人类学家的关注。人类学对居住空间的深度关注使人类学的空间研究转向更加细微的日常生活实践领域。

①　黄应贵：《空间，力与社会》，《广西民族学院学报》2002 年第 2 期。

②　Erene Cieraad, *At Home: an Anthropology of Domestic Space*, New york: Syracuse University Press, 1999, pp. 4 – 5.

二　人类学对建筑的关注

可以将建筑的人类学研究历程分为人类学对建筑的关注时期以及建筑人类学时期等两大阶段予以分析。对习惯于从整体性视角观察社会文化现象的人类学家而言，建筑与聚落从来都不是被轻易忽略的文化现象或因素。人类学家一直以其独特的视角并从某一种理论范式去研究建筑与聚落。在民族志文本中，建筑，尤其是民居建筑被予以不同程度的描述。对于仅仅关注建筑本身的读者而言，有关建筑的人类学描述可能是残缺不全的，而对于关注整体文化的读者而言，有关建筑的描述往往是理解全文的必要背景知识。因为，建筑的室内空间与室外场所是社会行为得以产生的空间基础。在早期的人类学领域已有专门关注建筑现象的研究。摩尔根对美洲土著的房屋研究堪称是这一领域的经典。其对印第安土著房屋的研究说明了人类学自从产生起就已关注到了"建筑与行为"之间的关系。

（一）人类学基础理论与居住空间

人类学以关注和解读人类社会行为为己任。而行为离不开空间，行为是空间中的行为，同时行为也生产空间。人的多数社会行为产生于建成环境中。空间性是人类行为的最根本属性之一。空间意识影响着人们对包括非建成环境在内的所有环境的认知。而有形的住居建筑是空间意识的物化表达。建立于人类学丰厚研究基础上的基础理论直接或间接地表明了暗含于概念或理论中的空间性。

当人类学家意识到家庭、继嗣群等社会组织与居住空间的多重关系之后，便产生了一系列强调居住模式的理论。人类学理论中的婚姻、家庭理论均以居住空间的分化与整合或者是更加精巧而富于变化的居住空间之处理模式作为主要参照标准。"家庭"与"住宅"两个概念本身含有的空间意义，使人类学关注"社会结构"的同时不可避免的涉及有关空间与场所的考虑。

在初级群体理论中，人类学常关注家庭的构成结构与空间属性之关系。家庭（family）与家户（household）这一组相互联系又相互区别的概念中均含有"共居性"意义。共居性或居住性意义的前提便是共同住居之存在。这在扩大家庭的居住模式（residence patterns）中表现得更加明显。人类的婚后居住模式有从夫居、从妻居、从新居、从舅居与两可居五种基本类型。[①] 对于任何一种住居形式而言，如何分配室内空间或单元空间，即居住模式是最为基本的行为秩序。在此意义上，某种集体住宅或由单一建筑构成的小群落是家庭社会秩序的物化表达。若将家庭扩大为继嗣群，其在共同的地域或聚落中的分布也呈现出上述类型特征。

（二）民族志中的"村落"与"小茅屋"

在谈论人类学关于建筑的研究时若不提经典民族志中的建筑描述是不足的。多数民族志文本在其开篇部分就对聚落和建筑形态进行了描绘。对于沉浸于田野中，把"帐篷"搭建于土著聚落中的人类学家而言，村落及住居构成的建成环境是其真实的田野场域。在此意义上，空间的介入是人类学研究工作的起点。相比工业社会复杂而高大的建筑，前工业社会简易而小巧的建筑或小茅屋是"简单社会"的一种隐喻。那么，除仪式、功能、象征之外这些结构简易的住居在多大程度上引起了人类学家的关注或为人类学家的研究提供了何种程度的启示是一个值得关注的问题。多数人类学家在其文本中提到了村落和住居所能提供的"社会学细节"。[②] 在此，仅举几部民族志为例，探讨居住空间的描述对理解他者的影响。

村落与住居形态的描绘是一种人类学的叙述前提，即居住空间是理解某种文化现象的必要的背景知识。读者以阅读形式首先步入由人类学家描述的虚拟空间，进而开始逐步理解居住者的文化。马林诺夫斯基（Bronis-law Malinowski）描述了特洛布里恩群岛上的土著村落格局——以薯蓣仓为中心的圆区内修建的一排排民居及中间环形街道构成的村落。其描述虽简短，但已道出村落格局、空间划分、功能区位，甚至是天际线等关键信息。紧接着，马氏描述了住居。室内黑暗而不通气，门是唯一的通风口，

---

① William A. Haviland, *Cultural Anthropology*, *Ninth Edition*, Orlando: Harcourt Brace College Publishers, 1999, pp. 272–275.
② ［英］马林诺夫斯基：《西太平洋上的航海者》，张云江译，中国社会科学出版社 2009 年版，第 23 页。

还是经常关闭着的。住居"更像是一个睡觉的地方，而不像是一个起居室"。在描述完村落与住居后，马氏继而写道："我们已经描述过场景和演员了，现在让我们进行演出吧。"① 场景是村落、住居与其他文化设施，而演出者则是库拉。

从住宅延伸至村落，再从村落推延至整个地域社会的系统观察促成了社会空间、结构距离等多种概念的产生。埃文思·普里查德对努尔人地区的生态学特征及由此构成的生活方式予以了详尽的描述，并呈现了一幅往返迁徙于湿季村落与旱季营地之间，并从事混合经济以适应生态环境的努尔人的生活景象。埃文思·普里查德划分了清晰有序的努尔人的社会空间范畴。这一范畴以"棚屋—家宅—村舍—村落"由小变大的序列渐次扩大至整个努尔地区。② 在亚洲地区进行的民族志研究中也有丰富的关于住宅的描述。这些住宅建筑显然在尺度与空间划分方面不同于太平洋诸岛屿与非洲土著人的"小茅屋"。利奇（Edmund Leach）对缅甸克钦人的山官府与普通人的住居及村寨格局进行了详细的描述。③ 费孝通在描述开弦弓村的社会生活时也涉及了住宅，他认为"一所房屋包括房前或房后的一块空地"。④

（三）游牧民的"帐幕"

同样，在游牧民族中进行民族志研究的学者也关注到了帐篷（tent）与营地（camp）所具有的社会属性。巴斯对波斯地区巴赛里游牧人的研究中关注到了帐篷，并对其结构、居住空间以及其作为地方社会单元的众多属性进行了描述。⑤ 在中亚与蒙古高原从事研究的人类学家自然也会关注

---

① ［英］马林诺夫斯基：《西太平洋上的航海者》，张云江译，中国社会科学出版社 2009 年版，第 23—45 页。
② ［英］埃文思·普里查德：《努尔人：对尼罗河畔一个人群的生活方式和政治制度的描述》，诸建芳等译，华夏出版社 2001 年版，第 132 页。
③ ［英］利奇：《缅甸高地诸政治体系——对克钦社会结构的一项研究》，杨春宇等译，商务印书馆 2010 年版，第 110—113 页。
④ 费孝通：《江村经济》，戴可景译，北京大学出版社 2012 年版，第 108 页。
⑤ Fredrik Barth, *Nomads of South-Persia*, *The Basseri Tribe of the Khamseh Confederacy*, Boston: Little, Brown and Company, 1961, pp. 11-13.

到蒙古包。汉弗莱对蒙古包有过长期的关注。[1] 其对社会转型时期蒙古国牧民住宅内部设施之变化所反映的社会变迁研究基本遵循了"建筑与社会"的人类学模式。而其对蒙古包建筑空间所反映的无形的宇宙之研究[2]则属于深层次的文化意义研究。

即使是短暂停留于某一地区的人类学家也会敏锐地观察到住居所具有的强烈的社会文化意义。吴文藻于 1934 年赴乌兰察布盟百灵庙旅行,称"明白了蒙古包的一切,便是明白了一般蒙古人的现实生活"。[3] 其所称"蒙古包有广狭二义,广义的包系指社会组织的单位而言,狭义的包系指住居的式样而言"[4],其见解显示了人类学住居研究的惯常思路。

三 住居与社会:早期研究典范

住居作为最显著而重要的人工制品与社会文化之容器,必然会吸引寻找人类文化本质与特点的人类学家之关注。对于人类学家而言,步入被调查者的住居便意味着进入他者的生活世界。对于早期人类学家而言,探究导致特定住居形态与空间行为的原因是研究住居的一个根本目的。从而出现将住居与社会相联系,将后者作为前者的决定因素的研究传统。摩尔根和毛斯是这一研究领域的两个重要人物。

(一) 摩尔根对美洲土著房屋的研究

摩尔根是首次全面而系统地对建筑进行研究的人类学家,但他从未给自己的研究领域起过任何名称。保罗·博安南(Paul. Boannan)在《美洲土著的房屋和家庭生活》的序言中为其研究起了一个学科名称——"社会建筑学"。[5]

---

① Caroline Humphrey, "Inside a Mongolian tent", *New Society*, 31, October 1974.

② Caroline Humphrey, Piers Vitebsky, *Sacred Architecture*, London: Dunkan Baird Publisher, 2003, pp. 20 – 21.

③ 吴文藻:《蒙古包》,《社会研究》1936 年第 74 期。

④ 吴文藻:《蒙古包》,《社会研究》1936 年第 74 期。

⑤ [美] 路易斯·亨利·摩尔根:《美洲土著的房屋和家庭生活》,李培茱译,中国社会科学出版社 1985 年版,第 5 页。

　　摩尔根的论著涵盖了包括鄂吉布瓦人的圆形棚屋、达科他人的皮帐篷、易洛魁人的长屋等美洲印第安人多样化的住居类型。并从功能—进化论的视角，将这些住居类型分别归入一个宏大而有序的进化序列中的相应阶段，从而建构了谱系清晰的土著建筑体系。在摩尔根看来，印第安部落的社会状态主要属于野蛮社会早期和中期，因各部落在社会进化程度上的不同，即所处文化期的不同，住居形态也呈现出多样化特征。因此，依照摩尔根为其所制定的蒙昧、野蛮阶段共六个进化序列标准，可以轻松识别任何一类建筑形态。如中级野蛮始于用土坯建造房屋，因此新墨西哥偏南地区能够用土坯和石头砌筑高达 2—6 层建筑的印第安人被认为已脱离了低级野蛮社会而进入了中级野蛮社会。

　　摩尔根将房屋建筑与社会组织相联系起来，将印第安人在其日常生活中实行的共产主义以及由此而产生的好客习俗作为构成房屋形态的决定因素。由具有氏族亲属关系的若干家庭组成的家户及他们所过的共产主义生活"表现在他们的房屋建筑上并决定了他们房屋建筑的特点"。[①] 那么，房屋研究对摩尔根的理论体系起着什么样的作用抑或摩尔根为何选择建筑作为其研究对象？这是一个非常重要的问题。对于摩尔根而言，房屋和居住方式是为其提供解释印第安人生活方式的钥匙。确切地讲，他所关注的是土著房屋所揭示的家庭生活方式。而研究印第安部落的生活状态，"可以重新发现我们本族历史已被遗忘了的某一部分"[②]。

　　摩尔根展现了一幅宏大的地域建筑图景与谱系，在特定地域空间范围内引入一定的历史纬度，从而成为地域建筑史研究的一种范本。摩尔根对一些建筑形式的材料、构成、营造过程以及特定建筑内的行为模式做出了细致的分析。因篇幅原因，摩尔根将其《古代社会》的第五编单独出版，从而成为人类学学科史上的第一部研究建筑的专著。从社会组织及制度的视角分析了建筑，开创了人类学对建筑的关注历程。

---

　　① ［美］路易斯·亨利·摩尔根：《美洲土著的房屋和家庭生活》，李培茱译，中国社会科学出版社 1985 年版，第 141 页。

　　② ［美］路易斯·亨利·摩尔根：《美洲土著的房屋和家庭生活》，李培茱译，中国社会科学出版社 1985 年版，第 3 页。

（二）毛斯对爱斯基摩房屋的研究

毛斯在关于爱斯基摩人社会的社会形态学研究中展现了将房屋与社会联系起来的又一个经典研究案例。针对人类地理学过度关注土地的做法，毛斯提出一种新学科——社会形态学，将土地因素纳入了"完整的和复杂的社会环境的关系之中"。[①] 毛斯将地理环境决定论转化为社会决定论。纵观毛斯的研究旨趣，他将包括房屋与聚落在内的人类各种组织的物质形式放入一种动态的变化过程中，探讨了其形式、性质与配置对宗教、法律、财产体制等各种集体活动的影响。

对于居住于海滨与悬崖的爱斯基摩人，其定居点构成一个确定的和永恒的社会统一体。其定居方式、基本组织的数量与规模构成了爱斯基摩社会一直不变的一般形态学特征。然而，在不同的季节里这一基本形态表现出不同的形式，从而构成了其季节性形态学的特征：在夏季，人们居住于分散的帐篷里，而在冬季，人们居住于聚集的房屋内。毛斯描述了这两类住居形态及其各自的组织方式。

毛斯对于两种住居形式，尤其是后者，即房屋的形式、建造材料、空间设置、室内设施进行了详细描述的同时一直在申明房屋的形态学诸特征与居住群体的社会结构之间的密切联系。帐篷只住一户人家，而冬季住居一般都住若干人家。在冬季居住点曾有一种公共聚会的场所——"卡西姆"，而这一建筑仅仅是一种"放大的房屋"[②]。从毛斯的描述中可以感知技术与生态因素对于房屋形态和聚落布局的影响作用，如雪、木、鲸骨等材料性质对房屋形状的影响以及室内单间、灯座对共居的单个家庭起到的限定作用。爱斯基摩人社会所经历的集中与分散的规律是一种与生态节奏保持一致，从而获取生活资源的文化设置。然而，出于保暖性、室内温度需求、节约燃料的解释无法成为决定房屋形态的最终因素。爱斯基摩人从不会像生存于相同环境的周边区域印第安人那样在其屋顶或帐篷上端开启

[①]　[法] 马塞尔·毛斯：《社会学与人类学》，佘碧平译，上海译文出版社 2003 年版，第 326 页。

[②]　[法] 马塞尔·毛斯：《社会学与人类学》，佘碧平译，上海译文出版社 2003 年版，第 357 页。

顶窗，而是仅靠灯来照明。在冬季，爱斯基摩人不会将帐篷一个紧挨着一个扎起，而是共居一个屋顶下。因此，只能从社会组织层面寻求决定房屋形态的因素。

四　多样化理论视野下的居住空间

建筑是人类学家用于观察他者世界的主要媒介。若说早期人类学的研究属于一种"建筑与社会"模式，即从建筑与建筑空间内的社会行为观察其社会结构的话，后来的研究更加倾向于"建筑与行为""空间与秩序""空间与隐喻"等多种模式。继早期的建筑研究之后，随着人类学理论范式的多样化发展，学者们从各自的理论视野关注了建筑物，由此，系统、象征、结构、实践等概念开始进入建筑物的分析中。相比建筑的空间结构及其所代表的社会属性，人类学家更关注室内空间设置所投射的多重社会意义、宇宙观，甚至是深层意识结构。其理论模式各不相同，但在其基本假设，即建筑与社会之同构性意义的存在问题上几乎是相同的。

（一）家宅社会

列维 – 斯特劳斯（Claude Levi-Strauss）在其早期的研究中便关注到了"不能归结为一处居所"[①]的家宅。其对卡都卫欧族与波洛洛族印第安人住宅的描述包括了结构、材料、空间等各个方面。尤其对表示波洛洛人社会制度与宗教体系的圆形村落格局进行了深入研究。[②] 列维 – 斯特劳斯将家宅视为一种特殊的社会建制，故提出"家宅社会"（house societies）的概念。家宅社会是除单系、双系、无系别三种继嗣群方式之外的一种建制方面的创造，家宅"完成了从内向外的某种拓扑学意义上的转换，用外部整体性取代了内部二元性"。[③] 因此，在以人类学已有亲属制度理论难以划分

---

① ［法］克洛德·列维 – 斯特劳斯：《人类学讲演集》，张毅声等译，中国人民大学出版社2007年版，第178页。

② ［法］克洛德·列维 – 斯特劳斯：《忧郁的热带》，王志明译，中国人民大学出版社2009年版，第264页。

③ ［法］克洛德·列维 – 斯特劳斯：《面具之道》，张祖建译，中国人民大学出版社2008年版，第155页。

类型的特殊社会结构中住宅起到了重要作用。

（二）隐喻、实践与场域

除对住宅及其空间布局所示的社会意义研究之外，从居住者语言与行为中观察住宅空间意义或从住宅空间观察行为结构的研究也很早就已开始。沃尔夫（Whorf Benjamin）"勾勒了与霍皮人的普韦布洛的建造有关的建筑名词和概念，以及他们的空间概念"。①

费尔南德兹（James Fernandez）关注了芳人及其他非洲土著部落的村落与房屋，并将隐喻与建筑相联系认为，人们正是通过神话、仪式等文化手段将空间转化成为地方（place）。② 萨林斯（Marshall Sahlins）关注了莫阿拉房屋。萨林斯的结构观念投射于建筑物中。认为"房屋实际上是一种媒介，文化系统可以藉此具体化为一套行动规则"。③ 布迪厄（Pierre Bourdieu）对卡比尔房屋进行了研究。卡比尔住居空间设置中构成的一系列二元对立关系，如干与湿、高与低、明与暗、昼与夜、男与女、生与死、满实与空荡、室外与室内、私宅与公众生活，构成了一种作为微观世界的住宅"结构"。住宅空间中的"事物与场所的客观化意义只有通过按一定图式予以结构化的实践活动才能完整地显示出来"。④

（三）应用人类学与建筑设计

出于早期人类学仅关注"原始社会"的学科性偏向，在民族志文本中展现的建筑多数为"小茅屋"。拉普卜特（Amos Rapoport）将此类建筑划入"原始建筑"和"前工业化的风土型"建筑范畴内。⑤ 人类学所关注的建筑主要是作为一般住居的本土建筑（indigenous architecture）或乡土建筑（vernacular architecture）。虽会涉及作为男性聚会场所的公共建筑，但这些建筑同样属于上述两种建筑类型。然而，人类学家透过上述建筑类型所观察到的社会文化意义因此一直留意这些建筑，并从中搜寻到古老建筑师的

---

① ［美］穆尔：《人类学家的文化见解》，欧阳敏等译，商务印书馆2009年版，第112页。

② Setha M. Low and Denise Lawrence-Zúñiga, *The Anthropology of Space and Place*, Malden：Blackwell Publishing Ltd. , 2003, p. 201.

③ ［美］萨林斯：《文化与实践理性》，赵丙祥译，上海人民出版社2002年版，第37页。

④ ［法］布迪厄：《实践感》，蒋梓骅译，译林出版社2012年版，第383页。

⑤ ［美］拉普卜特：《宅形与文化》，常青等译，中国建筑工业出版社2007年版，第7页。

建筑智慧。

在工业化的进程中,原始的建筑类型受到了巨大冲击。经历一股强劲的住宅变革浪潮之后,许多地区开始注意到为原住民设计一种融合现代技术与传统文化的新式民居建筑的必要性。故而,一些人类学家参与了建筑设计工程中。埃斯伯(George. S. Esber)为阿帕切(Apache Indians)人建造新房屋的工程。[①]经田野调查,他将土著人空间需求有效融入了新房屋与村落的设计中。随着人类学视域的变迁,人类学家也开始关注了工业时代的大型建筑,从而产生了大型公共建筑物的人类学研究。[②]此研究可称单体建筑民族志的研究。

(四)民族考古学

除对居住模式的探讨外,人类学也关注对建筑类型、营造技艺、装饰风格的记录与描述。在美式人类学的四个分支领域中,考古学因以人类行为的实物遗存为研究对象,聚落或建筑的研究最为显著,并派生出建筑考古学、聚落考古学等分支领域。在美国人类学领域,克虏伯(Alfred Kroe-ber)、斯图尔德(Julian Steward)等学者对美洲印第安住宅的类型、结构与营造技艺方面做了大量的民族志统计。[③]其研究基本延续了摩尔根的建筑研究范式,即对房屋类型(house types)、材料、形式以及村落模式予以详尽的民族志记录。

基于展现牧民在不同时代的居住空间模式,本书适度引用了民族考古学的相关方法。民族考古学是"从考古学的视角对活生生的文化进行民族志研究"。[④]克里布(Roger. Cribb)的"游牧考古学"呈现了有关近东地区游牧聚落、建筑与内部空间的丰富见解。其对营地的居住关联模式及游

---

① William A. Haviland, *Cultural Anthropology*, *Ninth Edition*, Orlando: Harcourt Brace College Publishers, 1999, pp. 38 – 39.

② Mildred Reed Hall and Edward T. Hall, *The Fourth Dimension in Architecture*, *The Impact of Building on Behavior*, Santa Fe: Sunstone Press, 1975, pp. 18 – 19.

③ Julian H. Steward, *Handbook of South American Indians*, Volume 5, New York: Cooper Square Publishers, 1963, pp. 1 –13.

④ [美]戴维等:《民族考古学实践》,郭立新等译,岳麓书社2009年版,第2页。

牧与定居生活方式的重叠观点①对项目研究具有重要启发意义。

五　建筑人类学

作为人类学分支学科的建筑人类学于 20 世纪末被提出，但其理论建构一直处于缓慢发展的状态中。人类学虽有几乎同自己的学科史一样漫长的建筑研究传统，但直到近期却很少有人类学家致力于建筑人类学的理论范式建构。反而，在建筑学领域，借助人类学理论与方法探讨建筑与建成环境的意识更显强烈。两个学科的互动与交叉，最终促成了建筑人类学的产生。据阿莫林克（Mari-Jose Amerlinck）的定义，建筑人类学是对生产人类聚落、住居、其他建筑与建成环境的建筑活动和过程进行人类学方向的共时与历时性研究的学问。② 当然，与任何跨学科领域一样，在建筑人类学领域中也存在因学者个人所受专业训练的不同而偏向于人类学与建筑学两个学科方向的研究倾向与分野。

（一）人类学倾向的建筑人类学

在探讨建筑人类学学科发展史及其理论特点时应首先澄清建筑人类学学科产生与发展的时代原因、其与建筑的人类学研究传统间的区别以及建筑人类学应有的学科定位与优势等问题。

首先，建筑人类学的产生与发展是社会发展的结果。从学科发展的社会需求看，现代化语境中的建筑现象已超越任何单一学科所能解释的范围，而需要更加全面的跨学科和多学科研究。建筑学的研究需要一种广泛的社会文化视野，而人类学在 20 世纪八九十年代的多样化发展最终打破了原有研究传统与理论范式。后现代主义对经典范式的解构与批判，促使人类学向更为广泛的研究领域发展。重返物质文化领域，从更为专业而深入的视野研究某一物质现象的研究成为一种发展趋势。虽然，人类学已程式化的理论视野与学术规范依然或隐或显于诸研究实践中，然

---

① ［澳］克里布：《游牧考古学：在伊朗和土耳其的田野调查》，李莎等译，郑州大学出版社 2015 年版，第 115—118 页。

② Mari-Jose Amerlinck, *Architectural Anthropology*, London：Bergin & Garvey, 2001, p. 3.

而，学科的分化与分支学科的专业化已成为必然趋势。另外，从研究对象来看，人类学一向关注的乡土建筑或传统民居建筑已发生深刻变化。在人类学家从事研究的"田野区域"，乡土建筑的式微、传统民居的消失或功能转化、住居形态的迅速变迁、大型公共建筑与集体住宅的普及已成为事实。此时，对"传统建筑"的认知及对变迁的解读需要更为专业而全面的，而非研究"印第安长屋"时期的人类学理论水准。同时，在建筑学领域也出现了共时研究乡土建筑，发现由现代技术理性所冲淡的传统建筑语言与智慧，从而吸纳至现代建筑研究中，建筑人类学由此得以产生。

在谈建筑人类学学科特点时应区分建筑的人类学研究与建筑人类学两个概念。虽然，前者为后者提供了必要的研究前提与基础，但两者在研究倾向与理论结构，以及研究对象在整体研究中所处的地位与作用等方面是具有显著区别的。首先前者为后者留下的丰富遗产。建筑的人类学研究有着长期的实践与研究范例。出于佐证或试用某种理论范式或观点，学者们通常以建筑作为透镜或场域开展研究。我们可以依据其与建筑的关系，将其多样化研究案例归纳为六个领域（表 2 - 2）。

表 2 - 2   人类学的建筑研究领域

主题	范畴
建筑与社会	社会组织、阶层、制度、社区、家庭、社会性别
建筑与行为	行为模式、空间秩序、行为塑造与限制
建筑与技术	本土材料、工艺
建筑与观念	宇宙观、价值观、住居观、记忆、情感
建筑与仪式	营造仪式、仪式场所
建筑与象征	装饰、形制、风格、符号、身体

资料来源：项目组整理。

表 2 - 2 中研究领域的实践与成果为建筑人类学的发展奠定了基础。当然，若以建筑为原点，追溯并罗列与其相关的社会文化元素，其最终结果是将整体文化都包容进来。其研究领域基本囊括了与建筑，尤其是民居建筑相关的所有关键元素。在当前，几乎所有建筑人类学的成果均以梳理并

归纳这些领域为前提。建筑的人类学研究与建筑人类学之间的区别在所研究的建筑形态上，前者通常以乡土民居建筑为主要研究对象，此乡土住居往往被认为是未受现代化影响的文化遗存。而后者的研究对象则包括乡土建筑、现代建筑及大型公共建筑在内的所有建筑形态。在研究视点与路径方面，前者以建筑作为透镜，阐释其所隐喻的社会文化意义。而后者虽以同样的路径为主，但始终围绕建筑本身。

出于学科之间所存在的知识与技能的不同，具有人类学倾向的建筑人类学研究除依托上述六个领域，更倾向于将文化深层结构的探索视为己任。其中对建筑空间与社会空间的双重解读以及有关住居的"可视的和不可视的"地方性知识进行深度阐释成为其目的与特性。沃特森（Roxana Waterson）在东南亚的研究关注了本土与殖民时期的建筑形式，从"建筑与象征""住居与亲属制度""空间与社会关系"等逻辑关联方面分析本土的或乡土建筑（indigenous vernacular architectures）。在对地方材料与技术进行近乎专业的详尽分析的同时，沃特森强调了建筑所具有的，并且对有关住居的地方概念所必要的"非功能"意义。[①] 沃特森的研究整合了人类学建筑研究传统中几乎所有有价值的理论见解，并将其聚焦于特定地域的本土建筑形态，成为建筑人类学实证研究的经典案例。

布克利（Victor Buchli）的研究为建筑人类学的确立起到了更为显著的作用。布克利在其著作中梳理并归纳了从19世纪的摩尔根时期至晚近的建筑人类学、从茅屋至教堂、从"墙体"至"墙内"的有关建筑的最为广泛的人类学研究实践后认为，建筑人类学并不只是研究建筑形式与空间，而是涉及建筑与家庭生活、社区、身体，以至建筑废墟在内的众多关联的学科。如以家居环境、室内物质、家居感的研究为代表的"消费主导的路径是以建筑形式分析的缺失为代价的"。[②] 此观点阐明了人类学倾向的建筑人类学对居住空间与日常生活，而非建筑技艺的关注。

---

① Roxana Waterson, *The Living House: an Anthropology of Architecture in South-East Asia*, Singapore: Tuttle Publishing, 2009, p. 73.

② ［美］维克托·布克利：《建筑人类学》，潘曦等译，中国建筑工业出版社2018年版，第86页。

(二) 建筑学倾向的建筑人类学

对建筑本质的深度思考是建筑学转向文化研究的根本原因。柯布西耶 (Le Corbusier) 通过原始神庙的建造案例来提醒人们"伟大的建筑植根于人性，并且和人类的本能直接相关"① 的事实。里克沃特 (Joseph Rykwert) 在其对原始房屋的"寻根溯源"式研究中对建筑的本质进行了思考。他认为对建筑的"前意识"状态的回归，可以使人们发现那些有关建筑本质的基本的思想。"而那些思想里将会产生对建筑形式的真正的理解。"② 故建筑师们转而开始关注形制简易却意义复杂的乡土建筑，关注的焦点也转向了文化。因为从技术理性的眼光审视"风土建筑"时必然会面临"理解"的困境。

拉普卜特被公认为建筑人类学家，虽然其本人更偏向于使用环境行为学 (Environment-Behavior studies) 来指称自己的研究。拉普卜特甚至认为"创建一个'建筑人类学'是没有必要的，甚至可能会起到反作用"。③ 对其而言，人类学或建筑人类学属于环境行为学。拉普卜特提倡将环境视为一种场景构成。环境因此可以被理解为一种对空间、时间、意义及沟通的组织；一种场景构成；一种文化景观；由固定、半固定和非固定元素构成④。

拉普卜特的主要研究是以一种特殊的环境类型——住屋 (housing) 为焦点的。其依据之一是在所有类型的建筑中住屋受文化的影响是最大的。⑤ 他将建筑分为原始型、前工业化的风土型、风雅型 (和现代型) 等三种类型，并探讨了现代风土建筑的演进问题。⑥ 在广泛引用本尼迪克特 (Ruth Benedict)、埃文斯－普里查德、雷德菲尔德 (Robert Redfield) 等人类学

---

① ［法］柯布西耶：《走向新建筑》，杨至德译，江苏科学技术出版社 2015 年版，第 54 页。

② ［美］里克沃特：《亚当之家：建筑史中关于原始棚屋的思考》，李保译，中国建筑工业出版社 2006 年版，第 34 页。

③ Mari-Jose Amerlinck, *Architectural Anthropology*, London: Bergin & Garvey, 2001, p. 37.

④ ［美］拉普卜特：《文化特性与建筑设计》，常青等译，中国建筑工业出版社 2004 年版，第 21 页。

⑤ ［美］拉普卜特：《文化特性与建筑设计》，常青等译，中国建筑工业出版社 2004 年版，第 16—17 页。

⑥ ［美］拉普卜特：《宅形与文化》，常青等译，中国建筑工业出版社 2007 年版，第 6—7 页。

家的理论见解，即建筑的人类学研究成果的基础上，批判了宅形（house form）的物质决定论。他认为，在宅形的形成中，文化因素具有首要的决定作用①，而技术与材料仅被视为修正因素②。

人类学所理解的空间可以是指称类似建成环境、建筑空间的物理空间，也可以是具有隐喻意义的社会空间、文化空间。建筑人类学则将空间概念紧紧限定在了建筑空间范畴内，从而研究行为、结构、象征、仪式与建成环境的互动关系。对某一传统建筑类型，尤其是作为"没有建筑师的建筑"的帐幕类建筑的历史研究，在学科意义上更多是属于建筑人类学的历时研究。

---

① ［美］拉普卜特：《宅形与文化》，常青等译，中国建筑工业出版社 2007 年版，第 58 页。
② ［美］拉普卜特：《宅形与文化》，常青等译，中国建筑工业出版社 2007 年版，第 102 页。

第三章　旗域空间规划历程

　　城镇化是一种超越城镇范围的，在特定城乡区域空间内进行的总体社会进程。在讨论城镇化问题时不应将视野仅限于城镇或城镇所辖一定范围的，常被构想为一种均质化、平面化的基层区域，必须将视野扩至更加完整而立体的区域城乡体系。这一体系不仅以城镇与乡村的二元格局所呈现。1949 年后由国家实施于内蒙古纯牧业旗的空间规划最终建构了一种具有清晰行政区划与等级体系的旗域行政空间。它是由旗、苏木、嘎查、牧业组构成的层级有序、边界清晰的四级式空间组织。这里要强调的，行政空间是产生于所辖区域内，包括城镇化在内的任何形式的居住空间变迁产生和发展的外部空间框架与基础。国家的空间规划或空间化实践是一种动态的过程。随着制度与技术的变迁，将会出现行政单位由分化增多至合并减少、基层行政空间由缩小至扩大、社会流动由离心化至向心化发展等一系列转变。这些更多地由人们朝不同方向的阶段性空间迁移与每个行政节点在整体空间体系中的地位与角色之变化而呈现。1949 年初期设立的行政空间结构在之后的数十年中虽经历了一定变化，但其基本结构从未变动。本章对新中国成立初期至 2000 年的 50 余年的旗域空间规划史进行了梳理。把握住旗域行政空间组织及其各时期的变迁状态，方能得出有关区域城镇化的完整知识。所谓的牧区并非是若干牧户的自然组合，而是由苏木、嘎查、牧业组等多个组织建构的整体性区域。

第一节　旗域城乡体系的建构

　　1949 年后国家在原有盟旗制度的基础上在牧区建立了新的行政制度。由此，盟、旗、苏木、嘎查等各级行政建制得以建立。各级建制间具有明确的隶属关系和清晰的行政边界，并在各级党委与人民政府驻地新建行政中心，构成了层级有序的城乡体系。在旗域空间内新设由苏木、嘎查及作为非正式的地方性组织的牧业组构成的三级基层组织。地方行政组织与区划的设立是由国家所实施的空间规划之结果。它在一定程度上虽依循了原有行政区划与聚落基础，但在制度层面建构了更加严密的地方城乡体系，并由此将边远牧区纳入国家体系中。

一　三级行政空间与聚落体系

　　行政建制的设立与行政区划的规定是国家对所属疆域空间进行空间化调整与规划的重要措施。通过建构清晰有序的行政建制，国家将地方紧紧纳入庞大的国家体系中，使"边远"区域成为国家的一部分，并与"中心"保持高度的一致。由此确立的行政空间并非只是一种静态的地理空间架构或出于管理而设置的社会组织形态，而是对地方社会的整体变迁十分重要的措施。因此，国家的行政建构亦属于一种社会空间的建构（图 3 - 1）。而这一措施对于曾从事不同经济类型的区域而言是十分不同的。与农区所不同的是在国家进行规划之前的牧区依然为一种无任何固定聚落，人口稀少，且从事"逐水草而居"的，行政界线并不清晰。

（一）行政空间的调整及区域聚落化历程

　　新中国成立初期，国家采取一系列措施对旗境内的原有行政组织予以了调整，呈现出旗域空间与景观两个层面。在旗域空间层面，由各苏木及其下属若干嘎查构成的行政空间结构成为地方社会的基本空间架构。在景观层面，各苏木与嘎查设有作为地方社会政治、经济、文化中心的固定行政中心，最终构成以旗镇为中心的城乡聚落体系。

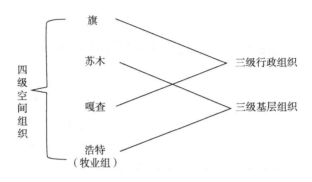

图 3 - 1　旗域四级空间组织示意图

图片来源：项目组自绘。

　　原有封建行政建制中曾有介于旗和苏木两者间的，由若干苏木构成的"道劳"① 及隶属于苏木的"阿日本"（十户）、"巴嘎"（小组）等地方组织，从而构成"旗、领区、苏木、阿日本"的四级体系。然而，只有旗和苏木是官方正式建制。其余则属于仪式性或地方性组织。1949 年后的苏木组织废除了原设于苏木上一级的组织，并重新调整了更小一级的地方组织。从新中国成立初期至今，三级行政组织在特定阶段虽有细化与变动现象，然而在正式建制上始终保持了原有体系。解放初期在基层牧区曾普遍建立了牧业小组，人民公社化时期生产大队下设生产小队。

　　在旗域聚落景观方面，除旗府及散落于各处的藏传佛教寺院外，草原上无任何固定聚落。在新中国成立前，地方行政多以官员轮班制和年度集会制运行，各苏木虽有"章盖""达哈拉"等地方官职，但基层官员常住牧区，并以放牧为生。各苏木章盖在 20 世纪 40 年代初期以轮班制定期到旗衙供职，其余时间在牧区。故各苏木均无固定行政驻地。

　　在 20 世纪 40 年代，三旗境内除四子王旗的西南部已有农垦村落带之外，其余地方均属于纯游牧区域。尤其在三旗北部区域，依然维持着十分完整的游牧社会性质。依据口述史，20 世纪 20—40 年代出于地缘原因政

―――――――――

　　① "道劳"为清代四子部落旗的地方行政单位，每个道劳管辖 5 个苏木，但不设行政长官。道劳更多为一种仪式性建制。

治动荡与战乱几乎未波及此区域。从周边盟旗及旗境中南部区域迁来的牧户多数出于避免战乱或被戈壁"自由空旷的地景"所吸引。直到 20 世纪初，三旗境内绝大多数区域属于纯游牧区域，尤其在西苏、东苏二旗几乎无一寸农地。旗政治中心与多数人口集中于各旗境内的中南部区域，北部则是人烟稀少，远离中心的边远区域。此历史境遇与其自然条件、地理距离与边境区位不无关系。在草原植被类型方面，北部为戈壁荒漠草原，而中南部为典型草原区。牧民以"查干乃博乐其日"或"查干嘎扎日"（白草原或白地）与"戈壁"或"辉图戈壁"，即北部戈壁指称两者。两种生态环境所承载的畜种结构与放牧方式有显著差异。

在旗中南部区域，新中国成立前夕已有现代化发展的种种迹象。牧区定居化趋势始于 20 世纪 30 年代。19 世纪末至 20 世纪初，乌锡二盟的王公札萨克陆续营建汉式府邸与衙门，开创了纯游牧区域的一种新型聚落形态。之前，札萨克王公一直以毡包作为自己的王府衙署，直至 20 世纪前后才开始修筑固定府邸。其建府工程晚于内蒙古东部各盟旗，并且所筑府邸之规模不及后者。这些新建王府一般由府邸、旗衙、家庙等三大组团构成，三旗中，西苏旗最早修建了固定王府，然后为四子王旗，东苏旗一直未建固定王府。

王公府邸其实是一个大规模的牧营地，因为与王府相随的是王室牧营地。王府与衙门具有明确差异，前者为王公贵族的住宅，而后者是处理旗务的衙署。衙门一般会相随王府左右。在建立固定建筑与院落之前，王府与旗衙并非长期定居于某处，而是以蒙古包群落的形式，在规定牧场间往返迁移。其人员大体可分为王室、官员、僧侣、仆从、属民五类。官员以特定值班制度轮值于衙署，一些管旗章京、协理等主要官员在王府附近修筑住宅以备居住，而闲时都返回各自的营地。由王爷直系亲属或同胞兄弟充当主持喇嘛或活佛的寺院就位居王府旁，从而扩大并充实了王府聚落的领地。兴起于近现代的这一草原新兴聚落通常被称为某某王府，然而其聚落领域与功能远远超出了王爷住宅的范围。作为政治中心，其移动与定居对旗境内，尤其是周边牧营地的布局具有很大影响。

在草原原有空间结构中，藏传佛教寺院是一个不容忽视的重要社会单位。寺院是空旷草原上的主要固定聚落模式。据现有统计，在三旗境内曾有170座寺院，其中，四子王旗有24座寺院8座诵经会①，西苏旗有40座寺院，东苏旗有13座寺院85座诵经会②。这些大小寺院平均分布于旗境内，但大寺院多分布于中南区域，北部牧区仅有一些小寺院。四子部落旗的图库木庙属于中等规模的寺院，位居旗境北部靠近边境的区位。苏尼特右翼旗在其北境无一处大中型寺院。只有苏尼特左翼旗较为独特，其境内最大的寺院查干敖包庙位居北境，其下属各属庙与诵经会遍布于旗境中北部。寺院的分布规律说明了寺院所赖以存续的社会与经济基础。寺院的旗均数量与分布表明了各旗人口总量与地域分布。在聚落规模方面，各旗有一至两座由各学部殿宇、庙仓、僧舍构成的大型寺院。这些寺院附近总有一些与其保持一定距离的商铺与手工业中心。而多数寺院是以1—2座经堂构成的小型聚落。旗境北部的诵经会则仅仅是由若干蒙古包构成的临时聚落。

　　1949年后国家在牧区陆续建立的各级行政中心成为牧区聚落化发展的新起点。其中，盟、旗、苏木、嘎查等行政中心与国营牧场、林场、军马场、配种站、饲草料种植基地等生产基地是最为典型的聚落形式。内蒙古的多数盟旗政府所在地通常选择1949年前既已形成的城镇或聚落点作为基础迅速发展。而在中部则多采用了新建方式。苏木驻地是1949年后新建的一种新型聚落形态。国家在原有行政区域组织的基础上，重新制定了苏木行政建制。最初国家在牧区建立的行政组织为努图克（或区），然而其数量与分布并不均衡。1958年建立的人民公社是苏木聚落正式形成的起点。1983年，将人民公社改为苏木，将生产队改为嘎查，"苏木"之称正式出现。1949年后设立的苏木并未重复民国时期的苏木行政区划，而是缩减了原有苏木数量。1949年前的苏木（或佐）虽作为基层行政组织，但无固定

---

① 诵经会指无匾额与度牒，由地方民众自发筹建的寺院。诵经会以蒙古包、帐幕及小型固定殿宇为诵经场所。

② 满都麦：《乌兰察布寺院》，内蒙古文化出版社1996年版；阿旺拉索：《锡林郭勒寺院》，内蒙古文化出版社2014年版；达·查干：《苏尼特寺院志概要》，苏尼特左旗政协文史资料，第六辑，2001年版等文献资料统计。

行政中心。因此，苏木驻地成为一种被予以普遍建立并持续至今的聚落形态。牧场、饲草料基地等生产基地是在特定时期普遍建立的独具特色的聚落形态，以种植业为主的饲草料基地成为嵌入空旷牧区的小规模农耕聚落形态。嘎查或生产队也建立了较有规模的队部。

到 2000 年时，盟市和旗县政府驻地已发展成为现代城镇。而基层牧区的行政中心与生产基地相应走上缩小衰败的道路。公私合营牧场已改制为苏木，饲草料基地因被私有化而逐步瓦解。队部成为只存留几间办公室的办公地点。然而，只有苏木驻地以其较为完整的聚落设施与场所优势延续至今。苏木驻地多数建立于空旷的牧区，并成为连接中心与基层的行政点，以其全面的社区服务职能发挥着社区中心的作用。苏木在地缘或区位条件上更多延续了原有社区基础，并以更替原有社区中心或新建聚落点等两种模式逐步成为其行政管辖区域内的持久型聚落模式。

（二）行政建制的变革

个案区在 1949 年后按照原行政区划被划归至乌锡二盟。二连市新建于西苏旗境内。1969—1980 年西苏旗与二连市被划归至乌盟管辖，1980 年重新划归锡盟。四子王旗，在 1949 年前简称"四子部落旗"，为原乌兰察布盟六个札萨克旗之一，位居乌兰察布盟东与锡林郭勒盟苏尼特右翼旗接壤。从光绪年间的一份地图看，两旗的边界在中华人民共和国成立后无很大变动①。西苏旗与东苏旗，在 1949 年前分别被称为苏尼特右翼旗和苏尼特左翼旗，为原锡林郭勒盟五部十旗之一部二旗，1949 年后隶属于锡林郭勒盟。三旗位居内蒙古中北部，清代的阿尔泰军台及民国时期的张库大道由南向北穿越此区域。

脑苏木初建时辖区北接中蒙国境线，为四子王旗境内面积最大的牧业苏木。1962 年，脑公社境内新设卫境公社，原靠近国境线的牧区归属新成立的卫境公社。脑公社所在地几经迁移，60 年代迁至今驻地。脑苏木原辖7 个嘎查，分立出来后辖 H 嘎查、B 嘎查等 4 个嘎查，2010 年后，将其中

---

① 据 W. Heissig, *Mongolische Ortsanaimen*, Wiesbaden, 1966 所收录的一份四子部落郡王旗地图（无清晰绘图时间）及苏尼特右翼旗与苏尼特左翼旗的三份地图（绘制时间为光绪十五年到光绪三十三年，1889—1907）来看，今四子王旗与西苏旗基本维持了清朝末期的旗界。

一个嘎查划归江岸苏木，又将其南部某苏木的 3 个嘎查划归至脑苏木，成为下辖 6 个嘎查的苏木。

额苏木初建时为西苏旗唯一的边境苏木，下辖包括 E 嘎查在内的沿国境线排列的 3 个嘎查。1976 年 E 嘎查与格苏木所辖 S 嘎查进行了互换仪式，E 嘎查归入格苏木，S 嘎查归入额苏木。1958—1962 年额公社与格公社划归至二连市，之后又划归至西苏旗①。2000 年后撤乡并镇时，西苏旗中部吉呼郎图苏木与阿尔善图苏木被撤销，其所辖 6 个嘎查归入额苏木。额苏木成为下辖 8 个嘎查，所辖面积占据整个西苏旗北境的巨大苏木。

格苏木初建时位居西苏旗北境，额苏木南部。2003 年，格苏木与额苏木的一个嘎查归入二连市。格苏木辖 5 个嘎查，其中 4 个嘎查为牧业嘎查。

洪苏木为东苏旗北部边境苏木之一。初建于 1961 年，下设 U 嘎查等 4 个嘎查。2006 年撤乡并镇时洪苏木全境划归至查干敖包镇，2012 年又恢复独立建制，并将原达来苏木的一个嘎查合并至其境内。

二　牧区小城镇

广义的小城镇指人口总数在 20 万以下的小城市、建制镇与集镇。个案区 4 个城镇的平均人口在 5 万上下，均为县级政府所在地，且是各自行政区域内唯独的城镇。这些城镇的创建史并不久远，其城区规模的扩大在 2000 年之后。除乌镇以外，其余三个镇均始建于 20 世纪 50 年代。在区域景观与历史而言，均有显著的牧区小城镇特色。1949 年新中国成立初期，新成立的旗人民政府多以王府、旗衙或大型寺院作为临时驻地，50 年代时陆续迁往新建的政府驻地。

乌镇初建于清同治十年（1871）②，在民国时期为大青山北麓的商业重镇。1950—1951 年，新成立的乌兰察布盟自治政府驻乌镇。③ 四子王旗人

---

①　巴雅尔：《苏尼特右旗志》，内蒙古文化出版社 2002 年版，第 72—73 页。

②　内蒙古图书馆：《西盟会议始末记、西盟游记、侦蒙记、征蒙战事详记》，远方出版社 2007 年版，第 100 页。

③　四子王旗地方志编纂委员会：《四子王旗志》，内蒙古文化出版社 2005 年版，第 80 页。

民政府于 1950 年 4 月 1 日成立，旗政府驻查干补力格。1952 年迁至乌镇。[①] 查干补力格为四子部落旗札萨克王府驻地。王府与旗衙始建于光绪三十一年（1905），为汉式府邸院落，光绪三十四年（1908）在王府右侧新建两座藏式经堂，称王府庙，构成府寺相合的固定聚落。1952 年旗政府迁离之后成为查干补力格苏木驻地，并延续至今。王府与寺院的主要建筑至今保存完好，现已成为旗域重要旅游资源。

赛镇建立于 1957 年。西苏旗人民政府于 1949 年 7 月 1 日成立，旗政府驻温都尔庙，1958 年迁至赛镇。[②] 温都尔庙为苏尼特右翼旗札萨克王府驻地。王府与旗衙始建于同治二年（1863），光绪十年（1884）在王府右侧新建王府庙，俗称温都尔庙，故温都尔庙成为苏尼特右翼旗王府聚落的统称。王府与寺院旁曾有学校、商业点与手工作坊，故构成内蒙古中部牧区建造最早，规模最大的王府聚落。旗政府迁走以后王府与寺院被其他机构占用，60 年代中叶被拆除。近年在原址上新建部分院落，成为盟市级文物保护单位。

满镇初建时期可追溯至 50 年代。东苏旗人民政府于 1946 年 7 月成立，先后以各寺院为驻地，迁移数次，1950 年迁至贝勒庙。[③] 1968 年将贝勒庙改称满都拉图，1971 年成立满镇。1977 年，旗委决定扩建和搬迁旗所在地。[④] 80 年代始各机关单位陆续从旧镇区迁往新区，至 90 年代末已基本迁完。满镇新旧两个镇区（当地人称东西二旗）之间相隔数千米，旧镇位居 101 省道两旁，新镇位居旧镇西侧，两镇区之间曾有一条河。因人口的迁移，旧镇除少数店铺之外几乎无其他居民。

二连市初建于 1956 年。1953 年集二铁路正式动工修建，建立了二连站。二连为蒙古语"额仁"之音译，名称取自位居今二连市西面的额仁淖尔，即二连盐池。1956 年成立二连镇。以车站为中心的建筑群成为二连镇

---

① 四子王旗地方志编纂委员会：《四子王旗志》，内蒙古文化出版社 2005 年版，第 80 页。
② 巴雅尔：《苏尼特右旗志》，内蒙古文化出版社 2002 年版，第 29 页。
③ 苏尼特左旗地方志编纂委员会：《苏尼特左旗志》，内蒙古文化出版社 2004 年版，第 85 页。
④ 苏尼特左旗地方志编纂委员会：《苏尼特左旗志》，内蒙古文化出版社 2004 年版，第 46 页。

的市区雏形。① 1956 年刚建镇时隶属于西苏旗，次年升为县级建制，隶属锡盟。1966 年设市，1992 年成为沿边开放城市之一。

牧区小城镇位居草原，城镇的尽头便是牧场。其城区小、人口少，无大中城市所具有的一定面积的城乡接合部，故无城郊农业、建材、汽修等过渡地带。出城或在镇里便能看到辽阔的草原。20 世纪 80 年代至 2010 年，这些小城镇依然是由旗属各机关单位驻扎的单位型聚落。城区规划简易而整洁，居民之间的交往较为密切。80 年代时赛镇街区只有东西南北四条街道，南北两大市场。位居城镇外围的单位院落外便是牧场，两大单位院落间的过道就是从草原到达城镇的入口。所以城镇在布局上呈一种开放通透的状态。牧民常回忆在 80 年代放牛放马时把畜群赶至小镇近边，顺便到镇里"下馆子"的经历。牧民的马拴在饭馆外面的电线杆上，鞍子上驮着从镇里购买的日用货物的景象一直持续至 90 年代末。

2010 年后在牧区小城镇普遍兴起扩建新区的运动，城镇开始向外扩展。城镇被分为新、旧两区。政府机关的新楼位居新区，新广场、新住宅楼相继建起。原位居城镇外围的燃料公司、打井队等国有企业的院落被开发为新住宅楼。城镇开始修环路。环路与绕城而过的干线形成一张外围的网，仅留下几个入口。

三　"北部苏木"与"南部苏木"

"北部苏木"是一种空间观念的文化表达。在内蒙古多数牧业旗，"北部苏木"通常是用于指称位居旗境内北半部分或靠近国境线的边境苏木的一种地方称谓。这一概念并非由官方正式制定，而多用于民间日常话语中。人们往往以位居旗境内中心点的旗政府所在地为点，画一道东西向横线或圈定一个长方形中部区域，将其北侧称为北部苏木，而将其南侧称为南部苏木。有时北部苏木的含义仅限于靠近国境线的边境苏木。然而，北部或南部苏木并不仅仅是标示地理方位的简单概念，其中也暗含了包

---

① 二连浩特市地方志编纂委员会：《二连浩特市志》，内蒙古文化出版社 2003 年版，第 4 页。

括畜牧业生产方式、居住空间格局与文化传承程度的种种意蕴。所处地域分为南北或东西两部分，并将其相对立来看待的做法是人类最为普遍的文化现象。特定区域分为南北、东西或前后，是出于人体方向感的基本空间划分。而关键是要指明这一划分所暗含的社会意义及其对研究工作带来的启示。

（一）地理空间与文化空间

相比南部苏木，北部苏木的畜牧业生产方式更加"传统"或"纯朴"。这主要体现于对传统生产生活方式的相对高的保留程度，以及人均牧场面积的相对广阔程度。多数靠近国境线的旗县和北靠纯牧业旗的旗县内，这一情况十分明显。如满都宝拉格苏木位居锡林郭勒盟东乌珠穆沁旗北部靠近国境线处，无论从景观、牧场面积与富裕程度而言在旗境内首屈一指。赤峰市阿鲁科尔沁旗北靠西乌珠穆沁旗，位居旗境北侧的巴彦温都尔苏木依然保持游牧传统的牧区。那么，需要阐明的两个问题是：第一，北部苏木缘何在文化传统及生产方式方面有别于南部苏木？第二，项目组为何选择北部苏木而未选南部苏木作为研究区域？

首先来看第一个问题。构成北部苏木有别于南部苏木的主要因素有生态环境、人口规模与流动过程、特殊区位属性等多个方面。当然，构成南北差异的原因因地而异，一些区域有其特殊的原因。在生态环境方面，三旗北部地区以高纬度荒漠戈壁草原为主，其畜牧业承载能力明显不及以半荒漠或草甸草原为主的中南部牧区。中南部草原以平整的半荒漠草原为主，历史以来均为各自旗内的主要牧场，而北部地区则处于边缘位置。特殊的生态环境造成了南北区域畜种结构的明显差异。至今三旗北部区域以养马、骆驼等大牲畜为主，而南部区域主要以养小牲畜与牛。

在人口规模与流动过程方面，北部人口明显少于南部人口，即使有后期的人口北上的流动趋势，但仍未改变这一格局。从20世纪四五十年代的情况来看，北部地区一直处于人烟稀少的境况。1949年前夕，三旗的旗府均居牧场丰饶，人口较多的中南部区域。1949年前后曾有两次较大的移民活动，稍微改变了北部人口稀少的情况。其一，20世纪四五十年代，曾有境内南部或周边区域，主要是南部察哈尔、东部喀喇沁地区的蒙古族人口因多种社会原因迁往北部。其二，20 世纪 60 年代，为了建设边境牧区及解决边远地区劳动力缺乏的问题，国家从内地及其他旗县调遣劳力，在边境地区普遍建立饲草料基地、公私合营牧场，迁来一部分汉族人口。在特定的时期，出于边防问题，也对沿边境线的人口做了适度调整，在一定程度上改变了人烟稀少的情况。但即使这样，也未能改变北部人口相对少于南部。

在特殊区位属性方面，北部苏木所处的边境区位使其拥有了有别于南部区域的独特属性。在道路交通与信息交流技术欠发达的时代，北部区域处于一种相对隔离的边缘状态。中南部区域因强劲的国家与市场拉力，处于一种偏向中心的空间趋势。出于经济与人口基础等原因，政治中心由此处于中南部区域。20 世纪后半叶，北部牧区处于边境地区，人口管制较为严格。故在一定程度上保持了其特殊的区位属性。综上，北部苏木成为人均承包牧场面积为 2700—5000 亩，多数地区至今维持季节性游牧生产方式的，很大程度上保留传统居住空间分散而居的格局。

（二）选择北部苏木的思考

选择北部苏木作为田野地点的考虑也正是出于上述情况。北部苏木可以为本研究提供一幅更加完整而清晰的区域居住空间演变图。南北苏木之间存在的文化差异性以及北部苏木的特征可以为本项目提供更加完整的区域社会史案例。在满镇牧民小区，从服饰与语言特征可以轻易分辨来自全旗各苏木的牧民。居民称，北部苏木牧民的显著特征是头戴围巾，常穿蒙古袍，喜戴银饰及说一口纯正的方言。除此之外，在性格、习惯与喜好方面南北两苏木之间也具有一些区别。在赛镇与乌镇，人们称南部人精明能干而北部人悠闲好坐并不善于经营理财。然而，需要说明的是，随着城镇化进程的加速，南北苏木间的差异正在日益缩小。就连北部苏木的牧民也在感叹自己已"越来越像南部人"了。

除人均牧场面积之外，居住空间属性在南北间已趋于相同化。但近 20 年的迅速变迁使北部苏木处于一种"游牧—定居连续统"的收缩过程中，即多种空间属性在同一区域内的高度压缩。而在南部牧区，居住空间的变迁更近乎一种缓慢而自然的变迁，因此在社区记忆与当下状况而言，并不能提供前者能够展示的一种过程图式。在城镇化进程方面，相比南部苏木，北部苏木的城镇化进程刚刚起步。

第二节　苏木及其空间过程

苏木是介于旗和嘎查之间的行政单位。新中国成立初期国家对牧区原有行政区划进行调整，设立了苏木与嘎查两级行政建制，并在苏木行政区域内建立了固定行政中心。苏木成为衔接旗政府与嘎查基层社区，传达并实施各项行政指令的中间行政单位。苏木行政区划的设置是国家对基层牧区实施的组织化、空间化实践之结果。在人民公社化时期，新建于边远牧区的苏木驻地以及与苏木同属一个级别的公私合营牧场成为草原聚落化发展的一个新起点。由于旗域空间结构的变化，苏木及其驻地经历了与旗镇和嘎查完全不同的变迁历程。90 年代起苏木所承担的多项社会职能逐步转移至旗镇。道路体系的发展压缩了旗域空间，嘎查与旗的往来从而变得日益密切。同时，随着撤乡并镇政策的实施，一些保留建制的苏木成为管辖大面积牧场的行政单位。

一　苏木及其行政区域的变化

苏木原是清代盟旗制度的基层行政单位。1949 年后苏木成为介于旗政府与嘎查之间的基层行政单位。苏木与乡是同级别的行政单位。纵观 1949 年至今的 70 年的发展史，苏木职能与数量经历了若干变化。大致来看，一个旗所辖苏木数量在 1947—1958 年呈由多变少的趋势，而在 1958—1984 年呈由少变多的趋势，2000 年之后又呈由多变少的趋势。旗境内的苏木数量之变化以及由此形成的苏木所辖土地面积、嘎查数量的变化是一个值得关注的空间过程。

新中国成立初期，国家对各旗所辖苏木数量与地域进行了调整与改建，构成旗境内苏木、巴嘎、小组的三级组织。从 1949—1958 年的改建情况看，基本呈现了苏木数量明显减少的趋势。苏木数量的减少不仅意味着原行政单位的牧场与人口严重失衡的事实，同时也显示出国家依据旗境内牧场、畜群等生产资料与人口进行重组的战略规划。1958 年人民公社化时期国家重新做了调整，建构了牧业旗人民公社、生产大队、生产小队的三级组织。此段时期是基层牧区空间得以稳定化发展的重要时期。与苏木同级别的公私合营牧场被广泛建立。1984 年，进行人民公社体制改革，将人民公社改称苏木，生产队改称嘎查，但原公社与生产队所辖牧场未有变动。

牧区苏木具有所辖土地面积宽广，人口稀少的普遍特征。项目所选 4 个苏木均为边境牧区苏木。这些苏木的所辖面积近乎农区一个县的面积，而人口远不及一个县的人口规模。为了清晰表述牧区苏木所辖面积与数量关系，我们可以对三旗 1984—2000 年的中北部苏木数量与面积做一比较（表 3 – 1）。四子王旗全域呈南农北牧的格局。以位居中部的红格尔苏木为界，可以划出中北部各苏木。这片区域由 7 个苏木及 2 个开发区组成。若不算开发区，各苏木的平均面积为 2132 平方千米。西苏旗北部有 6 个苏木，平均面积为 2032 平方千米；东苏旗北部有 6 个苏木，平均面积为 3389 平方千米。各苏木平均管辖 3—4 个嘎查。三旗苏木的平均面积为 2518 平方千米。

表 3 – 1　　　三旗中北部苏木所辖面积比较（面积以平方千米计算）

四子王旗		西苏旗		东苏旗	
苏木名称	面积	苏木名称	面积	苏木名称	面积
脑木更	2540	额仁淖尔	3429	洪格尔	4447
卫境	2770	格日勒图敖都	2533	查干敖包	3232
巴音敖包	2852	乌日根塔拉	2628	达来	2792
查干敖包	2800	吉呼郎图	1534	赛罕高毕	2978
白音花	1038	阿尔善图	1070	达日罕乌拉	4013
吉尔嘎朗图	784	锡林努如	998	巴彦乌拉	2874
红格尔	2137				

资料来源：依据《四子王旗志》《苏尼特右旗志》等文献及访谈资料整理。

2000 年后各旗开始实施撤乡并镇政策。三旗中北部所设 6—7 个苏木被合并为 2—5 个苏木或镇。四子王旗中北部变为红格尔、巴音敖包、江岸、脑木更 4 个苏木。西苏旗中北部变为乌日根塔拉镇、额仁淖尔苏木 2 个苏木或镇。东苏旗中北部变为赛罕高毕苏木、巴彦乌拉苏木、达来苏木、查干敖包镇、洪格尔苏木 4 个苏木 1 个镇。被撤销的苏木各嘎查划归至保留建制的各苏木，而其苏木驻地变为有一两家商店的居民点或嘎查队部驻地。个案区的 4 个苏木均为保留建制的苏木，其所辖面积与嘎查数量相比原先已增多不少（表 3-2）。

表 3-2 四个苏木面积与所辖嘎查数量对比（2018）（面积以平方千米计算）

苏木	原有面积	现有面积	原有嘎查	现有嘎查	当前总人口
脑苏木	2540	4311	4	7	3024
额苏木	3429	4512	3	8	2742
格苏木	2533	3851	3	5	2273
洪苏木	4447	5726	4	5	2134

资料来源：项目组依据访谈资料整理。

二 苏木驻地的形成

1949 年初期国家在边远牧区新建的苏木驻地是牧区聚落化发展的一个新起点。苏木驻地的建设史由 1949 年初期的新建、人民公社化运动时期的规模化发展、改革开放后的逐步缩减与近年的社会主义新牧区乡镇化发展等几大阶段构成。

（一）寺院与苏木驻地

1949 年初期的苏木驻地因国家频繁的区划调整与薄弱的基础设施建设能力而处于规模小与不断迁移的状态中。在无稳定村落体系与固定建筑的草原上，大中型寺院建筑群成为建设苏木驻地的首选地方。经长年的政治动乱，至 20 世纪 40 年代地域寺院体系[①]已处于分崩离析的败落状态，除

---

① 地域寺院体系是指以某一大寺院为主，以其所属若干寺院为辅，分布于一定面积的地域之内的寺院组合。

中心寺院之外的分支寺院基本处于无人看守的空心状态。喇嘛们除定期的法会之外一般居住在牧区家中。因此,1949 年初期的苏木各机关单位利用了这些空无人烟的寺院建筑群。如粮站、供销社等机关单位将寺院大经堂作为仓库使用,职工以僧舍作为早期的家属房与宿舍。1956 年内蒙古党委农村牧区工作部的一份汇报中曾提到牧区党政机关、学校等单位占用寺院房舍的问题,"据了解锡盟的盟旗和绝大多数的苏木,乌、察、伊的一部分苏木"占用寺院房舍,"国家应拿出一笔钱建筑一些机关、学校用舍,不应再继续占用庙宇"[①]。

在内蒙古中西部区域,苏木驻地以寺院建筑群为基础发展的案例十分多。在三旗境内有 90% 以上。苏木驻地继承了寺院对于原社区的服务职能。牧民原先将其子嗣送往寺庙,现在要送往苏木小学,原先请活佛看病,而现在要去苏木卫生院。聚落与社区的联系模式在某种程度上仍延续了下去。1949 年新建的苏木多以其境内知名山川河流名称命名,然而牧民总是习惯称呼去某某庙而很少直呼苏木驻地之新名称。寺院名称已成为苏木驻地或特定社区的俗称,已成为一种社区记忆。

四子王旗在 50 年代共建 14 个人民公社,其中牧区公社 7 个,这些公社全部建立于寺院所在地(表 3 – 3)。1962 年,从白音敖包公社划出的白音花苏木也以寺院为立地基础。[②] 这些寺院于 1966 年多数被毁,仅有西拉木仑庙、王府庙、图库木庙、萨其庙仍有不同程度的建筑遗存。后两座庙残存的僧舍在近年的乡村环境整治过程中也被推倒清理。

表 3 – 3　　　　四子王旗境内以寺院建筑遗存为驻地基础的苏木驻地

寺院名称	初建(年)	苏木(公社)名称	寺院建筑遗存
图库木庙	1732	脑木更公社	无
巴荣索庙	1848	白音敖包公社	无
西拉木伦庙	1758	红格尔公社	有

① 内蒙古党委政策研究室、内蒙古自治区农业委员会编:《内蒙古畜牧业文献资料选编(1947—1987)》,1986 年,第 231 页。

② 四子王旗地方志编纂委员会:《四子王旗志》,内蒙古文化出版社 2005 年版,第 85 页。

续表

寺院名称	初建（年）	苏木（公社）名称	寺院建筑遗存
哈布其勒庙	1737	乌兰哈达公社	无
补力台庙	1757	查干敖包公社	无
白乃庙	1726	白音朝克图公社	无
王府庙	1908	查干补力格公社	有
萨其庙	1632	白音花公社（1962—1974）	无

资料来源：项目组依据《乌兰察布寺院》《四子王旗志》等文献以及实地调研情况整理。

西苏旗在 1949 年将原有 18 个苏木改为 9 个联合苏木。其中 7 个苏木选择建立在寺院所在地。1950 年又将 9 个联合苏木改建为 7 个苏木时 5 个苏木仍建在寺院所在地（表 3 - 4），其中第二苏木以蒙古包群作为苏木政府所在地。[1]

表 3 - 4　　　　西苏旗境内以寺院建筑遗存为驻地基础的苏木驻地

寺院名称	初建（年）	苏木（公社）名称	寺院建筑遗存
陶高图庙	1710	第一苏木（赛罕乌力吉苏木）	无
乌兰甘珠尔庙	1868	第三苏木	无
那木海热布金巴庙	1852	第四苏木	无
额勒森乔尔吉庙	不详	第五苏木	无
浩日高庙	乾隆年间	第七苏木	无
毕鲁图庙	1708	第八苏木	有
乌日图高勒庙	1738	第九苏木	无
登吉庙	不详	第五苏木（1950）	无

资料来源：项目组依据《永远的故乡：苏尼特右旗地名实录》等文献以及实地调研情况整理。

东苏旗在 1984 年对人民公社体制进行改革，将原人民公社与生产队改为 12 个苏木、49 个嘎查、1 个镇。[2] 其中 7 个苏木驻地以寺院遗存作为立地场所（表 3 - 5）。

---

① 嘎林达尔：《永远的故乡·苏尼特右旗地名实录》，内蒙古人民出版社 2011 年版，第 19—20 页。

② 策引批力：《苏尼特左旗志》，内蒙古文化出版社 2004 年版，第 83 页。

表 3 - 5　　　　　　东苏旗境内以寺院建筑遗存为驻地基础的苏木驻地

寺院名称	初建（年）	苏木（公社）名称	寺院建筑遗存
贝勒庙	1827 年赐匾	满都拉图镇	无
敖兰胡都格格诵经会	1814	达日罕乌拉苏木	有
满都呼诵经会	1694	查干敖包苏木	无
呼和陶勒盖庙	1777 年赐匾	达来苏木	无
巴彦乃庙	1806	巴彦淖尔苏木	无
公召音葛根仓	约 1900	德力格尔汗苏木	无
塔本呼都嘎庙	不详	洪格尔苏木	无

资料来源：项目组依据《苏尼特左旗志》等文献以及实地调研情况整理。

　　苏木驻地以寺院为驻址的聚落更替现象的原因如下。其一，原有空间格局的延续。1949 年前的寺院与地域人口数量、营地分布与经济生产有密切联系。故寺院与营地之间具有一种空间分布关系。寺院的分布在某种意义上体现了人口分布格局。苏木驻地利用并延续了这一空间格局。寺院所处区位与社区组织是容易被人忽略的关键原因。在寺院所在地的发展有益于利用和接替寺院已有的社会组织与地缘基础。

　　其二，原有经济体系的接管与改造。寺院是所处区域内最重要的经济体。其势力所及区域内的牧户以放养寺院牲畜为主。据口述史，20 世纪 40 年代的牧区户均牲畜数量十分少。多数牧户以"苏鲁克"制放养寺院畜群，形成围绕寺院的经济圈。新建立的苏木在改造和吸纳寺院所积累丰富物质基础上建立起了新的生产制度。

　　其三，建筑空间与材料的利用。其中包括早期的原址利用与后期的异地改建。20 世纪 50 年代多数苏木是以利用寺院现成建筑空间为主，稍加改建便继续使用。在缺乏大型公共建筑的草原牧区，寺院大经堂成为新成立的粮食供应与供销系统存放粮食和货物的最佳场所。普通僧舍成为干部和工人的宿舍与工作场所。至 60 年代中期，人们拆除寺院建筑，利用其建材在原地或异地重建公共建筑。如查干敖包庙的建材被运往二连市等。

　　经历了"文化大革命"时期的拆除，至改革开放初期，新型聚落对寺院聚落的替代过程已基本完成。仅有个别寺院，如四子王旗西拉木仑庙、西苏旗毕鲁图庙于 20 世纪 80 年代起相继恢复法会，成为各自旗境内唯一的宗教活动场所。一些已还俗的喇嘛及其家人返回寺院并长期居住于寺院附近。

在个案区域内曾有 7 座寺院，这些寺院均为由 1—2 座小经堂组成，僧侣多住帐篷或蒙古包的小寺院。S 嘎查境内有额勒森乔尔吉庙。T 嘎查境内有崇古鲁庙、胡鲁图庙。E 嘎查境内有罗青庙。U 嘎查境内有查干朝鲁图庙、巴音哈拉塔尔诵经会、阿贵图诵经会。[①] 因寺院规模及区位原因，这些寺院均未能成为牧区聚落化发展的起点。这些寺院在 50 年代时已经破败，1966 年被彻底拆除时，未留下任何遗迹。

（二）苏木驻地的迁移

苏木驻地的迁移是国家对牧区行政空间予以不断调整的结果。1949 年初至 80 年代，政府对各苏木的辖区进行了频繁调整。故苏木驻地也因行政区划调整与空间格局的变革，不断进行了迁移。

脑苏木驻地最初位居图库木庙所在地。60 年代初分为两个苏木，新建卫境苏木留在图库木庙，脑苏木驻地以蒙古包群形式迁至 H 嘎查境内的敖包浩如古勒之地，后又迁至乌兰席勒嘎查塔本陶乐盖之地。60 年代末迁至今所在地——阿门乌苏。额苏木驻地位居接近边境线的当前驻地，旁有一座被称为恩格尔冒敦庙的寺院。2006 年迁至旗中部的原吉呼郎图苏木驻地，2012 年又返回当前驻地。格苏木驻地最初位于查干特格站西北 1 千米处。查干特格为集二线上的一座车站。1963 年迁至今苏吉嘎查委员会所在地和热。[②] 后又迁至齐哈，近年迁至赛乌苏。洪苏木驻地在中华人民共和国成立后以蒙古包群形式经毛瑞查干敖包、喇嘛音乌苏、格吉格音阿门乌苏、敖包恩格尔音甘其哈西雅图、尼如哈西雅图等地[③]，于 1961 年迁至现今驻地塔本胡都嘎。

促使苏木驻地频繁迁址的原因除 1949 年初期的行政建制调整之外，亦有跟随牧户迁移倒场及解决干部住房与饮水问题等多种原因。最初的苏木

---

① 达·查干：《乌日尼勒特嘎查志》，内部资料，2016 年，第 6 页。

② 二连浩特市政协文史资料编纂工作组：《二连浩特市文史资料》第二辑，内部资料，2015 年，第 173 页。

③ 达·查干等：《红格尔苏木志》，内蒙古人民出版社 2007 年版，第 13 页。

干部由旗里统一派遣下乡，并深入基层开展各项工作。50—70 年代，牧区仍以游牧生产方式为主，故以蒙古包作为主要工作生活场所。随着机关单位的日益增多，职工住房与饮水问题成为亟待解决的问题。如 60 年代初牧区苏木开始建立小学，学生借用寺院经堂或办公用房合班上课，教室与学生均以蒙古包作为宿舍。60 年代初迁至牧区的内地移民开始修建用木材较少、结构简易的圆土房与窑洞房，减缓了这一压力。脑苏木在塔本陶乐盖，格苏木在和热时均使用过窑洞。在 1949 年初期的牧区，水源充足，水质优良的水井是决定成规模的定居聚落能否存续的首要条件。早期的苏木驻地选址均与水井有密切关系，有四个苏木驻地均在以水命名的地方，即阿门乌苏（人饮水）、塔本胡都嘎（五口井）、额仁淖尔（斑斓的湖）、赛乌苏（好水）修建了稳定的驻地。70 年代之后除少数建制区划有大变动的苏木外，多数苏木驻地从未迁移，一直发展至今。

三　公私合营牧场

在 1949 年后的牧区聚落化历程中，除苏木驻地之外另有一种重要的聚落类型需要受到应有的重视，这便是国营牧场和公私合营牧场。公私合营牧场和合作社是国家改造"牧主经济"的两个主要形式，其中对较大的牧主采取前一种方法，而对较小的牧主采取后一种方法。① 在"三不两利"② 政策指导下，国家采取了和平改造的策略。20 世纪 50 年代建立的公私合营牧场在 70 年代末至 80 年代初陆续被改为人民公社及后来的苏木，场部由此变为苏木驻地。然而，其原有的生产经营种类与规模相比牧区苏木驻地更加多样和宽泛，构成规模相比苏木驻地更大的聚落。

在个案区域内无公私合营牧场，但紧接着此区域曾有西部的江岸牧场，南部的阿木古楞牧场与阿尔善图牧场，东部的查干敖包牧场等 4 处

---

① 内蒙古党委政策研究室、内蒙古自治区农业委员会：《内蒙古畜牧业文献资料选编（1947—1987）》，1986 年，第 210—211 页。

② 三不两利政策指中华人民共和国成立初期进行牧区民主改革时实施的一项特殊政策。具体指"不分，不斗，不划阶级"与"牧工、牧主"。

公私合营牧场。在此仅以与个案区域至今保持较为密切经济关系的江岸牧场与查干敖包牧场为例，探讨牧场的形成与变迁过程。江岸牧场以八户"巴音"，或称"牧主"的畜群为基础发展起来。初建牧场时由 H 嘎查及 B 嘎查调入多户，参与各项建设工作。查干敖包牧场于 1958 年以查干敖包庙所辖十座庙仓的牲畜、财产作为基础创建而成。① 次年，与由少数牧主合营的赫力牧场，即边境牧场合并形成查干敖包公私合营牧场，下设三个生产队。

在社会主义改造时期，国家通过公私合营牧场形式，将牧主与僧侣阶层所掌握的大量牲畜财富纳入牧区建设实践中。通过大力发展牧区水利工程、开辟饲草料种植基地、改良牲畜品种等一系列措施，将公私合营牧场建设为北部边远牧区的重要生产基地。场部所在地被建设为规模较大的聚落。在初建牧场时期，由于亟须大量员工与技术人员，故从周边区域调来大批人口参与建设工作。当牧场解体，成为苏木驻地后部分员工留在场部，继续从事饲草料种植工作。查干敖包牧场已完全成为牧区苏木。江岸苏木仍为四子王旗北部最具规模的苏木驻地。其所种植的饲草料依然成为 H、B、S 嘎查牧民的饲草料购买地。在春季休牧期间，S 嘎查的牧民从江岸苏木运来草料，用于饲养羊群。

第三节　嘎查境内的居住空间

牧户营地在嘎查境内的分布、牧场划分与常规迁移路线是促成嘎查特定居住空间模式的主要元素。影响要素的变化决定了居住空间模式所具有的时代性。在传统游牧时代、集体经济时代与市场经济时代，嘎查境内的居住空间模式是完全不同的。当然，居住空间的变化是一种连续而缓慢的时间过程，其在上述三个时代及中间过渡时期的变化具有一种延续性。其变迁及特定时期的模式是牧民生计策略与政策环境相结合的一种结果。

---

① 苏尼特左旗地方志编纂委员会：《苏尼特左旗志》，内蒙古文化出版社 2004 年版，第 88 页。

一　游牧时代的居住空间

20世纪40年代初，在当前各嘎查的牧场范围内，各有几支游牧群体以既定的游牧线路与区位往返迁移。若将牧民的四季营地纳入一个人居环境体系，这个体系是有一个中心的，这个中心或为某处营盘，或为一口水井。除非遇到自然灾害，营地间的往返节律将一直稳定地持续。灾害的程度与迁移的离心率，即离开中心，向外迁移的游牧半径成为正比。空间与距离在此成为抗灾避险的有效因素，在生态环境较为优越的时代，牧民多以近处倒场的方式降低受灾程度。故相对固定的社会群体与放牧区域的存在有益于建构一种地缘社会。

（一）社区边界与跨界游牧

1949年前的苏木一级的行政单位具有相对清晰的疆域边界。这一边界通常借助山川、敖包等自然体或人工构筑体作为标示，在内部则以地名制为主要分界依据。此处需要提醒的是，不能混淆边界的清晰性与跨界游牧的自由性两个概念。前者是特定群体或社区领地的边界，而后者是游牧生产的乡土制度。两者之间并不冲突，即人们允许适度的跨界游牧，但依然维持对边界的清晰认同。在两旗相接壤的区域，边界意识更为强烈，旗界的划定与争执在1949年前普遍存在。

以家户或浩特等地方社会组织为单位的小群体在特定空间范围内游牧，往返利用一定范围的牧场。故通常所认为的游牧民在更大的地理范围内进行自由迁移的说法有待探讨。在40年代初期，牧民在一片区域内往返迁移，营盘间距一般在10千米以内。只是营地选址较今更为自由。放牧空间的宽裕并非源自地理空间的空旷，而在于游牧人口的稀少。此处应区分营地倒场与营盘更换的区别。营地倒场是针对放牧空间而言的。营地有四季之分，倒场则是在规定时限内更换营地的行为。营盘则是针对居住空间而言的。在到达某一季节营地后持续居住于一定区位。但除冬营地之外，在其他营地人们不时地小距离更换营盘，以保持营盘的清洁。牧民从不扫营盘，当营盘上的羊粪集聚到一定量时适度地挪动蒙古包。此时，并不需要拆开蒙古包，而是将蒙古包围绳解开，掀起壁毡之后，众人从哈那木抬起，整体迁移数十米。

当遇到自然灾害时牧民们组织敖特尔，此时会有跨界游牧举动。今已80岁牧民回忆，20世纪三四十年代曾有过"乙亥白灾"（1935）与"己卯大雨"（1939）两次大灾害。每遇大灾害，富户以南下察哈尔牧区或东移锡林郭勒，西迁乌兰察布诸旗的移动方式避灾，而多数牧户则只能是留在原地，以小距离频繁倒场方式维持生计。特有的乡土组织与乡规民约，或称游牧伦理的存在，可以使牧民们获得较为广阔的放牧空间。当避开灾害后又返回到原有区域。

1949年后嘎查一级的基层行政单位得以确立。在已划定区域内的牧民自然成为该嘎查的牧民，而处在边界区域的牧民自愿选择了所属嘎查。六七十年代时，牧民们曾应国家边境牧区建设之需，调动至周边牧区。

（二）对社区记忆的认同

社区之所以成为一种共同体，一个很重要的因素是集体记忆的存在。这一记忆包含有关人口、土地、文化等各个方面。记忆的存在使社区的日常生活按照其既定秩序运行。在原有地方社会组织基础上建立的嘎查社区而言，虽已经历数十年的社会过程，但仍然有清晰完整的社区记忆。牧民对自己嘎查境内的牧场分布、地名、人口构成、仪式、节庆等均有共同的记忆，并有一种明显的集体情感与文化认同意识。这种社区记忆的存在是十分具有社会文化意义的现象。

我们仅以对嘎查老住户，即1949年前就曾在嘎查所辖区域生活的"原住民"为例，探讨这一记忆的意义与过程。在每个嘎查总有几户被认为是一直在"这里"生活的原住民。而其余牧民则来自各个地方。嘎查人口增多的时期并非仅在于60年代。1949年前的人口流动远比我们现在所想的要频繁。早在40年代中期至新中国成立前夕，便有不少人避开战乱"躲"在这些边远偏僻的牧区。其中以蒙古族居多，亦有少数汉族。40年代末各旗境内的南部或察哈尔、喀喇沁等部的蒙古人到戈壁牧区生活，40年代中期在未划定国境线时亦有不少牧民迁入今蒙古国境内，构成了人口的迁出与迁入移动。故嘎查人口结构在1949年前夕已有很大变动。六七十年代有汉族移民迁至牧区。

若从个案区域的东、中、西部各选一个嘎查分析,可以清楚地表明嘎查原住民的记忆,这些原住民均有一种特定名称,如 B 嘎查的"戈壁艾勒",T 嘎查的"崇古鲁七户",U 嘎查的"白音哈拉塔尔艾勒"等。

B 嘎查的"戈壁艾勒"指在戈壁滩内居住生活的牧户。此名称源自一种对跨越地方边界的大范围牧场空间进行的"戈壁与非戈壁"的二元划分。前者指称本地、北部,而后者指称外地、南部。B 嘎查的"戈壁艾勒"由两大户、三小户构成。此处所谓大户是指后代分支与人口较多的老户,而小户则相对大户而言后代分支较少的老户。

T 嘎查的"崇古鲁七户"意指游牧于崇古鲁一带的七个牧户。崇古鲁为地名,1949 年前这里曾有一座寺院,从寺院活佛的口述史信息来看当是一座规模中等的寺院。七户牧民在崇古鲁、赤那公、科布尔、乌兰胡都格、阿嘎拉吉浑堆一带生活。七户均为贫苦牧户,平均有 20—30 只羊,2—3 头牛,有两三匹骑乘的马或骆驼。每遇到战乱,就到西边的沙窝子里避难。

U 嘎查的"白音哈拉塔尔艾勒"指 1949 年前在今 U 嘎查西北部白音哈拉塔尔山一带,包括胡希业浑堆、喇嘛音乌苏、阿如宝拉格等地往返迁移的 8 户人家。现在的 U 嘎查人口多数由此八户人家繁衍而来。

(三) 对"聚居与散居"问题的再思考

牧户营盘在特定放牧空间范围内的分布及其变迁倾向是地域居住空间过程的一个重要表现。人们通常以"聚"和"散"的二元对立模式描述并理解这一现象和过程。关于二者在现代时期的表现与发生序列问题上,多数人认为散是聚之前的一种状态。其实,聚与散两个概念本身及相互之间的关系具有一种复杂的属性。在描述事物在空间中的分布状态时,聚与散只是一种相对的概念。在住居分布的意义上,个户住居间的距离在每种社会形态下是不同的,如游牧社会的住居间距通常大于农耕社会。间距的测定需要借助日常生活经验来判断。在游牧时代,同处一个浩特的两户之间的住居间距是最小的间距。但是这一最小间距不支持多户共居的聚落模式,通常而言,构成传统牧业组的若干户营盘之间的距离是最小的住居间距。

　　住居间距是一种空间状态，它与季节、牧草产量、地形、畜群结构与规模等客观因素有密切关系，同时也受社会组织、生产需求、文化偏好等社会文化因素的影响。在个案区域，住居间距在冬季，尤其是在春季是最大的，而在夏季达到最小的距离。大牲畜的比例，尤其是牛的数量大时倾向于聚居，而小牲畜，即羊群规模大时更倾向于散居。在社会文化因素方面，富户较贫户更愿意散居放牧。1949 年前个案区域的牧户平均牲畜很少，贫富差距大。故一个富户与一至两个贫户间的合作模式较为常见。生产环节上的互助模式与社会组织上的认同促使牧户始终保持一种合宜的住居间距。从口述史资料来看，适度聚居是个案区域的基本居住形态，使牧户趋于聚合的因素有自然、社会、文化因素。而散居则是 1949 年之后，尤其是实施草畜双承包政策后的形态，并且在近五年呈现出均衡化散居的显著趋势。

（四）敖特尔与努德勒

　　当前通常被合用，并译为游动迁移或游牧的敖特尔（otor）与努德勒（neyüdel）在 20 世纪 40 年代是具有显著意义差异的词，前者指长距离游牧，而后者指短距离倒场。前者的确切词义今已无法确定，但此词泛指迁移、游牧等行为。而后者词义很确定，即指搬迁或搬家。据牧区日常用语所含意义来判断，前者主要指畜群的迁移，如"额布林敖特尔""俊努敖特尔"等，即冬季游牧与夏季游牧等。后者更加强调住居与器物的搬迁。

　　努德勒是依照常规性节律在特定牧场空间内的小尺度迁移。牧民的迁移路线与四季营地区位基本固定，牧户按照既定时间表往返迁移。其迁移并非视牧场的载畜量或产草量的增减趋势而定，更多是一种"到了节令就迁移"的惯习性生产行为。此一现象一直持续至 80 年代末至 90 年代中期。

　　敖特尔指在大范围的持续干旱或白灾时期由浩特或更大的社会组织统一组织联络的跨苏木、跨盟旗的大尺度长时期的游牧。1949 年前和六七十年代的跨盟旗敖特尔一般持续 2—3 年。大型敖特尔对迁移群体和迁入社区均会起到一定社会影响。如它会扩大牧民个体或特定组织的跨社区地域居住空间范围。赶着畜群进行长距离游牧的牧民多数为中青年劳力，而老弱妇幼则多留在本地的索仁。在异地的长期滞留扩大了牧民的通婚半径，一些年轻牧民在游牧地点结婚成家，敖特尔结束后或带着家人返回故土，或留在当地生活。在个案区有不少此类案例，跨盟旗的婚姻及其子嗣在近年的密切交往构成了大范围的地域空间。

二 大集体时代的居住空间

1947—1983 年为牧区集体经济时代。在此时期，国家对原有社会组织模式进行了大幅调整。这主要表现在牧场边界的划分、行政区划的制定及牧区人口的增加三个方面。但在居住空间的调整层面，对原有格局与模式并未做出很大调整。在牧业组的组织方式上虽然拆解了原有血缘或地缘群体纽带，并以行政指令为依据的生产性互助小组，即"独贵龙"形式替代了前者，但至少在静态的空间分布层面，即在景观意义上依然维持了以几户牧民组成的牧业组形式。牧区的住居依然为蒙古包，仍以浩特乌苏作为营地组织模式，并往返于各季牧场间。

（一）1947—1958 年期间的居住空间

这段时期，传统的牧场利用与社会组织制度基本得以延续，居住空间并未发生结构性变化。至 1956 年的初级合作社时期，在原牧业合作组的基础上建立了互助组，并适度扩大了参与户数与互助工作环节。互助组的首要特点是合群放牧的制度。关于互助组的户数有明确规定。"游牧区合作社的规模 20 户左右，不得超过 30 户；定居区 20—30 户，不得超过 40 户。"[1] 参与互助组的成员将各自牲畜合群之后制定了轮替值班放牧的制度。除放养畜群与建设棚圈、水井等畜牧业设施等生产环节之外其余工作须由自己完成。因此，参与互助组的牧民从未聚合为一个持久性的固定大营地，原传统的组织形态依然起着重要作用。而在南部区域，原有的浩特聚落成为建立互助组与生产小组的天然基础。

此时期，牲畜为私有，牧场为共有，牧民依然以蒙古包为住居，在传统放牧空间内往返迁移。加入与退出互助组均为自愿，故保持了游牧社会

---

① 敖仁其:《牧区制度与政策研究》，内蒙古教育出版社 2009 年版，第 37 页。

应有的一种弹性机制。然而，与国家权力的渐次延伸与强化相并行的是传统制度的逐渐瓦解与弱化。牧区互助组的数量和规模不断扩大。1954 年开始建立常年互助组，开始具备了一定的集体组织性质。牧民几乎全部加入各类互助组。互助组有临时性、季节性、长期性三种形式。长期的互助组是集体经济的雏形。西苏旗有互助组 265 个，参加的牧民有 1628 户，占全旗牧民的 88.9%。[①] 1956 年开始合作化，牧区普建初级合作社，牧民以部分牲畜入股，年底分红。牲畜虽依然是私有的，但与互助组相比，完成了从生产合作到经营合作的转变。在居住空间层面上的一个新变化是在特定时期出现过"蒙古包浩特"（图 3 - 2），即由数十顶蒙古包整齐排列而成的聚落景观。

图 3 - 2　20 世纪 50 年代的二连浩特附近的蒙古包浩特

图片来源：内蒙古自治区建筑历史编委会编《内蒙古古建筑》（1959 年版）。

（二）1958—1983 年期间的居住空间

1958 年，国家开始提倡建立高级合作社制度，同年便迅速进入了人民公社化时代。牧区普建政社合一的组织——人民公社。公社下设生产队，牧民除少量自留畜外将所有畜群作价入社，成为由生产队统一管理的社员。生产队将集体牲畜按畜种分为若干群，交由社员牧户放养。由生产队统筹制定随季节倒场的时序与各户安营地点。生产队有专人负责用马车、拖拉机等交通工具帮助牧户迁移倒场。在牧场空间划分上，牛羊群处于内围，马驼群处于外围牧场。牧户平均每户有一顶蒙古包，公社按各生产队的牧户比例统一发放整套蒙古包与蒙古包构件。牧场的统一规划导致的一

———————

① 巴雅尔：《苏尼特右旗志》，内蒙古文化出版社 2002 年版，第 126 页。

种空间化结果是原有居住空间的某种程度的延续。即嘎查下属的各牧业组按照统一划分的牧场,呈小聚居大散居模式均衡分布。特定的社会组织与生产生活的集体化安排使牧业组成为一种较为稳固的居住群体。牧场利用模式与放牧制度被秩序化,牧场空间的边界被确定。牧业单位迁移路线与营地停留时间被统一规定。

在创建人民公社时,曾在个别营地聚合若干户建立过食堂。牧民将全部物资集中在一起,在食堂吃饭,在自己家中只熬茶喝。[①] 1947—1983 年,地方行政组织体系与名称曾有多次变更,然而牧民的居住模式并未有过实质性的变动。值得注意的是基层行政组织的设立在很大程度上依据了地方原有营地分布基础。50 年代时曾有苏木、巴嘎、浩特的三级基层组织。其中浩特作为自愿组成,并由相对稳定的家户组合的营地组织自然转为互助组。

至今被多数老年牧民所怀念的"大集体时期"具有其很多制度优势。国家具有自上而下的强大组织力与资源整合能力。牧户只是生产单位而无须承担任何自然危机及生产风险。在牧场空间利用方面,国家不仅对嘎查一级的牧场进行空间化安排,在特殊时期还能够利用跨盟旗的大尺度放牧空间。六七十年代,频繁组织的跨盟旗的大规模敖特尔是特定制度环境下对牧场利用空间的最大化。1966 年牧区大旱。H 生产队的畜群分为马群、牛群、羊群三组,分别到东乌珠穆沁旗、正蓝旗、兴和县三个旗县游牧。驼群由于特殊的习性,留在戈壁牧区。除老年人、小孩以及放养驼群的几户牧民留守索仁之外就连生产队工作人员、相关公社干部也一同前往这三个旗县。原定三年的敖特尔提前一年便结束。1968 年牧民们赶着畜群从游牧之地返回家乡,结束了此次大型敖特尔。同年,U 嘎查的马群迁移到东乌珠穆沁旗乌拉盖。1970 年全嘎查牧户、牲畜全部迁至赛罕戈壁公社的一个嘎查。1977 年牧区发生特大雪灾。按照上级的统一安排,S 嘎查的牲畜全部北迁至边境区域。其南部各苏木嘎查畜群则被迁往商都、化德等农区。

---

① 车登扎布:《巴彦塔拉草原历史变迁纪实》,内蒙古教育出版社 2011 年版,第 32 页。

（三）大集体时期的聚落类型

生产队队部、饲草料基地、季节性或生产性聚合营地、索仁是大集体时期的代表性聚落类型。牧民以放牧为主，集体所需其他工种多数由外地迁移来的人完成。如大队会计、车夫、技术员等几乎由会说汉语的察哈尔人或汉族移民承担。

在集体经济时期出现的一种长久性聚落形态为索仁。各生产队或其下设各牧业组分别选定一个地点搭建若干蒙古包，并将多余的物资存放在一处。在干旱年份或季节组织敖特尔时将老弱儿童留在索仁。60年代，响应国家号召，各生产队开辟饲草料基地，引来外地移民种植饲草料，促成了嵌入于牧场空间的小块农耕聚落。至80年代中叶时多数饲草料基地被遗弃，种地的社员就地转化为牧民。但在个别嘎查，如H嘎查，饲草料基地被延续下来，近年甚至有扩大趋势，成为向周边牧区提供饲草料的基地。

在整个集体经济时代，国家为提升基层牧区的生产力和防灾能力，投入了大量的人力与物力，在每个嘎查境内修建水井、棚圈、洗羊池、洗骆驼池、砖窑、石砌草库伦与饲草料基地等固定设施，使嘎查社区成为一个自主独立的生产单位和稳定的居住社区。

三　草畜承包至2000年的居住空间

1983年国家开始推行草畜承包政策，牲畜及牧场先后归牧户承包。牧户成为自行负责生产与经营的独立经济体，在自家承包的牧场界域内进行小尺度移动和修建固定住居长期驻牧。牧民不仅从集体资产分得了草畜及个别资产，如建材与设施，同时也继承了畜牧业集体生产的"知识"与"经验"，后者是少有人关注的问题。对于成为独立经营者的牧民而言，面临着两种生产方式的选择，即分别偏重于传统生产方式与集体生产方式的两种路径。近30年的集体生产经验的某种传承与借鉴在不同层面仍在持续。多数牧民经历并受益于大集体时期的生产经验，一些牧民开始重视营地建设，固定住居正是在这种前提下被普遍修建。在牧区，棚圈设施先于住居建设的案例说明了这一过程。直到当前依然有牧民自己住蒙古包，而为牲畜搭建砖砌棚圈的现象。原有以畜群、社会组织、水草资源为主要依据的营地分布模式逐步向以牧场、使用权、领域为依据的营地分布模式过渡。

实施草畜承包政策后的一段时间，牧区居住空间完整保留了大集体时期的小聚居大散居的模式。并随着住居形态的非移动化转型，小聚居模式得以固定化发展。大集体时期的嘎查下属若干浩特基本在其原有组织基础上分得了共同的联户牧场。故嘎查总体牧场空间由牧业组分为若干单元。

多数人认为，草畜承包政策的实施是牧区定居化发展的起点。但需要指出的是，20 世纪 80 年代至 90 年代末的定居化，即固定住居与营地设施的修建只是在景观意义上构筑了一种定居化的景象，而在其背后则是某种程度上依然维持的移动性。其原因为，牧场边界的不清晰及住居意义大于牧场的事实，故出现了牧户之间相互交换住居与营地的普遍现象，交换了住居便意味着交换了牧场。

第四节　牧业组居住空间

所谓牧业组是一种统称，其对应的蒙古语称谓是"浩特·独贵龙"，即出现于集体经济时代的，由生产队统一划分和管理的牧业生产小组。本书以牧业组作为所有类型的浩特统称。其实，浩特与牧业组之间具有细微的语义差异。浩特暗含一种既定的空间图式，而牧业组只是一种社会组织的名称，其具体居住空间并无确定模式。由 3—7 户牧民组成的牧业组构成一种邻里群体，同属一个牧业组的各户毗邻而居，共享水井、牧场等公共资源，协调统一迁移倒场的时序，在剪羊毛、踩羊圈、卧牛羊①等生产环节保持互助关系，从而构成了较为亲密的邻里关系。在集体经济时代，牧业组是最基层的劳动群体，其功能远胜于单个家庭。若要俯瞰一个嘎查的牧户分布情况，可以清晰地看到牧业组的空间轮廓。当然，进入新世纪之

---

① 在个案区，每年阴历小雪与大雪之间各户大量宰杀牛羊以储备冬春季的肉食，蒙古语称此生产环节为"乌彻"或"以得西"，当地汉族牧民称卧羊。

后，随着家庭分化与牧场的碎片化发展，持续至 90 年代末的牧业组正在迅速瓦解。但牧业组在单户牧场范围内的亲属化重构成为新时空格局下的一种新型发展模式。

一 传统牧业组类型

浩特是游牧社会最为重要的牧业组形态。在游牧时代，以单户形式在空旷牧区迁移生存几乎是不可能的。自然界的风险与诸多必要的生产环节远远超出了单个牧户所能抵御和承担的能力。故出现了各种类型的牧业组。牧业组是一种邻里社会组织，各户之间具有较为亲密的互助关系。在居住空间模式上，牧业组的组合形式具有灵活多样性的特点。相比属于其他牧业组的家户，同属一个牧业组的牧户住居具有明显的向心趋势。

（一）艾勒·萨哈拉塔

艾勒·萨哈拉塔（ail saɣaqalta）是一种通过近距共居和互换羔羊而达到挤羊奶和保持畜群膘情的传统居住与生产制度。"艾勒"指一户或共居一处的牧业组，后者在地方用语中通常以"艾勒·苏胡"，即 ail saɣuqu 一词表达，saɣuqu 即居住。"萨哈拉塔"的词根为 saɣa，意指挤奶，在地方用语中常以"萨哈·朱如勒胡" saɣaqu juriɣülhü 一词表达。juriɣülhü 意指对换。艾勒·萨哈拉塔的具体形式为，各放一群羊的两家牧户在夏季 7—9 月在适度距离内安营，各自将羔羊从羊群里分出来，赶至对方羊群合群放养。将母畜与仔畜分开后，可以避免仔畜吃母乳，从而保证了充足奶源的同时保住了羊群的膘情。挤羊奶的时间在中午。当羊群从牧场返回后先饮水，之后赶至营盘，用绳索连绑或用栅栏围起挤奶。

蒙古语有"同一艾勒人的命是一致的，同一萨哈拉塔人的想法是一致的"。① 此生产方式持续至 90 年代末。牧民将某一邻居选为互换羔羊的合作伙伴。人手足够的牧户也采取分群形式。将羊群分为大群与羔羊群两个

---

① 此为 20 世纪四五十年代在个案区域普遍流行的一句谚语。但在当前除少数老人之外，中青年人几乎不知道该谚语。

群,并错开放养。在由网围栏分割的网格化牧场空间里,分群牧养更易于实施。艾勒·萨哈拉塔制度的瓦解源自多种原因。放牧方式的转变、奶源的工业化生产、挤羊奶等生产环节的消失等导致了这一组织形式的瓦解。

(二) 乌苏·胡都格

乌苏·胡都格(usu qudduγ)由分别指称水和井的两个字构成。水一直是影响传统社会居住空间的重要元素。在游牧社会,尤其是在戈壁牧区,水是影响居住空间,进而成为维系居住群体的组织要素。"乌苏·胡都格"一词成为牧业组的代名词。人们常以"尼格乌苏乃和"niγe usun-u-hi,即"一个水的"指称围绕一口井的若干户。

在戈壁牧区,水源主要来自井,雨水充足的年景,"淖尔"(naγur,即湖泊)和"胡布"(hüb,即小水潭)等作为畜群的主要饮水来源。在偏远牧场,亦有少量泉眼及溪流。这是马驼等大牲畜的主要聚集处。直到80年代,牧区水井的数量仍很少,又常被分为"阿门乌苏"(aman usu),即饮用水和"马勒音乌苏"(mal in usu),即牲畜用水两种类型。其中,前者对居住空间的影响更为重要。在嘎查境内形成围绕几个水井构成的聚落单元。1949年后国家将打井工作作为草原建设工程的重要一环,加大力度挖井,以此扩大放牧空间。由此,在有水源的地方几乎开掘了水井,牧业组的数量也相应地增多了。水井的水量各不相同,故水量与能够集聚的户数之间具有正相关关系。饮完两至三个大群而水位无明显下降趋势的井往往被认为是最好的井。但这样的水井毕竟在少数,多数的水井则是普通的水井,这些井在饮完一群羊之后需要等待一段时间,待水从砂土层里慢慢渗出而恢复原有水位时才可以继续饮畜群。

获取水源的技术与牧场空间的扩大有很重要的关系。在游牧时代,挖掘"善达"(šanda,即小水井)的方法是走敖特尔时的常用办法。戈壁牧区有多条干河床,牧民用锹或铲子在河床里挖掘不到一米深,便能获得饮用水。

80年代实施草畜双承包政策时未划分水井,因此,其对牧场空间的作用至今仍很清晰。随着打井技术的提高,当前几乎每户有一至若干眼机井或旱井。但共用水井的社会作用依然很大。营盘无水井或无饮用水井的牧户时隔几日就用水罐车拉水注入设在营地的旱井，以备饮用。将井设在营地里，即住居旁，如同在家里安装了自来水。改变了水井在传统社会时期的社会功能。水源的牧户化发展最终降低了水在牧业社区的社会维系作用。

二　牧业组的组织变迁

牧业组是一种非正式群体。在游牧时代，其构成多借助血缘与地缘关系。其构成虽显随意而松散，但促成并维系这一组织的纽带是内在的。而在集体经济时代，因牧业组更有益于组织、调遣、分工和学习，备受基层政府的重视，并得以推广。但此时期的牧业组更多受外在的行政组织力量而得以维持。1952 年至人民公社化时期的互助组、合作社，以及大集体时期生产队下设的牧业组——"巴嘎""独贵龙"等是 1949 年后呈现的主要牧业组类型。当然，这一组织的设置、组合与划分，完全取决于生产队领导小组。集体经济时代的牧业组实为草原社会互助传统上的人员之重新组合。

在个案区，浩特多指由 2—3 户牧民共享的一处营地，即其牧户住居呈紧挨在一起的聚合模式。而由若干浩特构成，各浩特之间相距一定距离，并有明显向心型聚拢趋势的一片居住区被称为"浩特·艾勒"。当"浩特·艾勒"被生产队划分为一个牧业组，并委任一名牧民作为该浩特长时便会成为"浩特·独贵龙"，即牧业组。在蒙古国牧区开展研究的学者称"浩特·阿寅勒"，即本书所称"浩特·艾勒"组织为"最低一级的地方社区，一种微型社会"，[①] 并认为其是去集体化之后的一种社会结果。但在内蒙古牧区情况有所不同。近年虽有明显的分化趋势，但由嘎查划定的牧业组依然起着很重要的社会组织作用。

各嘎查被分为若干组，每组由 5—7 户构成，每组设一名组长。每组的营地划分是有明确界限的。嘎查与组长协调频繁开展牧业会议与政治学习。每天晚上各户牧民骑马到同一牧业组的一户蒙古包里开会学习，由组

---

① 中国社会科学院社会学研究所农村环境与社会研究中心：《游牧社会的转型与现代性（蒙古卷）》，中国社会科学出版社 2013 年版，第 44 页。

长传达上级指示。每组通过社员会议,协调统筹集体生产事宜,在需要充裕劳动力的打草、倒场、搭建棚圈、接包羊羔、打马鬃、剪羊毛等生产环节采取集体劳动的形式。

80 年代中期,每户按牲畜入股时的比例得到了牲畜。但牧场划分仍以原牧业组所辖牧场为基本范围。虽然,牧场也有每户的划分范围,一些牧户在自家的牧场上修建了固定房舍、棚圈等基础设施,但直到 2000 年,牧业组以共同利用牧场的形式放牧。由于固定营盘的出现,集体经济时代划分的牧业组以相对聚集的居住空间得以呈现。

牧业组在实施草畜承包政策后虽然在景观意义上以向心性居住空间格局得以存续,但牧业组内部的社会组织纽带与社会关系已开始发生变化。保留牧业组景观意义的主要因素是已划分到户的牧场与固定营盘。在传统时期,牧业组的解散与重组较为自由,其因是草牧场的共用制度与住居的移动性。当牧户想离开某一浩特艾勒,而迁至另一处浩特艾勒时,其所做的事情只是把蒙古包搬走而已。然而,牧场的牧户承包改变了此种可能性,定居化使牧民只能待在一处。在制度方面,外在的形塑力量已变弱,内在的需求更加多样化。直到当前,牧业组的景观格局依然清晰留存,但离心化发展趋势已十分明显。

80 年代中期的一个浩特及其变迁史

1983 年至 1990 年,在 B 嘎查队部西 2 千米处曾有一处三户组成的浩特(图 3-3)。此浩特由朝克、贺图、吉雅三户构成,故成为嘎查境内户数最多的浩特。90 年代中期贺图儿子结婚成家,贺图在其房子东侧新建一处土房作为新房。故成为由 4 户组成的浩特。三户中两户分住一排土房,一户住蒙古包。布局呈三角状。排房由队部在 1974 年为下乡知青修建,1978 年知青返乡后由队部供销社分店的朝克以 500 元购买其西三间,与母亲、妹妹共同居住。东侧两间由牧民贺图购买。两家作为邻居后为确保日常生产秩序,在中间修筑一道土坯墙。朝克修建了一处大院,在其西侧加建一排土房,作为仓库及羊倌住房。大院南侧有一顶蒙古包,由牧民吉雅一家居住。吉雅家除蒙古包与作为羊圈的一处栅栏之外无其他任何固定设施。90 年代初吉雅家在离该浩特 1.5 千米远的地方新建一间土房，搬离浩特。80 年代中期朝克去世，其母亲于 90 年代中期到脑苏木驻地居住，其女儿在 2000 年到乌镇打工。浩特仅剩一户。2002 年，贺图儿子以 1000 元的价格购买了朝克家的房子，装饰一新后作为其儿子的新房。但 2015 年贺图儿子到镇里开奶食店，浩特处于闲置状态。2018 年，在镇里打工多年的贺图外孙将旧营地修葺一新后开始养牧。2019 年初，朝克妹妹的姑娘也在离营地较远的一片牧场修建了一座小砖房。①

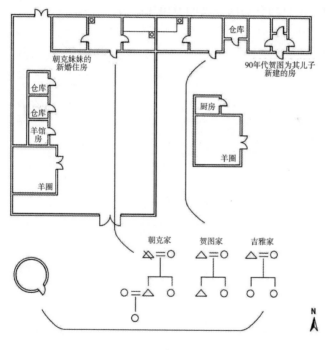

图 3-3　浩特平面图

资料来源：项目组自绘。

上述个案在浩特组织及其变迁趋势、营地空间结构及个体城镇化经历

---

① 笔者田野调查记录，2014 年 7 月，2016—2018 年重访四次，B 嘎查原队部。

等多个方面较为集中地呈现了此时段牧区的基本情况。在浩特组织方面,
由2—3户组成的浩特在八九十年代较为常见。到90年代末时已有明显分
化趋势。组成浩特的牧户迁至各自的牧场并新建住居,从而构成单户营
地。即使当前仍有以两户组成的浩特,但它实为一种户籍分离而共居生活
的扩大家庭。常见的父母与已婚幼子组成的浩特便属于此类家庭。并且与
之前相比,如今的家庭组织在住居空间上的表现是很模糊的,如两家分住
于单体住居中的不同居室。在营地空间类型上,三户恰好代表了此一时期
的三种代表类型,即院落式(如朝克家)、固定开敞式(如贺图家)及移
动开敞式(吉雅家)。其中院落式是此时期最为罕见的类型。在个体城镇
化模式方面,三户均有不同程度的城镇化经历。

第四章　居室、住居与营地空间

居室、住居与营地是牧区居住空间层级中最小的三个层级，三者构成以居住者常住地为中心向外逐层扩大的居住空间中属于内层的三重微观空间。在此三者中，住居属于包含或等同于居室，又作为营地中心的中层类型。通常而言，居室是个人私密性生活的守护地，住居是家庭生活的容器，而院落或营地则是住居空间的延伸，是住居与自然环境相结合的过渡区，也是日常生产生活实践的场所。由居室、住居、营地构成的居住空间为牧区家庭提供了其日常生活得以运行的场所，又为每个家庭成员提供了情感与梦想得以存留的庇护所。然而，此三重空间并非是外在于其所处社会环境的独立单元，相反是深深嵌入更大的环境体系或社会文化中的一个具体的"地方"。家庭与社区的各种交往与活动以此三重空间为主要场所。随着现代化的推进，此三重空间亦经历了形式至意义的深刻变迁。对其形式与结构的变化以及其作为生活空间的原初意义的系统阐述，将对深度探讨居住空间在现代化语境中的意义及其对城镇化的启发具有重要意义。

第一节　居室空间

居室是住居的组成部分，居室空间是整体居住空间体系中最小的一个层级，是以居住者为中心向外逐层扩展的空间层序之第一个层级。因此，对居室空间的体验与理解是认知居住者生活世界的重要途径。对于人类学家的田野工作感受而言，走进被调查者的住居便意味着接近了其生活世界，而对居室空间的介入则意味着已走进其生活世界。我们不以一种被普遍认为的人类住居进化史——从最早的天然洞穴到原始棚屋，再到各类住居形态——为本节所讨论的逻辑起点，而是以人们所熟知的蒙古包为探讨问题的起点。在本书所设时空域内，即从 20 世纪 40 年代至今的内蒙古中部牧区，蒙古包无疑是最初且延续时间最长的住居形态。在个案区域，70年代末才首次出现作为牧民住居的生土房，从 90 年代初始有砖瓦房，2010年后又出现各类新式住居，牧民又在城镇里购置楼房，在数十年中经历了若干种住居类型。但蒙古包并未由此消失，而是以多种形式留存下来，继续作为一种重要的住居类型而存在。在此，我们仅对蒙古包及其后续各类住居形态的居室空间问题进行讨论。

一　从蒙古包至固定住居：居室空间的分化

住居作为生活空间，需要满足人类生活的多样性生活需求。居室的分化与功能设置是满足这一需求的一种手段。居室分化的目的是更好地满足人类不同的起居生活需求。若依据单体住居所含居室的数量，可以将住居分为单室住居与多室住居两种基本类型。蒙古包、帐篷、棚屋为典型的单室住居。而城镇与农区的住居通常为多室住居。单室与多室住居是完全不同的两种空间与制度，其所分别生成的起居行为、观念与习惯是截然不同的。因此，试想当某个居住者群体的住居类型在短时期内由前者过渡至后者，其居住体验、维序机制会有哪些变化？这是需要探讨的问题。

蒙古包是一种将居室空间与住居空间合二为一的单室住居。营造多室空间的常用方法为增加单体住居的数量。在由 2—3 顶蒙古包构成的传统单户营地中，可以将蒙古包当作起居室、厨房、羔羊房、待客室、佛堂等单一功能的场所。但在 20 世纪 40 年代，除少部分富户之外，多数牧户仅有一顶蒙古包。80 年代中期，牧民开始陆续添置蒙古包，由 2—3 顶蒙古包构成的营地成为草原上常见的营地类型。与此同时，一些牧民开始新建生土房，进入蒙古包与土房并置的时代。当然，生土房亦有单室与多室之分，并且 80 年代末至 90 年代初在个案区，牧民在其夏营地修建单间生土房。而在冬营地的生土房多呈里外间或一进两开的格局。人们陆续从蒙古包搬进生土房居住，从单室空间转移到多室空间。在此意义上，从住居空间中分化出居室空间的空间化现象对牧民而言是居住空间层级上的一次重要变迁。

无论是单室，还是多室，住居同样面临人类多样性的生活需求，并且从技术与方法而言，单室住居也可以设置多个分割式空间，从而起到类似多室住居的功能。这就导出一个问题，即居室的分化并非是满足日常生活需求的唯一方法。一种更加隐秘而有效的内在秩序之存在或许是满足生活需求的一种方法。这一秩序借助居住者的起居实践得以呈现。对正在经历住居变迁的牧民而言，对其居室空间的解读是十分必要的。在数十年的时间内，个体的生命历程中能够依次并同时体验蒙古包、生土房、砖瓦房、项目房至楼房的牧民，对于不同形态的居住空间会有何种体验？住居的变迁对起居行为模式起到什么样的影响？回答这些问题时需要慎重的思考。仅从传统的变迁导致的文化不适或幸福感的缺失等方面探讨显然是不足的。

建筑是一种制度，它要维持一种秩序。那么，秩序何在或秩序的存在有何意义？分割住居空间的墙体本身体现了一种秩序。同样，隔扇、台阶、窗户、花盆、地毯等所有器具均有分割和指明空间的作用。秩序就是人在居室空间中恰当而舒适的生活体验。居室空间的变化构成了一种延续的连续统，在每个阶段及其之间的转型期均形成了起居行为的相应变化。如起居行为的变化并非仅发生在从蒙古包过渡至砖瓦房的时期，而是在蒙古包居住时已发生了变化。故居室空间的变化导致了起居行为的变化只是一种简单的预设逻辑，除空间格局外，其中起作用的因素还包括器具及居住者行为模式的变化。

二　传统蒙古包居室空间秩序

住居为行为的产生提供了空间场所的同时又引导和限制了行为。居室内的适宜行为离不开对居室空间秩序的正确认知与遵守。凡是居室均有一定秩序，秩序以器具摆设、区位划分以及居住者行为模式等事物向介入者传达有关居室秩序的诸种信息。人们倾向于将住居类型分为传统或现代、乡土或城市、简易与复杂等一系列二元类型。其划分依据源自住居建造技术与材料。但如果依据室内空间所含秩序的多样性与严谨程度来划分,上述简易的二元划分显然是不足的。一座简易的乡土住居在空间秩序方面要远胜于现代住居。

(一) 传统秩序与维持机制

蒙古包为一种单室住居,具有一种无视觉阻隔的开敞性空间特征。因此,室内秩序的维持更显重要而隐蔽。多样性场所在单一空间内的重叠使蒙古包室内空间的限定与划分主要借助文化秩序,而非实体墙或隔扇来完成。因此,对外人而言,单一通透而一览无余的空间对于居住者而言是秩序明确的多样化空间。传统游牧时代的蒙古包室内空间秩序严密而繁杂,以至足以使专门研究传统住居的学者为其繁复而感叹。在传统时代,平时放置于火撑或火盆上的茶壶嘴的朝向都有明确的规定与相关解释。

蒙古包室内圆形平面的中心是火位。火位正上方为天窗,火位以正方形木格加以限定,内置火撑、泥灶或火炉之一种。若以位居火位中心的器具,如以火撑为中心点,分别划出垂直与水平两道线,就可以将蒙古包居室空间结构清晰地表达出来(图4-1)。

先将火撑与天窗中心对准画一道线,构成垂直线。火位木格及其正上方的天窗形塑了一种柱状体空间。此空间是蒙古包室内的最高点,也是不可直接作为日常起居区位的特殊空间。火撑、火位木格及天窗是蒙古包的神圣构件。火撑里的火光与从天窗照射进来的阳光构成一体,更加渲染了这一空间的神圣属性。围绕此垂直的柱状空间的环廊是世俗的起居空间,最外围则是靠近哈那的日常器物的摆设空间。

再将门槛中心正对火撑(或火炉)划一道直线,并将其延伸至门对面的哈那,构成水平线。水平线又分为相互夹平角的南北、东西两道轴线,即纵线与横线,就能清晰呈现蒙古包室内空间的基本轮廓。纵线右侧为男性区位,左侧为女性区位。横线以火撑为中心,与门槛并行。其北侧为上位,南侧为下位。由此,蒙古包室内平面被划分为上、下、左、右四个半圆形区位,分别对应崇高、世俗、女性、男性四个区位。同时纵线与横线

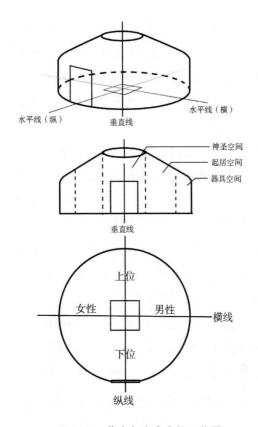

水平线（纵）　　垂直线　　水平线（横）

神圣空间
起居空间
器具空间

垂直线

上位

女性　　　男性　　横线

下位

纵线

图4-1　蒙古包室内空间区位图

图片来源：项目组自绘。

的交错将蒙古包分为西北、东北、东南、西南四个具有鲜明功能特性的生活区位。如西北区位是放置佛龛等器具的最具神圣属性的区位。若仔细看蒙古包居室空间结构，就不难理解这一区位特性的形成原因——西北区处在男性与上位的交叠处。

（二）起居行为禁忌

传统住居与现代住居相区别的最大特征在于其"神圣性"。住居即神圣的场所，而非一种世俗的器具。神圣性的体现并非取决于材料、技术与形制属性，而在于其容纳生活世界的场所性质。故在一顶老旧的毡房内常常会上演崇高的仪式性行为。神圣性得益于秩序的存在，而秩序则借助众多禁忌而呈现。蒙古包甚至有"灵魂"，出入门时需轻轻掀开毡帘或推拉木门，若用力过猛，则被认为此举将会惊动住居之灵。有关蒙古包的禁忌习俗十分繁多，通过访谈、地方文献的梳理与观察所得部分禁忌就足以还原传统蒙古包室内空间秩序之严谨。象征与秩序仅是一种外在表现结构，其深层的原初意义是人对栖居环境之敬重态度。失序或失意所带来的是日常生活秩序之紊乱后果。

有关蒙古包室内起居行为的禁忌与习俗十分繁多，且蒙古包分布范围十分广泛，不免有一些地域和部族差异。仅以个案区域内的日常禁忌习俗为例，其范围包含室内外的行为举止、室内行为的区位意义、构件、器具象征与行为姿势等多个方面。在此仅罗列了与蒙古包构件或区位相关的部分日常的，而非仪式性行为禁忌。因为在举行婚礼等仪式时，居室空间的秩序会有另一种设置。若以某人到访某处蒙古包之后离开的完整过程为研究时段，其所涉及的禁忌习俗有如下几项。

入门时的禁忌：进门时从毡帘①左侧轻轻掀起进门，忌讳从右侧掀门或从中间推入；忌讳脚踏门槛、跨立门槛和坐在门槛上，因为门槛如同主人的颈项；不许手扶门楣；忌讳站在室外从门楣上方的细缝观察室内。

就座时的习俗与禁忌：入门之后依据自身身份、性别就座于合宜位置，忌讳长久站立于入门处；男性就座于室内纵线西侧，但忌讳背对西北区位的佛龛。旧时喇嘛、官员就座于上位，即正对门的区位。女性就座于纵线东侧，而忌讳就座于正对门的区位；忌讳来回横穿于火位北侧正对门的上位。

睡眠时的习俗与禁忌：躺下睡觉时忌讳将脚对准位居西北区的佛龛，家里无佛龛时也忌讳将脚对准西北和上位正中区位。室内睡眠处为对准门的正北区位及火位两侧三处地方。睡在正北区位时将头朝向西北佛龛区，脚朝东北区位，以东西方向平躺。火位两侧的人均以南北方向躺卧，脚朝门。男主人一般睡在火位右侧，女人与小孩睡在火位左侧。

出门时的禁忌：出门时忌讳将后背朝向佛龛、火位与老者。从众人就座的室内出去时要从人们背后绕行，忌讳从就座的人前经过，不得不经过

---

① 在个案区，直到 20 世纪 50 年代末时牧民所居普通蒙古包均使用毡帘，而无木板门。

时需要征询意见。从别人后面经过时忌讳脚踩别人的衣边。临时出去的人返回室内后必须就座于原位。

在 20 世纪 40 年代，在蒙古包内的行为姿势亦有明确规定。除喇嘛之外所有人均需弯膝单腿跪坐，此时就座于西侧的人弯左膝，东侧的人弯右膝。男性在单膝跪坐久时可以调整姿势，并盘腿就座，但忌讳女性盘腿而坐。无论以什么姿势就座，忌讳将靴底朝向佛龛、正北区位与老人，而需朝向门。忌讳在室内蹲坐、背靠东西就座或伸腿坐。忌讳在室内吹口哨、背手或伸懒腰。①

通过罗列上述禁忌事象，我们可以掌握一些住居所拥有的共性特征。门是链接与阻隔住居与室外环境的玄关与边界。进出门具有一种通过效应，它意味着进入与离开住居世界。故门具有一种神圣属性，对门所具有的神圣性之强调意味着生活世界的神圣性。蒙古包室内紧凑的空间所拥有的容积远大于通常所想象的尺度。由中心火位限定的空间明确了通道与座位，当室内设有佛龛之后，构成室内的双重神圣场所。火位正北区位的神圣性割断了其通过性。故介于火位与外壁间的环形空间成为一种闭合的场所。

三　蒙古包居室空间秩序的变化

建筑的人类学研究倾向于阐释居室空间秩序所象征的社会空间秩序。从研究方法而言，人类学家倾向于使用结构主义方法，将土著住居空间中的一系列二元对立模式罗列出来，由此呈现由住居和居室空间标明的男性与女性、神圣与世俗的社会范畴。萨林斯对莫阿拉房屋的研究属于一种以住居为隐喻的社会结构之宏观研究。布迪厄对卡比尔房屋的研究虽仍属于一种结构主义研究范例，然而，惯习与实践视域的分析使其摆脱了结构主义机械化和简易化的倾向。布迪厄的研究使居住者，一个不受外在结构的完全影响的社会行动者重新返回了其住居世界。蒙古包居室空间结构的示意图只呈现了蒙古包室内空间的大致轮廓。若遵循结构主义路径，进一步

---

① 彭斯格德庆等：《四子部民俗》，内蒙古科学技术出版社 2018 年版，第 208—209 页。

解析蒙古包室内二元对立式空间秩序，可以得到多种结果。蒙古包室内空间及构件，甚至每个构件的每一个部位所象征的神圣与世俗性为上述划分提供了丰富的空间。

居室器具是摆设于室内的各类家具与工具之统称。而居室布局则是依据特定意义图式安置各类器具，确定每件器具所处的方位与整体秩序的结果。静态而空洞的室内空间通常借助器具来显示其空间性。而人的介入与实践赋予了整个空间以灵动的生命。因此，通过解读器物及居住者的行为所承载的意义，可以还原蒙古包看似简易的器具、布局与秩序所承载的丰富的栖居、生活与梦想之意义。

居室作为指明特定空间属性的词，限定了器具所存在的位置。而摆在居室中的器具同样具有一种适于其所存在的居室场所的性质。因此，可以透过场所看器具，或从相反视角观看场所本身来获取居室空间的意义。从尺度、特性而言，蒙古包室内的器具均符合其小巧、圆润的室内空间。居室器具是满足人们日常生产生活中各类需求的事物。工具性并非是器物唯一的特性。器具通过人的使用而获得丰富的意义。随着现代化进程的深入，蒙古包室内器具种类与特性发生了深刻变化。若以一户具有中等生活水平的牧户之冬营地蒙古包（仅有一顶蒙古包）为例，比较其20世纪40年代、80年代及2010年的蒙古包室内空间，将会得到有关居室空间变迁的若干信息。为避免对居室器件的琐碎统计带来的繁杂印象，仅对主要器具予以罗列，对于一些微小而零散的器具，如针线袋、碗筷等未予以考虑。

在20世纪40年代，室内主要器具有一对板箱、一对柜子、佛龛、碗桌①、碗架子、火撑、火盆、锅、火剪、杵臼及一些炊具与器皿。这些器具或放在地面，或置于箱柜或碗架子上。悬挂于哈那上的器具有马鞍、驼鞍、碗袋、茶叶袋、筷子筒等。室内地面先铺设一层牛犊皮或其他皮张，其上再铺一层通常用陈旧的包毡剪裁而成的旧毛毡，最上方为一块绣毡。从门槛至火位木格铺一层木板，上置一块皮张，无床榻、棉被与褥子。

---

①　20世纪40—60年代的碗桌是尺度很小的一种家具，最小的碗桌仅能放一个碗。故不能与现代餐桌相混淆。

在 20 世纪 80 年代，室内主要器具开始发生了一些变化。碗桌、火撑、火盆等器具已被正方形炕桌、铁火炉、暖壶等器具替换。占据整个上位的半圆形木床开始得到普及。除收音机之外，电视、风电电池、电灯等设备已开始使用。一些传统器具，如板箱、木柜、碗袋、茶叶袋等器具依然广泛使用。

2010 年时，室内主要器具已发生很大变化。传统的器具除用作摆设性构件之外几乎很少留存。传统的箱柜由专为蒙古包定制的低矮的现代家具所替代。这些现代家具由梳妆台、衣柜等构成。电视机、冰箱、洗衣机等设备开始进入蒙古包。半圆形木板床开始被各类单人床和双人床替代。牧民在冬夏营地修建了用于搭建蒙古包的圆形砖砌水泥台阶。多数牧户雇人修建了从室外加热的地暖式固定台阶。其结果是地面做法之变化，即传统铺垫被地板砖所替代。

从 80 年代至今的一个重要变化是由住居数量增多导致的居室空间的多样化发展。在八九十年代户均蒙古包的数量明显上升。牧户开始购买全新蒙古包，并将旧蒙古包修理一新后使用。年轻人在结婚时由男女双方各准备一顶蒙古包，由两三顶蒙古包构成的浩特成为常见的景观。

四　居室空间的失序与重构

有关乡土住居的人类学研究为我们展示了一个个精致而严密的住居世界。布迪厄对卡比尔房屋的研究揭示了一种以二元对立模式建构的住居世界。卡比尔房屋除了以一系列高低、明暗、干湿的二元对立模式组织其内部空间之外，整个住宅也成为一个住宅"世界"与周围世界相对立。"住宅，一个由组织整个宇宙的相同的对立与同源组织的微观世界，与宇宙的其余部分保持了一种同源关系"[1]，但从另一个角度看，住宅世界又与宇宙的其余部分保持了一种对立关系。其所显示的结构性完全适用于蒙古包的

　　[1]　Pierre Bourdieu, *The Logic of Pratice*, translated by Richard Nice, California: Stanford University Press, 1990, p. 277.

结构主义研究。卡比尔房屋中的炉灶被当作住宅的肚脐或中心点，而蒙古包室内的火位亦是住居之中心。卡比尔社会中女性的住宅世界与男性的外在世界相对立，在游牧世界同样如此。牧区有"男人的幸福在野外"之说。男人们整天在外，或在照料牧场边缘的大牲畜，或许和几位朋友连续数日住宿于野外，为的是拴出一匹快马，在即将到来的敖包那达慕赛马上取得好成绩。而妇女却整天忙碌于住居与营地空间中，从事挤奶、加工奶制品和收拾营盘的工作。男人在牧场，女人在营地的场所结构成为传统时代的性别空间结构。

　　结构主义的研究方法如同上述对比，可以为我们提供乡土住居所含丰富而微妙的结构性。然而，无法否认住居及其承载的住居世界在始终处于充满变革因素的时间洪流中的事实。随着现代化之推进，全世界范围内的原始的、乡土的、传统的住居均遭到了巨大的冲击。这些古老住居形态所面临的是两种抉择。其一为拆除并重建的"替换式发展"模式。此模式是将乡土住居视为一种落后文化之象征，从而予以革新，以新式现代住居取而代之。其二为保存或改进的"保留式发展"模式。此模式又可继续被分为按原初式样予以保留和适度改进之后继续使用两种方式。

　　当住居形态发生变化后住居世界会面临什么样的问题？在"替代式发展"模式中，居住者搬进一种与之前的居室结构完全不同的新的住居中，其固有的行为模式从而被重构。但之前的空间意识与惯习以什么样的方式存续或变异？居住者是住居世界的创造者。在从单一圆形空间过渡至并排开间式空间时原有起居行为模式虽有很大变化，但一些习俗仍旧会被保留。而转到复合式空间时原有起居行为模式将持续变化，从最初的居室空间中延传而来的传统习俗也将渐次淡化。布迪厄称住宅为"颠倒的世界"意在说明住居世界所具有的一种能够象征外在世界的结构性。特定的居室结构反映的是其所处时空域的外在世界之秩序。因此，在现代住居中很少能看到传统的秩序，但它同样反映了现代世界。

　　在"保留式发展"模式中，传统住居至少在基本形制上得到了延续，然而在秩序层面产生了更显微妙而隐蔽的变化。亲身经历 20 世纪 40 年代至今的所有住居变化，并至今以蒙古包作为主要住居场所的牧民常说的体验与感受便是"东西多了，舒适多了，也更加随意了"。当前，我们在牧区所见蒙古包在住居世界的原初意义而言是"残缺不全"的。在仅以蒙古包，而无其他住居类型的时代，蒙古包所承载的是一个完整的生活世界。而搭建于固定住居旁的蒙古包则是营地住居体系之一部分，其住居意义并非是独立的，而从属于整体。举一个简单的例子，如在草原旅游区内仅设一张大圆桌和几把椅子的蒙古包并非是住居，而是专为用餐而设置的雅间。内设一张床及简易家具的蒙古包看似稍复杂一些，但也仅是客房。当然，搭建于营地中的蒙古包比上述旅游区蒙古包要丰富许多。其内在设施方面，它可以是完整的。但无人长期居住时便会失去其住居意义。即使有人长期居住，但其部分功能已由在其一旁或在某处的固定住居所承担。仅以蒙古包为住居的前提下，居室空间也处于一种"紊乱"的状态。这是一种"失序"的表现，也是秩序被得以重构的表现。

　　蒙古包的住居空间意义正是在这一时期向居室空间过渡，其单一空间成为某营地由2—3座住居构成的若干间居室之一。其所承担的功能是仓库、客房或是用于陈设或在某种场合中使用的仪式性居室。应注意的是，当牧民在搬进固定住居或城镇住房时从蒙古包里"带来了什么"的问题，即蒙古包内的空间秩序在新迁住居中以何种方式存在的问题。

第二节　牧区住居史与住居类型

　　20世纪80年代初至今是个案区住居形态发生深刻变迁的时代。在近半个世纪的时间内牧民依次经历了蒙古包、生土住居、砖瓦房、各类新式住居及当前的城市集体住居等多种住居形态。因此在谈住居空间前，有必要专设一节介绍各类住居的出现时间、空间特性及其在当前整体住居结构中所处的位置。

一　牧区住居史与社会过程

　　住居史是指地域住居形态与类型之变迁史。住居"是以住在那里的人的生活为主角"①，故住居史强调以人为中心的住居形态变迁史，而非有关住宅形制之演变史。相比内蒙古其他牧区和半农半牧区的住居史，个案区的住居史进程具有更高的清晰性。在内蒙古东部半农半牧区，蒙古包至砖瓦房的变迁进程可以延长至上百年，一些地区在 1949 年前就已经习惯于营造生土房。而在个案区，从蒙古包至楼房的住居变迁史已经历了 40 多年，这是一个居住者所能够亲身经历的时间段。故本书所指住居史的时空域限定在 20 世纪 40 年代至今的个案区域。当然，住居史并非是住居类型之单线式替代过程，而是某种住居类型在某一时段的主导型发展过程。住居史所呈现的图景是住居由移动至固定、单一至多样的转型。住居史是以"物"的形式呈现的区域生活史。故要看到促进住居变迁的外部力量与形塑住居日常生活的地方文化机制。

（一）住居时代：国家住房政策与住居变迁

从住居变迁的动力机制而言，现代化进程中出现的多样性需求被认为是主要推动因素，然而，国家政策是必须要提到的主要外力因素之一。在 50 年代初，国家已提倡游牧区域的"定居游牧"政策，并认为其是定居、游牧与定居游牧三种放牧方式中"改变牧区面貌使牧区达到'人畜两旺'的一种行之有效的好放牧方式"。② 定牧对人旺，游牧对畜旺的好处被充分肯定。1953 年的一份报告中提出"使牧民定居下来有很多好处，我们可以在定居的地方提倡打井种菜，建设较讲究的住宅"③，同时可以提高对牧民的文化教育、集体劳动及社会保障质量。但国家承认纯牧区"目前还不宜过急的提倡定居"④，并采取了有计划的稳步推进政策。定居游牧及定居势必会需要固定住宅的建设，国家由此提出首先在合作社中推行定居游牧，而在实现合作化时大部转为定居，并"逐步在定居地建设简

---

① ［日］后藤久：《西洋住居史：石文化和木文化》，林铮顗译，清华大学出版社 2011 年版，第 4 页。
② 内蒙古党委政策研究室、内蒙古自治区农业委员会编：《内蒙古畜牧业文献资料选编（1947—1987）》，1986 年，第 94 页。
③ 乌兰夫革命史料编研室：《乌兰夫论牧区工作》，内蒙古人民出版社 1990 年版，第 58 页。
④ 内蒙古党委政策研究室、内蒙古自治区农业委员会编：《内蒙古畜牧业文献资料选编（1947—1987）》，1986 年，第 95 页。

单的房屋"① 的政策。蒙古包曾被一些深受现代思想影响的人们视为落后的象征，而在更高的层面却从未被视为落后，而更多被认为是一种简易且不稳定的住居类型。在集体经济时代至改革开放初期，由蒙古包向生土住居与砖瓦房的过渡被视为一种社会发展的标志。90 年代初，个别牧民开始修建砖瓦房，但蒙古包和生土房依然是两个重要的住居类型。

2000 年至今的由国家所陆续实施的牧区居住空间的调整与牧区人居环境的建设政策使牧区住居形态发生了急速的变迁。围封转移政策的实施使部分牧民迁往城镇、生态移民区等地。其牧区住宅在一定程度上被遗弃。"十一五"期间，国家提出建设社会主义新农村牧区的重大历史任务。部分牧民开始返乡维修或新建住居。"十二五"期间，由内蒙古自治区推出的"十个全覆盖工程"是影响牧区住居形态最为深刻的政策。该工程的实施使牧区住居景观焕然一新，住居更新速度达到了空前的程度。在住房优惠政策下，人们纷纷维修或新建住居，兴起一股建房热。已无住居或住居受损的牧户也拥有了宽敞明亮的新住居。住居形态由原先的生土房迅速过渡至砖瓦房，90 年代作为富户象征的砖瓦房如今已得到普及。并且，从外观形态、装饰风格与居室设置方面趋以多样化发展。被牧民称为"项目房"的，带有大屋顶，外墙绘有传统蒙古图案的"蒙欧式房屋"② 大量被建起。除已塌陷的单间土房之外，多数生土房由红砖包砌后转身变为砖瓦房。

随着自然生态与传统文化保护意识的提高，蒙古包所拥有的文化、生态价值被重新评价。地方政府也以新式移动住居——牵引式房车或车载住居试图补充或替代蒙古包。响应国家对绿色低碳、生态节能住居的提倡，建筑界对牧区新型民居建筑的设计热情持续上涨。各类结合新式设计理念与传统文化元素的住居被设计出来，并得到初步的推广。

总之，从牧区人居景观的变迁视角而言，2010 年至今的近 10 年是牧区的住居革命时代，或是"住房时代"。国家的一系列住房政策使牧区住居得到了整体性的改进。在外部政策作用力、牧民的住居依恋或住居期待

---

① 内蒙古党委政策研究室、内蒙古自治区农业委员会编：《内蒙古畜牧业文献资料选编（1947—1987）》，1986 年，第 209 页。

② 内蒙古通志馆：《四子王旗年鉴 （2014—2015 年卷）》，2016 年，第 512 页。

之综合影响下形成多种住居类型的并置现象（图4-2）。

图4-2　额苏木一户人家的住居（额苏木北境，2014）

资料来源：项目组摄。

（二）住居结构的变迁

　　牧区住居形态的更替并非呈后有的住居完全替换先前住居的简易的替换模式。国家在牧区实施的住房政策所针对的是非移动的固定住居，而非蒙古包。故蒙古包在所述时空域内一直得以存续。在牧区住居史中，多种住居类型的并置现象是一种始终都在持续的普遍现象。我们可以换一种思路，即以每个时代在整体住居结构中占据主导位置的住居类型作为划分阶段的标志。纵观1949年至今70年的住居史，我们可以总结出一种清晰的住居结构的变迁规律（表4-1）。

表4-1　　　　　　　　　　1949年至今牧区主导型住居类型的变化

时间段（年）	主导型住居类型	并存住居类型（按主次位置排序）
1940—1965	蒙古包	小帐幕
1965—1985	蒙古包	土房、小帐幕
1985—1995	土房	蒙古包、砖瓦房、小帐幕
1995—2005	砖瓦房	土房、蒙古包
2005—2015	新式项目房	砖瓦房、砖包土坯房、蒙古包

资料来源：项目组依据访谈资料与实地调查资料整理。

　　以某种住居为主导类型，辅以多种住居类型的住居结构是一种从传统游牧时代延续下来的结构。而多种住居类型在营地并置的现象始于 80 年代中期。当时常见的景观为搭建于土房一旁的一至若干顶蒙古包（图 4－3）。随着砖瓦房与新式住居的出现，在营地并存的住居类型日益增多，构成了一种复合式住居景观。从居住空间视角来看，城镇化就是居住空间的变迁过程。从主要住居形态而言是从平房到楼房的转变，从地域属性而言是从乡下到城镇的转移，从平面空间而言，是从单一式到复合式空间的过渡。

图 4－3　土房旁的蒙古包（H 嘎查，2008）

资料来源：笔者摄。

二　小帐幕及其消失：移动性的终结

人们通常认为蒙古包使用率的下降是牧区移动性降低的表征所在。其实，蒙古包在定牧时代的普遍使用已为此结论提出了异议。在传统游牧时代，牧民们能够维持高效移动性的一个重要原因在于其灵活多变的住居结构，即以蒙古包为主，以其他类简易住居为辅的住居结构。而人们得出上述结论的原因在于对后者的忽略。在 20 世纪 40—80 年代，蒙古包是个案区占据主导位置的，但非唯一的住居类型。只不过除蒙古包之外的住居并非是搭建于蒙古包旁的常用类型，而是在短途迁移、打草、运输等环节才会使用的辅助类型。此住居类型为各类简易的帐幕。因为蒙古包亦属于一种广义的帐幕类建筑，故我们在此将其称为小帐幕。

小帐幕有切金格日、博合、迈罕、照德格日四种主要类型。切金格日为用蒙古包天窗与乌尼构成的住房。而它并非是去掉哈那的蒙古包，切金格日的乌尼较普通蒙古包的乌尼长,其扎在地面的末段呈弯形。当然,在个别情况下也可用蒙古包的天窗和乌尼构筑切金格日,但仅能用于储物。在 20 世纪四五十年代,U 嘎查曾有一种平面呈半圆形的切金格日。其做法为将门两侧的乌尼散开而后边乌尼仍处于捆绑状态①。切金格日的使用在个案区并不普遍。这一住居类型多见于蒙古高原西部阿勒泰山牧区。博合是个案区最为常见的小帐幕类型。博合有多种类型,其常见形制为用两块哈那斜靠而成的形态。迈罕是由一根梁木两根柱子构成的典型帐篷。照德格日是由一根柱子及环形软肋构成的仅供一人睡眠的帐篷。除迁移之用外,小帐幕也可被用作储存肉食或多余货物的仓房、放小羊羔的房舍而搭建在蒙古包旁。在集体经济时代,小帐幕曾是索仁的一种重要仓房类型。

至 90 年代末,除博合之外的小帐幕基本已不见。代之而起的是用车辆、用木杆支撑的帆布帐幕及现代旅行帐篷等可以暂居一段时间的帐幕。甚至博合也由两片铁质栅栏斜靠而成。八九十年代末,牧区依然维持一种频繁的倒场现象。牧民用四轮小拖拉机或农用车作为暂居住所,在社区或周边牧场"逐水草而居"。小帐幕或其近年的替代物是一种移动性的产物,凡在干旱季节,各种形形色色的小帐幕便迅速出现于牧场各处。

各类小帐幕及尺度小巧的捆接式蒙古包的存在是牧区移动性生产需求下的产物。在打草、倒场等环节牧民并非每次都搭建蒙古包,而是以更加简易的小帐幕作为住居。只有在某地长期居住时才搭建蒙古包。青海省海西牧区的由帐篷、黑帐篷及蒙古包构成的小距离散居夏季牧场给予本研究一种启发,即以蒙古包为主的,而非唯一住居类型的多样性住居结构才是真正符合游牧社会的住居结构。

三　蒙古包

个案区为内蒙古牧区蒙古包的主要使用区域。2015—2018 年,蒙古包的使用率在 S、E、T 三个嘎查保持在 60% 以上。拥有蒙古包的家庭占

---

① U 嘎查牧民称此帐幕类型或特殊的搭建方式为"苏波布霍"。

到 90% 以上。上述三个嘎查中每个嘎查总有 2—3 户以蒙古包为唯一住居，未建砖瓦房的牧户。甚至在镇里有楼房，但自己依然以蒙古包为唯一住居的情况。至于无论有无砖瓦房，一年四季住在蒙古包的家庭也不在少数。在砖瓦房一侧搭建 1—2 顶蒙古包的营地布局是个案区域最为常见的营地景观。

（一）蒙古包在牧区的使用

在当前内蒙古牧区，蒙古包的使用主要分布于三块区域。此处所说使用指的是以蒙古包为主要住居，而非普遍所见的随着旅游业的兴起而出现的家庭体验游式住居或民宿。其一为锡林郭勒盟北部与东南部牧区，包括西苏旗、东苏旗、阿巴嘎旗、东乌珠穆沁旗、西乌珠穆沁旗中北部牧区。其余牧业旗，如察哈尔各旗亦有使用，但以季节性使用为主。其二为呼伦贝尔市西北部牧业四旗牧区，包括陈巴尔虎旗西部、鄂温克旗中西部与新巴尔虎左旗、新巴尔虎右旗全境。其三为赤峰市与通辽市巴林右旗、阿鲁科尔沁旗、扎鲁特旗北部接近乌珠穆沁草原的牧区。此片区域的蒙古包虽为季节性使用，但保存着蒙古包木架构的民间制作传统。

从蒙古包形制及室内设置方面，内蒙古牧区主要有西部额济纳土尔扈特式、中部苏尼特式、东部巴尔虎布里亚特式三种类型。三个地区的蒙古包在构件形制（显著特点为天窗的构造）与名称（西部额济纳土尔扈特式的名称较后两者有显著差异）、室内设置（在地面处理方式上有区别，显著特征是木床的使用与否）方面均有显著差异。中部苏尼特式蒙古包的流传范围最为广泛，可以包含巴彦淖尔市至赤峰市的各旗类型。

三个区域的蒙古包在使用时段、方式方面有一定区别。个案区为蒙古包文化的活态传承区域，其意义体现在蒙古包作为住居的角色。在个案区东部，蒙古包至今被当作主要住居类型而使用。并且在近年，蒙古包大有复兴之势，有传统文化保护意识的提高与旅游业的发展等多重原因。一些地区的牧民在营地，甚至是城镇住居院落内搭建蒙古包，开展家庭体验式旅游业。故研究者在探访牧区时需要甄别蒙古包的"真伪"，即蒙古包是否为牧民日常的真实住居。

（二）蒙古包的用途：住居、仓房与"陈设性住居"

搭建于定居营地上的蒙古包是一种特殊的人文景观。从其作用而言，主要有以下三种。其一为住居。蒙古包是季节性或常住性住居，在个案区西部蒙古包曾由老年人所居，而在个案区东部，中年人亦居住于蒙古包。其二为仓房。家用器物与常备物资的增多是近年牧区日常生活中的一种重要表现。牧民将多余的物资存放于蒙古包中，冬季储存各类食品。当然，将蒙古包架起是保存其毡盖与木构件的最佳方法。其三为"仪式性"或"陈设式"住居。牧民将蒙古包搭建于营地旁借此装饰美化营地环境。个别牧户也从事家庭旅游业，但由于地理区位、地域生产条件等因素，旅游业尚未普及。陈设于营地的蒙古包反映了牧民的一种文化心理，亦是受大众媒介影响的产物。在蒙古包的使用率方面，个案区东部地区明显优于西部区域。在 H 嘎查，蒙古包的拥有量至 2000 年初依然很高。主要用于储物和老年人居住。多数家庭将蒙古包作为干旱、白灾季节迁移的备用住居。

（三）"看似未变"的蒙古包

个案区的传统蒙古包具有相同的形制。以 40—60 年代的蒙古包为例，具体形制为，天窗为捆接式，一般由 4—6 片哈那组成，单片哈那数在 12—15 片。木架构为柳木，天窗为榆木，木架构无颜色。在个别构件的名称方面，杜尔伯特与苏尼特两部有一些差异，如内围绳的称谓方面，前者称"道图日布斯鲁日"（dotor busleγür），后者称"陶鲁盖浩锡楞"（toloγoi hošilan）。但在形制结构、室内装饰、空间秩序与起居习俗方面几乎无区别。

有关蒙古包木架构的制作技艺方面，据口述史 20 世纪 40 年代时在个案区域内已无民间制作技艺，而主要靠南部区域的供应。其原因或许是戈壁区域无沙柳、榆树等制作蒙古包木架构的木材。蒙古包木构件的主要提供者为南部察哈尔地区的工匠。虽有少数民间工匠让商旅捎带沙柳等木材，自己制作木构件的记忆，[①] 但不能排除这些工匠为从南部区域迁至戈壁地区的外地人之可能性。

---

① 据现有访谈资料，在 6 个嘎查中唯独 T 嘎查有自己制作蒙古包木构件的记忆。T 嘎查田野工作记录，2018 年 1 月。

20 世纪 60 年代，国家对牧区手工业的全面推动使蒙古包的形制结构发生了很大变化。各牧业旗组织外来移民工匠成批生产蒙古包构件，借由供销系统销往牧区，迅速普及了新式蒙古包。1965 年西苏旗共生产蒙古包木架 500 套，1966 年西苏旗有 3 家生产蒙古包的厂社。[1] 新生产的蒙古包的形制为插孔式、由 5—6 片哈那组成，架木涂有鲜亮颜色。1987 年，内蒙古自治区把蒙古包列入自治区和盟（锡盟）的生产计划，保证优先供应原材料，对产品进行价格补贴。[2]

故 1949 年至 80 年代，蒙古包的形制发生了很大变化。这一变化一般不易被外来者所观察到。因蒙古包的架木、覆盖物的易损性，至 90 年代初时传统蒙古包几乎被工厂统一生产的蒙古包所替换和更新。相比传统蒙古包，新式蒙古包最显著的变化为，体积尺度的明显增大；天窗形制由捆接式转变为插孔式；表层覆盖物由毛毡变为帆布；架木由无颜色转变为涂有颜色或绘有图纹的彩色；门由毡帘变为木板门。1958 年之前，在个案区几乎无一例插孔式蒙古包，而全部使用捆接式蒙古包。其特点有适宜于戈壁牧区的特殊搬运方式，即骆驼驮运；易于搭建，即人手不足时仅有一人可以搭建一顶小尺度的捆接式蒙古包，而插孔式蒙古包至少需要二人。

至 2010 年后，六七十年代制作的蒙古包已成为陈旧的蒙古包。在由 2—3 顶蒙古包构成的营地中，仍有部分新中国成立前便已使用的传统蒙古包。其体积明显小于 60 年代后生产的蒙古包。蒙古包在悄无声息中已有了很大变化，这是少有人所关注到的问题。2000 年之后，钢架蒙古包逐步开始普及，到目前已成为牧区蒙古包的一种主要类型。钢架蒙古包具有造价低、空间大、易于维护等优点，而其缺点为搬迁时构件沉重，保温性差，相比木质蒙古包，在冬季火炉灭火后迅速变冷。牧民对钢架蒙古包并无一种偏好或诋毁。与此同时，由二连市进口或由蒙古国工匠在二连市、满镇等地制作的喀尔喀式蒙古包也开始传入此区域。喀尔喀式蒙古包具有空间大、装饰华丽、内设有两个木柱等形制特点。但造价相对高，多被旅游点购买。

---

[1]　巴雅尔：《苏尼特右旗志》，内蒙古文化出版社 2002 年版，第 262 页。
[2]　巴雅尔：《苏尼特右旗志》，内蒙古文化出版社 2002 年版，第 263 页。

四　生土住居

生土住居，俗称土房或土坯房，是用土坯砌筑的土木结构住居。在个案区，无夯土砌筑住居墙体的现象，土坯是砌筑墙体的唯一方法。集体经济时代曾使用夯土技术修建过饲草料基地的院墙，但未使用于民居。而在内蒙古东部牧区使用干打垒技艺修筑的土房曾十分普遍。土房是近现代以来，传播于草原牧区的第一种固定住居形态。土房在游牧社会并非是一种陌生物，因为遍布于牧区的大小寺院的僧舍多为土房。常年在寺院居住的僧侣早已习惯居住于土房。但作为牧民住居的土房最初出现于 20 世纪 60 年代末，普及于 70 年代末至 80 年代中叶。90 年代中叶开始逐步由砖瓦房取代，至今已成为少见的住居类型。在个案区西部仍有大量的土房留存，而在东部则几乎无土房遗存。

（一）作为新兴住居的土房

生土住居的出现具有其制度、文化等多种原因。使牧民在某一处建立固定住居的行为本身反映了一种草原利用与放牧制度的变迁。80 年代中叶实施草畜承包政策后，牧民起先在各自冬营地修建了土房与羊圈、草圈、仓库等配套设施，而夏营地依然使用蒙古包。逐渐牧民在其夏营地也修建了 1—2 间的小土房。

土房的最初建造者为 60 年代迁至牧区的汉族移民。人口的移动是文化传播的一个重要途径。跟随居住者的迁入，其特有的住居形态亦被移植到草原。因移民群体之迁出地居住传统之不同以及戈壁牧区缺乏木材，降雨量少等客观因素，各类土房被相继修建于牧区。其类型有平面呈正方形的圆土房、一出水坡屋顶土房及窑洞。连排搭建的窑洞多用于 60 年代苏木、生产队的公共用房。土房的出现是文化传播的一种自然结果。但出于地方定居需求、政策鼓励、攀比心理等多种原因，被迅速推广。80 年代中期至 90 年代，南部农区的泥瓦工每年夏天到牧区揽活修建土房。

60—80 年代，包括苏木、嘎查的公共建筑在内的多数建筑为生土建筑。仅有个别单位，如公社委员会和信用社等才有办公用青砖房。苏木职工的家属房多为四角落地①式，墙面涂以白灰的排房。大集体之后，分集体资产时一些牧民分到了青砖四角落地房，将其拆除后运回家中修建了四角落地或里生外熟②的住房。后者是牧区最体面的住居。一些牧民为其土房覆盖了红瓦，加强了防雨功能。

（二）土房的"地方营造"

在个案区，汉族移民最初修建了土房，后来由内蒙古东部牧区迁来的蒙古人也积极参与了土房的营造实践。但最重要的是，这一技艺后来由一些当地牧民所习得，并予以实践，从而也出现了形制各异的乡土类型。地方原住民对一种完全陌生的住居形态——土房营造技艺的掌握是一件值得关注的问题。居住者对住居营造技艺的掌握说明了当地人对居住过程的真正参与。其结果是符合地方自然环境、个体行为需求的居住空间之出现。虽然仅有少数蒙古族牧民习得了这一技艺，但它促使了"地方营造"技艺的产生。土房本身也作为一种传统住居，其形制与空间均富有文化意义。但这些习俗意义被原住民所"简化"而变得更加实用而富有变化。在材料方面，牧民将马粪、山羊毛等作为加工稀泥的原材料。在形制、风格方面，出现了更显自由而不拘一格。故呈现出山墙设门、低矮平顶、后出水顶等多种地方类型，其尺度小巧紧凑，与地方环境的融入感更显突出，最关键的是对住居营造过程的亲身参与使居住者拥有了真实而幸福的住居体验。

可以说直到生土房作为主导型住居类型的时期，牧民是住居的筑造者和居住者，住房的营造与修缮完全在于居住者的掌控范围内。相比蒙古包，土房具有更加丰富的变化性。

（三）"危房"与"住居依恋"

90年代末砖瓦房迅速普及，至2010时已经历30年的土房多已破旧不堪。"破败的土房"成为常见的牧区景观。土房与蒙古包一样，需要定期的维护。时隔两三年就需要重新抹泥，补修墙面。雨水充沛的年份，更需

---

① 四角落地指四角由砖砌筑，其余墙体由土坯砌筑的土房。
② 里生外熟指墙面用砖包砌，里墙由土坯砌筑的房子。

要频繁的维护。故若有人长期居住使用，土房是可以持续居住多年的。土房的破败不只是出于建筑本身的耐久性问题，而是出于长久的闲置原因。究其原因，1999 年后的持续多年的干旱，致使多数牧民转场至外地，租用草场放牧，其期限甚至持续数年。另外，空缺而破败的土房说明了 90 年代末至 2000 年初的部分人口外流，即城镇化趋势。

空缺的土房的结果是，一些长年无人看管的住宅逐渐塌陷。维护土房的成本开始提高，难度增大。因为，土房维护费用高，抹泥用草多由农区运来，抹泥的工匠稀少，技艺失传。在急速的住居更新时期，土房被贴上危房的标签。不管土房的状况如何，凡是土房都被视为"落后"的象征。尤其在道路两侧的土房被要求重新整治或推倒。2007 年后，国家对牧区实施了一系列住房优惠政策。用砖包砌土房或新建住居均有补贴，故牧民从周边城镇运来砖，包砌土房，将其焕然一新。然而，在个案区西部仍有不少土房。值得注意的是，已有不少牧民已习惯于住在土房，并认为土房冬暖夏凉，易于保暖。这说明住居形态的被认可需要一段时间的适应期。除由于牧场权属原因而坍塌多年的土房之外，很少有牧户拆除自己的土房，尽管自己已在砖房居住多年。故用砖包砌土房的现象从某种程度上说明了一种普遍性的"住居依恋"之存在。而此种情感反映了牧民对居住地所持有的一种态度。

五　砖瓦房及其他住居形态

砖瓦房最初出现于 80 年代末，个别牧民利用所分得的队部建筑材料修建了少数青砖房。80 年代牧区兴建砖窑，在本地烧制青砖。但由于质量原因，未能广泛使用。90 年代中叶开始出现红砖房。所谓砖瓦房是指房顶辅瓦，居室空间呈并排开间式的砖房。牧民从城镇运来砖瓦等建材，修建砖瓦房。一户建了砖房后其他牧户也效仿，出现了住居更新的热潮。其尺度、面积与室内装饰一户胜过另一户。起初的砖瓦房多为接待宾客或过年过节时使用的"仪式性住宅"，牧民自己则常住在旧土房或蒙古包里。除砖瓦房之外从 2014 年起在个案区及其周边牧区出现了项目房、小楼房及新式住居等多种形态的住居。

（一）项目房

项目房是一种地方称谓，是指由政府提供一定比例的项目补贴或为贫困户免费修建的住居。从构造与建材而言，项目房属于砖房。但相比修建于90年代的砖瓦房，项目房有进深长、居室空间为复合式、屋顶多辅彩钢顶、窗户为塑钢或断桥铝窗等多个特点。在建筑风格方面，项目房具有与砖瓦房截然不同的风格，大屋顶、落地窗等域外建筑元素与绘有传统蒙古图案的墙体是其标识性特征。以东苏旗2015年的小康工程房屋为例，共有蒙欧式、地中海式、二层楼房、新概念式4种类型。屋顶构造有木质与现浇2种方式。面积在50—210平方米（图4-4）。新建房屋的补助在5万至10万元。以64平方米的蒙欧式项目房为例，总造价为10万元，其中自筹资金为4万元，剩余6万由国家补贴[①]。

图4-4　50平方米的蒙欧式项目房（H嘎查，2015）

图片来源：项目组摄。

---

① 蒙欧式、地中海式、新概念式等名称均来自官方文件。参见苏尼特左旗十个全覆盖工作领导小组办公室《苏尼特左旗"十个全覆盖"工作宣传手册》，2015年，第63页。

2014 年以来实施的一系列住房补贴政策是促进牧区住房革新的主要政策因素。借助政策优惠条件，项目房得到普及，并构成与蒙古包、土房并置于一处的多样化住居景观。故出现自己住土房或蒙古包，一旁立有闲置的项目房的现象。一些长年在外打工的牧民也纷纷回到牧区修建了项目房。

（二）楼房与别墅

在个案区域内无作为营地住居，即在非城镇区域修建的小洋楼或别墅。但小洋楼作为一种特殊的新兴住居形式，近年开始出现在内蒙古中部牧区。东苏旗的一位牧民于 1992 年出资修建了独栋二层楼，成为内蒙古牧区第一座牧民住居楼。入住楼房时曾举办了一场那达慕。2016 年后初建小楼的牧民之子在同一嘎查境内又建了一座小洋楼。小洋楼的出现是牧区住居开始作为身份象征或社会阶层化发展的一个重要标志。

（三）新式住居

有必要指出，牧区住居类型的变迁依然在进行。砖房并非是最终的住居形态。各种新式住居类型，如装配式住居、节能型住居等新型住居形态已开始进入牧区。2010 年之后在自然生态环境与传统文化特色保护的双重语境下，出现了设计并建造绿色环保、低碳节能、富有民族与区域特色的牧区住居之新潮流。由专业建筑师所设计，并由政府购买推广的新式住居项目在部分地区兴起。在满镇周边牧区新建的一处沙袋建筑便是其中一例。新式住居在住居空间层面以转译并吸纳传统建筑元素为一个重要前提，故出现平面呈圆形的客厅等多种新式居室格局。新式住居的提倡与兴起在实践层面虽未得到普遍认可或推广，但其出现昭示了牧区住居形态的发展新方向。

第三节　住居空间

住居空间是由居室、住居与营地三者构成的居住空间之中间层级。在整体微观居住空间中，住居处于核心地位。它容纳了居室空间，并统领整个营地空间的布局。个案区牧民在近半个世纪内所经历的住居类型之变化，如从移动式向非移动式、单室向多室、圆形平面向矩形平面等一系列转变是影响和重塑牧区人文景观与个体行为的重要文化原因之一。住居是承载家庭日常生活的核心空间。住居空间的变迁势必会影响家庭成员之间，乃至其与邻里、亲属与社区成员相交往的场所性质、模式与效果。其对个体社会化经历及社会关系的影响是显著的。在由蒙古包向城镇集体住宅的转变过程中，处于中间阶段的住居空间变迁及住居生活经历起到了不容忽视的作用。

一 住居空间的类型及意义

住居空间是以个户住宅为单位的家庭生活空间，它包含住宅内部的各居室之组合以及院墙、阳台等附属室外空间。故住居空间可被分为室内与室外空间两种类型。室内空间是住居空间的核心，它可被分为单室与多室两种基本类型。有关室内空间的构成与类型因区域而有所不同。对于个案区住居的室内空间类型，我们可以做一个三个层级的划分（图4-5）。

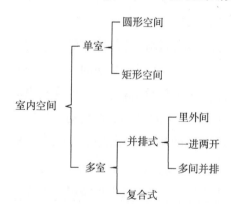

图4-5 室内空间的三个层级示意图

图片来源：项目组自绘。

需要说明的是，住居空间与住居类型之间并不构成一种绝对的对应关系，即一种住居类型并不以某种空间形态为固有特征，如单室空间包括蒙古包与土房，并排式空间包括土房与砖瓦房等。并且，几乎所有住居类型可具有空间形态的丰富变化，如蒙古包也可以连接搭建，宽敞的项目房也可以作为单室空间等。住居类型与空间形态之不对应性证明了并不由技术和材料所决定的，而是以居住者所属社会或文化诸因素共同决定的一种空间逻辑之存在。

住居类型与社会文化之间的关系是人类学所关注的重点。住居及其某一类属性，如形制、装饰、空间及秩序等说明了什么？住居表达了什么？这些问题是人类学一向关注并试图予以解答的问题。因此，在几乎所有民族志及多数人类学理论专著中有对住居的不同程度的描述与阐释。至于对住居建筑的专项研究，上述问题亦是从摩尔根至当代建筑人类学家所关注的本质问题。然而，人类学对住居的关注视角与阐释模式因时代与理论范式而有一定区别。人类学对住居研究的第一个层面应是对住居形态的决定因素的探讨。住居形态包含住居的形制、结构、材料与类型等多种属性。那么，是什么因素决定了特定的住居空间形态？人类学中有从生态环境、生产方式、技术条件、习俗观念等视角解答的多种理论主张。其中，从个体行为、社会组织、文化观念、社会秩序、宇宙观等视角观察住居空间的形成问题成为一种主要范式。

受现代化的影响，世界范围内的传统住居形态均发生了深刻变革，住居的革新与趋同化已日益明显。若说早期的人类学是一种偏向于阐释原始风土型建筑的形态、空间与秩序的静态研究的话，当前研究则属于一种关注住居空间变迁与文化秩序之间复杂关系的动态研究。在住居营造实践超越大多数居住者所能掌握的技术范围的时代，居住者对特定住居空间的"被动适应"明显大于"主动营造"的可能。但这并非说居住者已失去完全的主观能动性。他们以适度改建或以更加隐含的方式营造并由此适应其住居空间。

二 住居空间的变迁

住居空间的转变是社会文化变迁的一种反映与结果，故其转变过程及每个阶段的表现均承载着一种复杂的特性。仅就住居空间变迁而言，就有显性、隐性与双重性等多种表现形式。住居空间的显性变迁是常见的一种变迁类型，如从蒙古包至砖房，再过渡至城镇楼房的变迁。其变迁过程及相应的变化一目了然。隐性变迁则不以外观形式变迁为特征，而是以更加隐含的秩序变迁为特征。故在实际研究中单独采取上述任何一种方式均会产生片面的结果。从蒙古包到砖瓦房，再到项目房，居室空间经历了由单一圆形空间、并排开间式空间、复合式空间的转化（图4-6）。居住者的生活世界由此被重构。住居在经历了变迁之后原有文化秩序是否会受影响？若受影响，其程度、模式与途径又如何？是需要思考的问题。

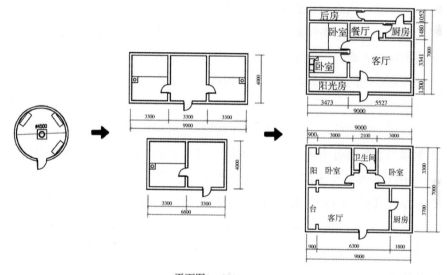

平面图1：200

类型：单一圆形空间
时间：20世纪40年代至90年代
住居类型：蒙古包

类型：并排开间式空间
时间：20世纪70年代至2010年
住居类型：土房、砖瓦房

类型：复合式空间
时间：2010年至今
住居类型：项目房、楼房

图4-6　牧区住居空间变迁图

图片来源：项目组依据实地测绘数据自绘。

（一）从单一圆形至并排开间式：住居空间的第一次变革

从蒙古包过渡至土房、砖瓦房等固定住居，意味着住居空间由圆形至矩形、单室至多室、通透至隔断、低矮至高耸、紧凑至宽敞的一系列变化。这是牧区住居空间所经历的第一次深刻变迁。居住者世代相传的日常起居模式从而发生了结构性变迁。但同时要看到，在并排开间式（下文简称并排式）空间中传统行为方式之某种程度的延续。土房所具有的丰富多样的空间性、牧民对营造技术的适度掌握及数十年的生活经历共同促成了具有明显地域特征的住居空间形态。

住居平面由圆至矩形的变化以及采光、取暖与烹饪方式的变化彻底变革了以火炉为中心的传统住居空间格局。中心的缺失引起了一系列的后果，室内空间区划与方位已失去原有秩序，男女、上下等原空间区位已失去参照标准，从而趋以消失或模糊化，这一变化发生于从蒙古包过渡至土房的时期。无论土房呈单室或多室形态，对于从蒙古包初次搬进土房或砖瓦房的居住者而言，在新的住居空间中如何重置原有器具、区位与秩序成为首先面临的问题，如在墙上挂一幅神圣的画像时其位置、朝向成为需要认真考虑。

住居空间的分化，即多种功能的居室之出现使单一圆形空间内通透而无阻隔的空间划分为若干相互隔离的空间，厨房与卧室从而分离。20 世纪 70 年代末出现的生土房、90 年代初出现的砖瓦房及城镇内的小面积阳面房均呈单排式住居结构。所谓单排式是指单体住居内的各居室呈左右并列式排开的布局。早期的土房进深一般不足 4 米，并以开间数作为衡量大小的尺度。其居室结构多呈里外二间或一进两开（三间）两种类型。相比蒙古包室内单一的空间图式，土房具有更加丰富多变的空间图式。其室内空间设置更显自由。仅以炕为例，可设南炕、北炕、倒炕等多种类型，里外屋均可筑炕。从蒙古包搬进土房的牧民势必要更改原有起居行为与习俗。如原来的席地而坐的习俗改为垂足而坐的方式等。

然而，若对牧民的起居行为稍加审视，亦会看到传统的行为习俗遗留。如单排式空间的西屋依然是由老人居住的尊贵区位。客人入门上炕后盘腿就座于炕上，甚至连靴子都不脱。原先摆放于蒙古包内的低矮的家具也被搬到土房，但为使其符合站立的人的高度与室内高度，适当抬高，并在下方安设了砖砌台阶或木制四足。

（二）从单排式至复合式：住居空间的第二次变革

从土房和砖瓦房等并排式空间过渡到项目房的复合式空间的转型可被

视为牧区住居空间的第二次变革。若说并排式空间在某种程度上延续了传统起居生活模式的话，复合空间的出现彻底颠覆了原有住居空间结构。由"神圣与世俗"标示的空间划分已变为由"私密与公共"作为秩序基础的划分。原先借由隐含的秩序维持的住居开放系统让位于以墙体等机械手段划分的住居封闭系统。从并排式至复合式的住居空间转变是显现于牧区日常生活中的城市性之表现。

2000年后迅速普及的项目房与城镇楼房多呈复合式空间布局。所谓复合式空间是指单体住居的各居室并不以单排并列式分布，而是以东西南北纵横聚合方式分布的格局。其平面形式类似于当前城镇楼房的室内平面格局。项目房的进深长，故适于营造复合式室内空间。其居室功能丰富多样，一般设客厅、卧室、餐厅与厨房等。个别牧户在住居内设置了卫生间，安装了抽水马桶与热水器。当地多数牧民相继搬进项目房已有十余年了，甚至有更长的居住于固定住居的生活经历，在一般行为秩序层面无明显不适应的表现。一些牧户对修建于90年代的砖瓦房进行了改造，使原有并排式空间改为复合式空间。其常见方法为，在住居正面加设被称为阳光房的玻璃罩，并在住居背面加筑连体后间，阳光房有御寒保暖、扩充室内空间的双重作用，后间有储存货物的功能。

在住居室外空间方面，2010年后新建住居的一个显著特点是院墙的出现。牧民在住居外围砌筑小巧的院落。院落由固定在砖石台基上的铁栅栏或低矮的砖墙围合。在90年代，牧民在修建砖瓦房时从不设院墙，考虑除避免风沙的堆积与有利于出行的便捷之外，从营地空间构成而言，并无修建院墙的必要。对于单户散居的牧户营地而言，院墙并不构成与邻居相隔的边界。当前虽有小院，但院内通常是空的，其车辆与其他设施均在院落外。这说明院墙是住居空间的一种延伸，它有装饰与消遣的双重作用。

三　住居作为社会空间

列维－斯特劳斯提出的"家宅社会"将住居与家相结合，并将家宅放入了已包含部落、村落、氏族和世系等概念在内的社会建制中。家宅以二合一的方法,用外部整体性取代了内部二元性①,将父系和母系、继嗣和居所、远婚和近婚等看来相互排斥的二元力量加以组合。列维－斯特劳斯以家宅为社会建制单位的考虑源自家宅所具有的一种双重性质,即家宅既是个人和家庭的,又是社会的。来自家庭和社会的因素在家宅空间界域内相融为一体。其在住居空间层面的表现是住居既是家庭空间,又是一种更为广泛的社交空间。而住居空间的变化将导致家庭与社交空间及其涉及的一系列交往模式之变化。

(一) 住居作为家庭空间

在当前牧区,家庭模式向核心家庭的转化与住居空间的扩大是同时并行的两种变迁趋势。其结果是住居宽敞,居住者稀少的情况之出现。在游牧时代,一家人住在同一蒙古包内,无个人专属私密性空间。过渡至并排空间之后,由于居室数量的限制,多数家庭成员依然住在一个炕上,只有少数家庭才能满足父母与子女分住的需求。而进入复合式空间时代,因住居具备 2—3 个卧室,故家庭成员的起居活动被有效隔离。卧室的隔离及由此增长的对私密性的强调对子女的社会化、家庭成员作息时间的统一、日常交流之频度等都造成了深刻影响。

在对住居所承载的家庭空间进行分析时,也应把家庭成员对住居空间的利用方式、每个家庭成员待在住居中的时间长度与节律等问题进行细致的观察。若比较传统游牧与现代定牧时代的住居生活与功能特征,可以发现许多不同点。在游牧时代,家庭成员,尤其是男主人在家的时间很短,男人们在外照看畜群与进行社会交往的时间很长,住居只是回来吃饭与睡觉的地方。住居在多数时期是妇女和儿童的生活空间。但住居承担着重要的社交场所功能。而在定牧时代,家庭成员在家中滞留的时间明显被延长,住居所承载的家庭生活意义从而被大幅加强。而住居作为社交场所的意义却明显下降。

(二) 住居作为社交空间

住居一直是牧业社区最为重要的社交场所之一。在游牧时代邻里和社

---

① [法] 克洛德·列维－斯特劳斯:《面具之道》,张祖建译,中国人民大学出版社 2008 年版,第 144 页。

区之间的走动较为亲密，在生产生活各环节有频繁的互助行为，故走家串门的事情是常见的现象。不止熟人，牧民对社区外的陌生人也持有一种普遍的热情态度。留宿外人，给谋生人熬茶做饭更近乎一种伦理道德要求。故牧区人好客的说法由此时传遍远近。然而，在当前牧区这一热情好客的习俗在一定程度上趋于明显下降趋势。访客只能进入客厅，而其余居室均处于隔离状态。当迁至城镇之后，牧民更多是在公共空间内进行交往。

此处仅以访客所能进入的住居空间层级来看牧区住居空间所经历的变化。在单一空间时代，访客可直接进入整体住居空间内。室内虽有很多隐含的秩序，但住居内部则是通透的，所有东西被置于一览无余的视域之内。在并排式空间时代，虽有一定空间阻隔，但访客还是能够进入住居空间的内层。尤其是在里外间的土房里，一般无客厅设置，卧室与客厅被重叠在一处。置于炕中心的正方形炕桌限定了交往场所。访客可以坐在摆在火炕对面的椅子上或盘腿坐在炕上。而在复合式空间时代，访客所能进入的只是专为接待客人而设置的客厅，其他居室均处于私密状态。

随着居住理念的转变，牧民更加追求舒适、优雅、私密的家庭生活空间，住居从对外敞开的格局逐步转为对外封闭的家庭内部空间。在由多种住居并置的营地里，人们平常待在小面积的砖房或砖包土坯房内。若有访客，将其引到设有客厅的正房里，这说明访客被视为外来人或客人。在牧户客厅内，通常摆放着各类奖状与荣誉证书、工艺品与传统器具。客厅已成为一种仪式性的、荣誉性的空间，从而与私密性的、个体性的卧室等空间相隔离。

第四节　营地空间

营地空间是以住居为中心，以棚圈、草料棚等生产生活设施为辅，以一定秩序排列布局的居住空间。个案区的当前营地多以户为单位，故形成一宅一户，一户一营地，各户营地间保持一定距离，分散排列的景观布局。营地空间的构成与规模因时代而异，在传统游牧时代与现代定牧时代的营地空间结构之间存在着显著差异，如同居室空间秩序的演变，营地空间亦经历了若干变化。对此变迁过程的研究及每个时间段的静态分析，将会提供诸多有关牧区人居环境的珍贵信息。相比居室与住居空间所承载的生活意义，营地空间更具有生产生活的整体性意义。营地空间在某种意义上是居室空间的延伸与放大。由此，传统居室空间与营地空间之间具有一种同构性（表 4 - 2）。

表 4 - 2   住居与营地空间的同构性对比

住居空间	营地空间
以火撑为中心的空间布局	以住居为中心的空间布局
居室内的家具	营地内的设施
家具方位（佛龛在西北处）	设施方位（拴马桩在西北处）
生活场所	生产场所

资料来源：项目组依据实地调查资料整理。

一 营地设施与布局

营地设施是包括住居在内的设置于牧营地空间界域内的所有生产生活设施，而营地布局则是依据特定秩序安置各类营地设施，确定其方位与距离的规划结果。营地空间的中心无疑是住居，住居的存在决定了各类设施所处的方位及其与住居间的距离，也赋予所有设施以文化意义。当然，营地设施的种类与布局图式与时代、季节、放牧制度与技术、住居形态、畜种、畜群结构等多种因素有着密切关系。

（一）营地设施

营地设施包括生产器具与牲畜卧位两种基本类型，因时代不同，营地设施的种类与形态也有所不同。在传统游牧时代的牧营地内，器具主要包括如用于存放食物免遭动物啃食用木杆架起的四脚架、拴马桩等。牲畜卧位多指在营地空间中专为某种牲畜设定的区位，如蒙古语所称浩特（qota）、格布特日（gebteri）、霍若（horoγ-a）、萨日布其（sarabči）、哈夏（hašiy-a）等卧位。上述五种名称虽语义相近，但有各自的语义指向。我们可以将其分别译为营盘、牛羊卧位、羊圈、棚舍、栅栏。其中，营盘与牛羊卧位为常见类型。棚舍是最为少见的设施。每遇大雪，牧民用车盘、哈那等器具在羊圈背阴处搭建棚架，用干草或羊砖叠压棚顶，构成防风雪的棚舍。营地一般无栅栏等设施，故卧位的区位性并不明显。除拴马桩由高耸的木桩，羊圈由围砌的墙体来标示以外，其余卧位并无明显器物，故外人难以识别此类设施的方位与用途。因此，呈现于视野中的空旷单一的营地空间内其实存在着多种设施。随着定居化进程的深入，营地空间有了很大变化，这表现在设施种类的多样化与布局秩序的变化两个方面。总体而言，游牧生活使营地设施保持在精炼小巧的范围内，而定居化促使生产生活设施的无限积累。若比较 20 世纪 40 年代、80 年代中期以及 2010 年的一户具有中等生活水平的家庭营地空间，将会得到营地空间的发展演变过程及其相关的多种信息。

在 20 世纪 40 年代，夏营地除蒙古包之外仅有牛犊绳、羊群卧处、拴马桩等简易设施。在草甸草原区域，连贯而停的勒勒车是能够起到储存货物，限定空间等多重作用的设施。在单靠骆驼驮运搬迁的戈壁牧区几乎不用车辆。U、T 等嘎查虽有使用木车的记忆，但并非很普遍。冬营地为季节性营地中设施最多最全的营地。因畜群要避寒越冬，故对营地设施的要求相对高。冬营地由蒙古包、四脚架、羊圈、羊粪砖堆、牛粪堆、羊粪堆、拴马桩、灰堆等设施构成。羊圈通常由羊粪砖砌筑而成。其外围与牛羊粪堆的边缘为牛的卧处。牛羊粪堆之所以成为重要的营地设施的原因在于其承担了畜牧业生产生活的重要功能。除用作燃料以外羊粪被频繁用于铺垫潮湿的牛羊卧处。在严寒多雪的冬季，其需求量会更大。甚至在无羊粪的时候用灰作为铺垫营盘的材料。无论冬夏营地，由于营地设施的轻便简少，牧民可以随时搬迁。戈壁牧区通常以骆驼驮运蒙古包及所需设施。一般牧户仅用三峰骆驼就可以搬运包括蒙古包在内的所有设施。器具以绳索与木桩为主，故牲畜再多的家户也仅用一峰骆驼可以驮走这些器具。

营地空间的扩展与设施的多样化发展始于 20 世纪 80 年代中期。牧民们最初在冬营地盖起生土房，并配套修建土坯砌筑的羊圈，再用羊粪砖加高墙体，在外围加建羊圈，构成传统与现代相结合的营地空间。蒙古包依然立于固定住居旁,多由老人居住或存放货物。雇用制度的兴起是营地住居规模扩大的一个重要因素。80 年代实施草畜双承包政策之后牧民们开始雇用羊倌。逐渐为羊倌修建小尺度的住居,与主户住居相分割。这一雇用制与传统的浩特组织有明显的区别,后者是各自住居的临时性组合,等互助环节结束后住居自然分散。然而,专为牧工修建的小尺度住居是个户营地的拓展。需要注意的是,营地建设是一项持续的过程。随着设施的增多与改进,原有设施被逐步替换和废弃。在夏营地铁质栅栏逐步替换了绳索与木桩,一些集体经济时代的公共设施,如洗骆驼池和洗羊池逐渐被废弃,牧户在自家营地修建用于洗羊的水泥池或可移动的铁质洗羊池。由于游牧倒场成为个户的任务,各户均备有 1.5—3 吨的水罐,用于拉水或储水。80 年代中叶,风力发电机在牧区得到普及,家家户户立 1—2 台风力发电机,机动车辆成为新型营地设施之一。80 年代末牧区开始普及摩托车,各户购买了四轮拖拉机。常年的定居使设施不断得以积累,营地逐步扩展,成为占据一定面积的生产生活场所。

至 2010 年,营地空间已有很大变化,住居得到持续改建与加建,构成蒙古包、生土住居、砖瓦房并置的局面。牧民们用砖包砌了老土房,并将其作为厨房,蒙古包为礼仪性住居或储存货物的仓库,砖瓦房作为家人团聚、接待客人时使用的正房。原有土坯或羊粪砖砌筑的羊圈被推倒,牧区普遍新建彩钢顶棚圈,外加配套墙体与栅栏构成大尺度牛羊棚圈。与此同时,机井、旱井、草料棚、仓库等设施一并被建起,与原有牛粪堆、拴马桩等传统设施连接成片,形成具备一定规模的营地。此时,出现于 80 年代的部分设施逐步被替换,如带有两扇的风力发电机被功率更大的三扇发电机和太阳能板所替代。90 年代末出现私家车,2000 年后为了从远处拉水饮牲畜,家家户户购买二手货车。水罐吨位也随之上升至 5 吨,甚至更大。从城镇里淘汰下来的各种类型的车辆充斥牧区,几乎每处营地停放着 1—3 辆机动车。由于与城镇关系的日益密切,为保证随时往返于城乡间,牧户购买具有正规手续的机动车辆。相应出现了一种新型营地设施——车库。养牧方式也由舍饲圈养日益成为一种重要的放牧方式,出现建于棚圈外围的墙体或栅栏用于摆放若干饲料槽,相应出现用于储存草料的钢架结构的草料棚。一个不容忽视的新增营地设施是厕所的出现，多数大户在其营地外围修建了厕所。

（二）营地布局

营地布局是处于营地空间的各类设施按照一定秩序排列分布的空间图式与规划结果。各类设施以住居为中心，构成一种围绕中心，分处各方位，并与中心持有不同距离的形似同心圆的布局（图4–7）。

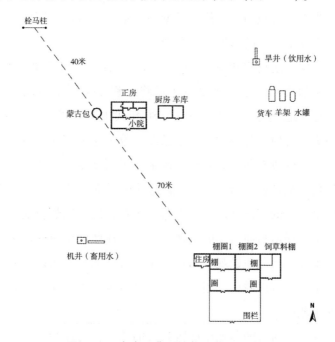

图4–7　个案区典型的营地布局示意图

图片来源：项目组依据实地调查资料自绘。

营地布局是由生产者依据现有知识、经验、观念与习俗，事先经过认真权衡与考量，再付诸实施的产物。在牧区看到的各户营地布局之一致性说明了一种统一的地方性知识与空间规划模式之存在。当然，营地布局在维持其固有的空间图式之同时亦具有随着时代而变迁的特性，如意识观念、放牧制度、器物设备的变化均会导致营地布局的变化，营地设施的种类、数量与性质会直接影响营地的布局。因此，通过横向比较共时的营地来获取其共同性之外，经过纵向比较探讨历时的营地布局之异同性是十分有益于本书研究的。

　　在对营地布局进行解读前需要对其进行一种类型划分。当然,划分依据的无限性可能导致众多的类型划分结果。在此仅依据营地创建史、季节、住居类型三者做一简要论述。依据营地创建史,可以将当前牧区的营地分为自八九十年代以来逐步建设而成的老营地与2010年后修建的新营地两种类型。依据季节,可以分为夏营地与冬营地两种类型。依据住居类型,可以分为以蒙古包为唯一住居类型的营地、蒙古包与固定住居并置的营地以及仅有固定住居的营地三种类型。

　　在此以依据营地创建史划分的类型为例,探讨营地布局的变迁历程。依据季节与住居类型的后两种划分类型将会程度不同地显现于具体分析中。牧区现存营地主要有两种。一种为80年代中期草畜承包后便开始修建固定住居的老户营地。此类营地至今已经历数十年的定居化发展,营地设施几经更新,故构成新旧住居并存,设施多样而复杂,总体风格多少有些不一致,但具有某种通过器物累积而营造的场所感。另一种为2010年后随着家庭分化而出现的新户营地。此类营地多在新址一次性营建,故具有整齐简洁,空间布局清晰而单一的特征。当然,在此两个时间段之间建立的营地也不在少数。从营地景观、结构与布局特征而言,可以将其完全划入上述两种类型中。可以说,上述两种类型是最具典型意义,并相互间具有显著差异的营地空间。

　　为深入分析各时代的营地布局所具有的共同性与差异性,我们可以将现存营地与20世纪40年代的营地加以比较。未选20世纪50至80年代初的营地之原因,在于此时期的营地虽延续了传统游牧时代的基本营地布局,但因生产方式的集体化特征,营地结构具有单一而不完整的特征。因上文已详细描述营地设施种类与名称,故在下文中仅对方位、距离、朝向等布局属性加以论述。

　　40年代的营地布局因设施的稀少而略显单一,而传统秩序之存在使其场所感更显强烈,以一户有中等生活水平的家庭夏营地为例,通常以一顶或并排而建的两顶蒙古包为营地中心,其西北约30米(甚至更远)的高处设有拴马桩。一般贫困户从不设拴马桩,而是借靠马绊脚等器具控马。拴马桩多呈单杆式，富户常设双杆拉绳式拴马桩。牧区有尚马习俗，忌讳将拴马桩设于下风处，从而玷污马的福分，故将其设于最为崇高的区位——西北上风处。羊圈与羊群散卧处位居住居东南 10 余米处，呈开敞状，不设栅栏。羊群傍晚从牧场返回营盘后卧于此处，夜间下雨时人们从四周稳住羊群，不致其走散。住居东侧为牛犊绳或马驹绳，即用 2—3 个木桩贴近地皮拉拽的一道长绳，其长度视牛犊与马驹的数量而不同。以牛犊绳来限定的空间是早晚间挤牛奶的场所。在营盘东南向 40 米处为灰堆。故牲畜不在营地时从远处仅能看到住居而已，对营地设置与区位的认知需要更多的地方性知识。

80 年代中期实施草畜双承包政策后，营地逐步向定居化方向发展。但固定羊圈的修筑与由于定居化而导致的生产生活物资之积累，使隐含的营地秩序以物化的形式部分得以标识。在八九十年代，牧民们依然往返于冬夏营地之间。冬营地设为索仁，被重点建设，但仍无规模化的棚圈。传统设施依然使用，除新建羊圈之外其余设施依然依据传统布局被予以排列。与 40 年代相比，一个最为显著的变化是营地方位系统的变化。由于个案区方位与当前的公共方位相差 45—90 度，40 年代的住居正门朝向为东南向或东向，即地方方位之正南方向。而 80 年代之后新建的固定住居大多坐北朝南。住居朝向的变化所引起的是营地布局的方位调整，对整体性秩序构不成很大影响而两种方位系统的融合导致了一些布局设施的混乱与不一致现象。

2010 年后，营地布局已有很大变化。机井、旱井、车库、草料棚等各类新型设施在营地的聚集使原有秩序趋以隐蔽化，甚至是完全解构了原有结构秩序。对于营地的规划与布局，年轻的牧民们予以更多考虑的是其便捷性与生产效益性，而非传统的观念与秩序。故出现住居与棚圈并排而建的特殊布局。（图 4 - 8）

但不得不说，传统秩序在新旧营地中的某种程度的延续，如拴马桩、住居与羊圈三者处于一条西北至东南向的斜线上的设置为一种古老而延续至今的布局。神圣的拴马桩在上风处，住居居中，而羊圈或牛羊卧位在住居视野所及的下风处。这一布局延续并表达了一种传统观念的同时也反映

图 4 – 8　与住居并排的棚圈 (H 嘎查，2019)

图片来源：项目组摄。

了一种适于地方自然气候条件、生产便利性的理性思考。个案区位居蒙古高原中部，风向多为西北风，故住居正门朝东南可有效抵御风寒。并且在夏营地，让炊烟拂过牛羊卧位，可以避免蚊虫叮咬。在当前营地布局中，上述秩序虽有一定变化，但仍有部分的延续，如棚圈的位置选择已较为自由，但拴马桩的区位从未改变。在整个个案区，无一例营地将拴马桩设在除西北区位之外的地方。

二　营地设施与"畜牧知识"

营地空间作为以畜牧业生产为导向的居住空间，能够反映特定时代的畜牧业生产知识与技能。本书将此知识与技能简称为"畜牧知识"，由此与学界常用放牧制度、放牧技术等概念加以区别。学者常用放牧制度、方式与技术指称牧场利用形式，如瞭牧、轮牧等。[1] 而此处所用"畜牧知识"更倾向

① 敖仁其：《牧区制度与政策研究：以草原畜牧业生产方式变迁为主线》，内蒙古教育出版社 2009 年版，第 174—175 页。

于指当前常实施于营地空间内的，如挤奶、接羔、烙印等各项日常生产环节的知识与技能。其中，传统畜牧业知识是主要组成部分和表现形式。

"畜牧知识"与营地设施之间有着密切关系。当营地设施简易时更加依赖生产者所掌握的畜牧业技能。而营地设施趋于多样而先进时却更加依赖器具设施的效率性。例如，在挤羊奶的环节，直到20世纪70年代，牧民普遍使用绳索捆绑法挤奶。此方法为，在挤奶时用一根长绳交错捆绑羊头，使其呈一长列，逐一挤奶。已习惯于捆绑的羊到挤奶时一听主人的召唤就到营地特定位置站好，等待主人捆绑，待挤完奶之后，主人从一侧松开绳索，羊自动散去。而在设有配套棚圈的营地里，牧民则用设置多个隔扇与通道的方法将羊赶进预先设好的通道内，并将其困在狭窄的区位里挤奶。两者同样显示了不同时代的技能，然而其与牲畜的关系则是完全不同的。前者更多依赖一种软性的知识与技能，注重与牲畜的沟通，而后者更加依赖外在的器物，采取生产车间式的流水作业，而降低了养牧人对畜牧知识的掌握程度以及人畜的情感交流。

设施的多样化与效率性的提高，降低了人们对邻里及社区的依赖程度，即人们可以借助高效的器具与设施，仅靠自身或家人的能力，轻易完成之前需要多人共同参与的生产环节。在此意义上，营地空间的扩展与现代家庭畜牧业生产方式强化了个户独立从事畜牧业生产能力的同时减弱了原有牧业组与社区的支持需求。例如，在给大牲畜灌药、烙印、剪毛、去势时，牧民将骆驼和马圈进棚圈里，借靠自己和家人或少数近亲、朋友等完成这些工作。而在过去完成这些生产环节时需要事先选好时间地点，告知邻里与周边各浩特，将大牲畜从牧场赶至营地附近，以集体协助形式完成。

三　牲畜的"住所"——棚圈

棚圈是最主要且具有典型意义的营地设施。棚圈是指用于围圈和饲养牲畜的畜舍建筑。它由棚和圈两大部分构成，棚有遮阳避雨的作用，圈有围圈保暖的作用。此处所讲棚圈是近20年在牧区兴起的现代棚圈。棚有开放、半开放和封闭三种形式。棚圈是随着现代畜牧业的发展而普遍被使用的营地设施。起初其设计主要是为了饲养牛羊，而当前牧民用其围圈和饲养包括马、骆驼在内的所有牲畜。在各类营地设施中棚圈的体积最大，从远处瞭望某户营地时首先能看到的便是棚圈，尤其在住居体积不大时更显突出，外人通常认为高大而整齐的棚圈就是住居（图4-9）。在某种程度上棚圈就是牲畜的"住居"，其与住居的结合成为营地空间的基本结构，其结构原理如同人畜合住的原始住房，只是以不同的结构形式呈现而已，人畜共生的环境是所有畜牧业社会居住空间的基本结构。

图4-9　牧营地远景（东苏旗，2017）

图片来源：项目组摄。

作为固定设施的棚圈在传统游牧时代便已出现。其不可移动性使其具备了一种占据和标示某户专有营地区位的特性。冬营地所需的特殊区位条件，如地形、地貌、植被、植物种类需符合避风御寒与滋补瘦弱牲畜的需要，相比夏营地，其位置更为固定。因此，在特定历史时期，棚圈成为占据冬季牧场的一种常见做法。笔者于2015年在蒙古国南戈壁省西南部做调查时亦发现当地牧民在近年以石砌羊圈"占据"营地的情形。在20世纪40年代的戈壁牧区，只有在冬营地才设有羊圈。羊圈由羊粪砖砌筑而成，其高度约有 1.5 米，宽度近 1 米或更宽。据称在一处多年经营的冬营地羊圈墙体上可行驶一辆木车。当牧户迁入冬营地之后每隔一个月就要踩一次羊砖。牧民用专用铁锹将羊圈内已被踏实的羊粪切成块状，用于砌筑墙体。陈年的羊砖墙被推倒作为燃料或被加建成宽实的墙体。待春末倒场时牧民仅将蒙古包搬走，冬营地仅剩羊圈。次年返回冬营地后稍加补修便能继续使用。在地方社会，无人安营于别人事先砌筑羊圈的营地，一处冬营地久而久之便会因其主人得名，成为地名体系中富有地方记忆的名称。

作为新型设施的棚圈已受到许多人类学家的关注。恩迪科特（Elizabeth Endicott）以蒙古国牧区为例，探讨了冬营地棚圈（livestock enclosure）及冬季牧场对游牧社会土地使用制度的影响。冬营地棚圈及其所处冬季牧场的重要性使国家为其使用权做出了制度设计，即颁发土地使用证，但夏营地与夏季牧场仍为集体使用。① 阿拉腾以一个察哈尔地区的牧业嘎查为例，探讨了牧区的文化变迁，将棚圈称为"家畜收容设施"，关注了家畜收容设施对家畜牧养实践中的人的介入方式、人与家畜的关系以及人们在"维护家畜传统文化价值与节约人的劳动支出上"所做的选择②之影响。然而，由于受研究时空域之影响，与上述二位学者所能看到的是相比当前牧区普遍使用棚圈"简易"许多的棚圈，当前个案区牧民所使用的棚圈可以形容为一种设置精密的机械，而非仅仅是"收容设施"。用木杆捆接或用钢杆焊制的设有通道与插杆的棚圈设施，可以使一个妇女轻易掌控一峰骆驼（图 4 - 10）。

在 12 月至翌年 2 月为牧区最为繁忙的接羊羔的时期，恰好与春节相重合，牧民们在繁忙时连春节都过不了。在此项工作中夜守羊圈与给羊羔喂奶是最为艰难的两项环节，夜守羊圈是指在严寒的冬季牧民在夜间隔段时间便要起床查看羊圈的工作，母羊在营盘里产下羊羔后若不及时抱回家里，就会出现冻掉耳朵或冻死的危险。然而，有了暖和的棚圈以后此项工作已被省略。甚至有牧户在羊圈里设置了监控器。充裕而复杂的棚圈设施

---

① Elizabeth Endicott, *A history of land use in Mongolia*: *The thirteenth century to present*, New York: Palgrave Macmillan, 2012, pp. 114 - 115.

② 阿拉腾:《文化的变迁：一个嘎查的故事》，民族出版社 2006 年版，第 124 页。

图 4 - 10　设于棚圈出口的掌控骆驼的通道（B 嘎查，2019）

图片来源：项目组摄。

给羊羔喂奶的工作难度降至最低。羊羔喂奶的艰辛之处在于羊群中有一些
母羊因各种原因嫌弃自己的羊羔不给吃奶，尤其在干旱年景母羊嫌弃羊羔
的现象更为普遍，为羔羊哺乳成为生产环节的关键，但配套棚圈设施的存
在则大大减轻了人们的工作压力。

羊圈里的"雅间"

　　母羊嫌弃羔羊，拒绝为其哺乳是常见的现象。故在过去牧民以分
哺，即将羔羊配给失去羔羊的母羊，或以咏唱吠咕歌的方式感化母
羊，让其喂羔羊吃奶。但有了充足的棚圈设施之后，牧民们开始在羊
圈里设置多个仅能圈两只羊的微型羊圈。当有母羊拒绝为其羊羔哺乳
时牧民就将其圈进事先设好的微型羊圈内。当把所有嫌弃羔羊的母羊
圈进羊圈之后，再逐个以绑腿等方式完成哺乳羊羔的工作。一些人形
象地将此微型羊圈称为"母羊雅间"。①

---

①　笔者田野调查记录，2015 年 1 月，H 嘎查冬营地。

　　棚圈的出现与养牧方式的变迁有密切关系。棚圈与其他配套设施，如机井、草料棚等共同构成了一种专为定牧饲养方式营造的营地系统。完善的棚圈设施减少了人力投入，从而也降低了牧民对传统牧养知识的掌握程度。因此，营地成为牧民的主要生产场所，牧民在营地待的时间得以延长，也有了更加充裕的空闲时间。

第五章　邻里、牧场、社区与地域空间

　　邻里、牧场、社区与地域构成了牧区居住空间的外围四重层级，将牧区居住空间层级扩展至这四种宏观层级的原因在于牧区特有的居住空间属性。在一定地域范围内的移动迁居行为不仅存在于传统游牧时代，也存在于现代定牧时代。直到当前，在定居化发展的景观外表下，牧业社区依然维持着某种程度的"移动性"。在早期，移动性是一种应对干旱气候的生计策略，而在现代社会，移动性与人口、生产要素的跨区域流动相结合，并以多种形式呈现于日益扩大的社会交往空间中。相比微观居住空间所能呈现的强烈的场所感或物质空间属性，宏观居住空间更多以呈现社会关系与人际互动的社会空间属性为主。以个人为中心向外逐层拓展的社会交往空间，在某一方面也预示着一种超越个户营地的多重居住空间之存在。超越微观居住空间层级的移动性及由此构成的大尺度区域内的往返迁移性就是牧区特有的居住空间结构，此结构适于区域自然环境、生产方式与文化制度，它在现代社会中非但没有被重构或取缔，反而更有一种被强化的趋势。

第一节　邻里空间

　　邻里空间，也可称为牧业组空间或浩特空间。邻里空间是在各项日常生产生活环节中维持一种友好互助关系的，协调并共享核心生产资源的，由若干个户营地组成的居住空间。邻里是一种民间社会组织，又是一种居住空间结构。在社会组织层面，邻里组织一般由 2—5 户具有亲属关系或多年交往关系的家庭组成。之所以称其为社会组织，是因为邻里组织具有权威、规则、秩序与角色等社会组织要素。具有邻里关系的家户之间保持着频繁的社会交往，并构成一种较为亲密和平等的社会空间。在居住空间结构层面，邻里空间由若干个户营地在能够维持正常生产工作的最小距离内聚合而成。邻里空间在社会组织与聚落模式上以牧业组方式呈现，此处选用邻里一词，意在强调其社会属性。邻里关系是牧业社区最重要的一种社会关系。因此，在特定时代几乎所有家户都被编入某一个邻里组织和相应的居住空间内。

一 邻里空间的发展阶段

纵观 20 世纪 40 年代至今 70 年的牧区社会发展史，可以看到邻里空间清晰可辨的四个发展阶段。我们可以将其分为游牧时代、集体经济时期、草畜承包至 2010 年、2010 年后四个阶段予以分析。在此四个阶段内，牧区邻里空间分别以自然延续、再组织化、存续并倾向于分化、重构并再次组合的形式得以延续。

（一）游牧时代的邻里空间

游牧时代的邻里空间以传统的"浩特·乌苏"空间组织为主。"艾勒·萨哈拉塔"的居住空间是其夏季呈现方式。无论是"浩特·乌苏""浩特·艾勒"或"艾勒·萨哈拉塔"并无一种程式化的居住空间图式。其社会组织意义远大于其空间布局意义。围绕一口水井的若干户构成一种邻里空间。构成邻里的各户营地之间的距离在夏季相对集中，而在冬季较为分散。但其具体分布格局受气候、年景、牧场、畜种结构与数量、地貌等多种因素的制约。如各户所放养的小牲畜数量多时，各户间的间距相对要大，而大牲畜多时各户间的间距可以变小。

在正常年景，邻里组织所往返利用的牧场是有一定范围的，除无水牧场、敖包圣地、湖泊及沟壑等特殊区域之外，草原已被多个邻里空间合理划分，各组邻里牧场之间具有清晰的边界。由于地广人稀的客观条件及传统游牧伦理之存在，适度跨越边界的行为并不被视为是一种侵犯行为。牧业社区的此种伦理存续至 20 世纪 90 年代。草原上常说的一句话"乌如格努图格，朱热博乐其日"，即"交互的故乡，交错的牧场"很好地概括了这种空间意识与和谐理念。除遇到灾害及邻里之间产生大矛盾之外，很少发生离开自己的牧场和邻里组织的事件。邻里之间的互助与交往发生在生产与生活两大领域，但生产领域中显现的邻里互助模式更为重要。在剪羊毛、擀毡、烙马印、清理井水、卧羊等若干环节，邻里各户以集体生产形式予以完成。而在举行孩童诞生礼、剪发礼、婚丧嫁娶等人生仪礼的生活领域，邻里各户亦主动帮忙。

　　从构成邻里组织的各户财富情况而言，一般有 1 家富户与 1—3 家贫户相合、由若干家贫户相合、由若干家中户与贫户相合三种方式。在富户与贫户相合的邻里空间里，两者之间具有一种互助互惠关系。前者借助贫户的劳力维持其生产的正常运行，而后者借靠前者维持生计。

　　从邻里空间的分布或构成图式而言，有两户合并营地式、三户呈三角状、多户围合式、单线排列式等多种类型。并且在分布图式方面有一定偏好。如三户呈三角状分布的浩特被誉为是钦达穆尼（čindamuni）式，即宝物式组合。此时，牧民的住居均为蒙古包，故邻里空间的布局变化较为自由，在一些重大公共环节，如婚礼等，邻里各户住居可以临时聚合在一处或接近至能够维持正常生产的最小距离。待仪式结束后又恢复原有格局。住居的移动性在邻里空间的构成与运行中具有一定积极意义，如在邻里关系恶化时，邻里组织可以解散或更换成员牧户。与邻里不和睦的牧户可以采用搬离原有空间的方式化解矛盾。从社区整体的意义而言，这一机制具有良好作用。

（二）集体经济时期的邻里空间

　　在集体经济时期国家在原有"浩特·乌苏"等传统牧业组的基础上重新组织并划分了由生产队统一指挥管理的牧业组。结合地方组织传统与行政指令的牧业组，即"浩特·独贵龙"由此形成。牧业组为一种生产性组织，其在不同时期的名称与组织形式有一定区别，如 50 年代的季节性互助组、常年互助组以及初级合作社等均可被视为一种牧业组组织。在人员构成方面，既有本地人也有从外地迁至社区的外来人。各牧业组均有一名组长，组长经由牧业组选举，再由生产队任命的方式产生。牧业组之组合并非取决于共同的血缘、地缘等关系，而是在生产队的统筹安排下经再组织化过程得以产生。生产队视工作需求，可以随时调动和补换成员。因牧业组是生产队所辖最小的生产性组织和从事集体生产的正式组织，故其社会组织意义大于任何时期。在集体经济早期，家庭、家户与亲属群体的社会组织特征并不明显，而牧业组作为基层组织类型在生产生活领域中起到重要作用。

（三）草畜承包后的邻里空间

20世纪80年代中期，牧区实施草畜承包政策，以牲畜作价归户的形式将集体经济初期入股的牲畜返还给牧户，而牧场则以原有牧业组为基础进行了联户划分。其结果是，集体经济时期同属一个牧业组的几户牧民自然结成邻里，按照传统的邻里空间格局定居化发展。各户相继修建固定营地，固化了原有邻里空间格局，构成相对稳定的邻里空间。因技术条件所限，80年代的戈壁牧区的水井依然很少，水井成为聚落构成的关键因素。出现了同一牧业组的若干户围绕一口水井环形分布的空间格局。

结成邻里的牧民在此时期依然保存着从游牧时代延续而来的社会合作意识与伦理道德，并出于数十年的集体生产经历，保留了较强的共同生产、互助互惠的意识，和睦的邻里关系依然得到维持。牧民在烙马印、打草储草、踩羊圈、仔畜去势等生产环节依然保持着紧密的互助关系。无论从空间格局与维持机制而言，草畜承包后的邻里空间依然属于牧区传统的邻里空间类型。不同的是草畜承包后的营地空间日益定居化，其与邻里之间的方位、间距已固化，因此失去了往日变化多样的空间图式与社会组织分散与聚合的灵活机制。然而，出于传统畜牧业社会道德的维持与社会发展的阶段性原因，80年代至21世纪初，牧区邻里空间基本得到了延续。然而，分化与变迁的趋势业已出现。

（四）现代亲属邻里空间

在邻里空间研究中，必须要注意到的一件事情是新一代牧民的出现。出生于20世纪七八十年代的牧民已成为当前牧区的主要劳力，与其前辈相比，新一代牧民的经营理念与方式已有很大变化，这是导致牧区一系列社会变迁的主要因素之一。在此我们仅就家庭分化所导致的牧场碎片化发展以及由此构成的新的邻里空间的产生问题，展开讨论。

　　随着家庭的分化，营地和牧场格局发生变化是一种自然发展的结果。而这一结果在现实生活中是以多种形式产生的。在实施草畜承包政策时，相比家庭人口少的牧户，人口多的牧户借靠人均数量优势自然分到了大面积的牧场。80 年代初至中期，即实施草畜承包后出生的人是没有牧场的。此时，必须要看到 80 年代中叶的家庭类型与成员数量，如核心家庭的人口一般少于扩大家庭的人口，人口多便能分得更大的牧场。家庭的延续与分化是一种时间过程，将牧场转移给新户是每户所必然面临的问题。家庭的分化意味着牧场与营地的分化，但每个家庭所分到的牧场面积却有很大差距。若暂且不考虑处于中间的各种形态，仅看其两种极端结果的话，子女少的核心家庭或子嗣少但老人多的扩大家庭可以为子女划分出大面积牧场，而子女多，且一些子女出生于 80 年代中末期的家庭和老人少的扩大家庭为子女划分的牧场面积就少许多。

　　当然，在现实生活中，并非每个牧民都在从事畜牧业，随着城镇化的推进，多子女的家庭中有不少人到城镇里居住生活，使留在牧区的家庭成员能够利用相比其个人所分得的牧场更加宽敞的牧场。然而，在现实生活中，情况远比想象的要复杂。在城镇中生活的子女依然有其法定的牧场承包权与返乡养牧的可能性，甚至长年在外务工的子女总有一定数量的牲畜寄养在其兄弟姊妹的家里。随着牧场租用方式的普及，这些居住于城镇里的子女已开始出资围封自己所分得的牧场并开始衡量将牧场租用给他人和借用给其家人的利益差距。因国家在牧区的多项惠民政策，几乎所有人都偏向于在自己的牧场上修建营地——哪怕是 20 平方米的小房子，以此来加强自己的主人宣称或通过建全配套设施来提高牧场的租金。然而，在总体上，直到当前，家庭牧场还是更多地留在自家亲属的控制范围内，从而促成以家户牧场为界域的现代亲属邻里空间。

　　现代亲属邻里空间的首要特征是同属一个大家庭的各支小家庭营地在牧场界域内的分布。其中有兄弟姊妹均从事畜牧业生产，或分别从事畜牧业和在城镇务工的两种基本类型。无论是哪种形式，由直系亲属组成的邻里空间更有益于各户在牧业社区的生存与往返于城乡间的生活模式，如兄弟中的一人需要到镇里待一小段时间，可以将营地与牲畜托付给居住于附近的兄弟姊妹。甚至，兄弟姊妹们之间事先定好一种轮替照料牧区日常生活生产的约定，轮番到城镇里陪同老人和看管小孩。在嘎查社区内或是在某一块区域，由直系亲属构成的邻里空间与另外一组与其具有亲属关系的旁系亲属组成的邻里空间相联合，构成了一种介于邻里与社区之间的社会组织结构。由直系亲属组成的新牧业组在老户，即原家庭牧场空间内的形成是牧业社区固有的一种邻里空间的生产方式在特定制度框架内的运行结果。

二　邻里空间的瓦解

在当前牧区，传统邻里空间已有很大变化。其表现为邻里关系的疏远、日常交往的减少与营地空间的隔离。有关传统邻里空间在当前牧业社区中的存续问题是关乎牧区现代化发展进程的，与牧业社区居住空间的层序结构相关，并进而影响牧区人居环境与社会组织的重要问题。邻里关系的疏远已成为牧民们已能感知到并常常感叹的问题。后一种情绪表明牧民对邻里组织和空间秩序在面临问题时的一种担忧与不知所措的情绪。

进入 2000 年，牧区的发展已冲击了传统邻里空间的结构。围绕某处井和谐相处的各家庭营地间逐步产生了许多危机。从而，在共处一个营地或营地间距十分小的邻里空间内出现了一种分化迹象。营地的整合便是一种代表性现象。所谓营地整合是指某户将周边邻居的房舍与营盘全部买下来，以此扩充自己营地的同时挪离其邻居的行为，其完成方式可以有多种，常见的以和平购买的方式合并已在自家牧场别处修建营地或长年到城镇务工而不打算返乡养牧的邻居营地的方式。而较少见，却始终存在的一种方式为"挤走邻居"。随着定居化的推进，各户均加强了其营地与牧场的建设工作，网围栏与水井是牧场建设的重要环节，因此处于某一牧业组牧场空间之中间区位的牧户很容易遭受围堵。在拉网围栏之前，邻里们以轮番利用的方式协调使用同一块牧场体系，即完整的牧场空间。如羊群需在不同的牧场上觅食，要吃一段时期典型牧场之后必须要吃一次戈壁咸草，并且其觅食的牧场要有多个方向。理想的个户牧场是以营地为中心的，畜群可朝各个方向觅食的大面积圆形或方形牧场，但在现实中则多呈南北方向纵向延伸的条状区域。邻居以拉围栏的方式可以随时打破邻里间长年维持的一种生产性平衡，如将某一处原先以"共有地"方式使用的牧场变为不可利用之地或机械地切断邻里畜群的某处路径通道而使其不得不绕行，被围堵的牧户只能另寻出路，在自家牧场空间内重新设立营地。当然，邻里关系的疏远并非仅以居住空间的分化或离心化方式得以呈现。在原有居住空间未有任何变动的情况下，依然产生了一种日益扩大的社会距离。

当牧民的产权意识得以强化后凡是被围进其草围栏内的资源均被视为一种个人财产，水、草等生产资源由此被加以保护并被明码标价，他户从其网内拉一车水也得付费。原先链接各户的草原小径被围栏所机械割断。并出现已到营地近旁，却要绕行半天寻找围栏入口或到一户人家时需要频繁下车开门，再关门的情况。年长的牧民经常感叹的一件事是当今牧民避讳与人交往，总想待在僻静的牧场，从事独立生产的"癖好"。

再以水井为例，划分牧场时水井为集体用地，故以水井为中心，形成向外呈放射状布局的邻里空间。当拉上围栏之后，通往水井的通道立刻变得狭窄，每户都保持了通向共用水井的一处平面呈圆锥状的通道。因此越是接近水井，通道变得越狭窄，间距最小的甚至仅有数十米。

三　邻里空间瓦解的成因分析

邻里空间的瓦解表现在日常交往的减少和营地区位的分化两个方面。其构成原因有如下几个因素。牧区日益更新的放牧技术是第一个因素。此处所指放牧技术是指应用于日常畜牧业生产实践中的手段与工具，它分为牲畜牧养方式与日常生产工具。前者主要指畜牧业生产方式、手段与策略。现代化的生产方式包括围封牧场、舍饲圈养、畜种改良等多种方法；

后者指用于日常生产实践中的各类工具。现代化的畜牧业生产工具有摩托车、抽水机、电动羊毛剪等。始于 2001 年的围封转移政策之重要措施——禁牧、休牧、轮牧的三牧政策是牧区畜牧业生产方式得以改变的一个重要外力因素。仅以休牧为例，休牧是每年春季牧草开始生长发芽时期，实施舍饲圈养 40—60 天，以免牲畜啃食返青的牧草幼芽，从而提高产草能力的方法。① 政府所推行的放养与圈养相合的生产方式使牧民的生产活动被限于营地与由围栏围封的个户牧场内。一方面，由于牲畜的走动而导致的个户间的社会互动频率由此降低；另一方面，生产工具的革新显著提高了牧民的劳动效率，从而降低了对邻里劳力的需求与依赖。以冬季踩羊圈为例，此项生产环节是冬季最为繁重的生产活动。在过去，邻里之间协商调整时间，集中劳力挨户轮替踩羊圈。然而，牧民们已创造出可以被称为电铲子的工具，将羊砖切割成能够搬动的无形状块体，搬到翻斗三轮车上，运到营地一边扔去。整个劳动过程中省略了切成方块砖、砌筑墙体、卸车、砌墙等多个环节，故省去了参与各项环节的劳力。

生产环节的消失是第二个因素。截至当前，牧区畜牧业生产依旧在延续，然而，与传统畜牧业生产方式相比，不少生产环节已被简化或消失，同时也增加了一些新的生产环节。以擀毛毡为例，延续至 50 年代的这一公共生产环节在集体化时期由外地迁来的工匠所承担。设在每个人民公社的联合厂将擀毡、熟皮、做蒙古包木件等地方手工业全部承担下来，使牧民们专一从事畜牧业生产。受此分工模式的影响，牧民已无集体擀毡子的生产传统。其原因并非是传统工艺的完全忘却，传统的集体生产环节并非仅仅是一项劳动行为，而是包含众多社会因素的公共聚会事象。在擀毡时邻里之间协商好时间地点，进行集体劳动，如妇女抽松羊毛，男人骑马拉毡，老者进行指导，擀完毡之后，要举行新毡礼。然而，在集体经济时期，嵌入生产环节中的公共社交与仪礼被抽出，成为单纯的生产环节。牧民对毛毡与熟皮的需求一直到近年从未减少过，而是到赛镇购买毛毡或将羔羊皮送到赛镇，让白皮匠为其熟制皮张。随着生产技术的发展，越来越

---

① 布和朝鲁：《关于围封转移战略的研究报告》（上），《北方经济》2005 年第 1 期。

多的集体生产环节趋于消失，故减少了集体合作的机遇。

人畜增长导致的空间压缩是第三个因素。八九十年代是牧区人口快速增长的时期，也是牲畜繁衍的时期。畜产品价格的上升带动了牧民的劳动积极性。在个案区 1988 年羊绒每斤达到 120 元，加大羊群中山羊的比例随之成为一种潮流，小牲畜的数量迅速上涨。故压缩了原有邻里空间，加大了对水草资源的压力。

牧区早期城镇化是第四个因素。90 年代初已有少数牧民开始在城镇购买平房，将子女户口转移至城镇。当人们在城镇生活多年，再返乡养牧或定期照看营地时已与邻里们产生了疏离感。社会交往圈的扩大使人们不再囿于狭小的邻里关系范围之内。

个体的理性化是第五个因素。每个时代的牧民所持有的生活观、社会合作意识是不同的。当前正当中年，并作为牧区主要劳力的是出生于 70 年代末至 80 年代初的牧民，他们有着与其父辈完全不同的生产理念与社会合作精神，如 90 年代末开始拉网围栏时，牧户一般请邻里与亲属一起劳动，待拉完围栏之后主人要"出汤"① 请客，以庆祝营地重要设施之竣工。时至今日，牧民则更愿意多出钱请工人为其拉围栏，为的是一种"省事"。

第二节　牧场空间

牧场空间是指某一社区、牧业组或个户的日常畜牧业生产实践所频繁涉及的，具有一定范围及使用制度的放牧区域。本书所讲牧场空间是针对个户而言的，作为独立生产单位的个户是有一年之内往返迁移的清晰路线与营址选择范围的，这与特定的土地使用制度有密切关系。草畜承包后，个户牧场的界域已基本划定，1996 年重新划定之后，牧民陆续使用网围栏将自家牧场予以围封，使家户之间的牧场边界得以清晰化。牧场空间的个户化最终使作为一种生态、社会、文化综合体系的牧场空间趋于分解，丧失了牧场作为牧区公共空间的本质特点。网格化、碎片化的个户牧场空间

---

① 在个案区域，牧民称宰羊吃肉为"出汤"。

之无序组合最终导致了草原居住空间层级的结构性变迁。

一　作为生态系统的牧场

生态系统（ecosystem）是由生物群落及其生存环境共同组成的动态平衡系统。作为牧人从中获取生命物质的自然环境，牧场是以一种整体性、系统性方式存在的。栖居于自然界，就是与环境和谐共处，从自然界中索取自身所需的物质的过程。其前提便是在特定环境所能赋予的物质限度中，以顺应和服从自然节律的方式，维持其生产生活的诸种实践。牧场由水和草两种基本物质构成，牧民以牧养牲畜的方式将其转化为可利用的生命物质，由此维持自身的生存。特定的地貌、土壤、气候对地方生产实践与居住模式起到很大的塑造作用。

生态系统的类型多样，范围不同。每一级的生态系统都是更高一级的生态系统之组成部分。草原生态系统是由草原地区生物（植物、动物、微生物）和草原地区非生物环境组成的，进行物质循环与能量交换的基本机能单位[1]。我国草原生态系统又分草甸、典型、荒漠草原三大类。个案区域属荒漠草原生态系统。此片区域位居内蒙古高原中北部二连盆地及其东北区域。此区域深居内陆，为中温带干旱大陆性季风气候区。其草原类型多属荒漠草原，有风大、气候干燥、无霜期短、日照率高等特征。该区域中部有一段沙地，其两侧为戈壁草原。此片区域内除一些干河床外无河流，曾有额仁淖尔、查干淖尔、呼和淖尔等较大湖泊。随着生态环境的恶化，这些湖泊已基本消失[2]。荒漠草原的年平均降水量很低，然而其牧草生长并非仅靠雨水，在更大的界域内存在一种天然灌溉系统，流淌于草原上的季节性河流具有此种功能，即上游来水之后自然灌溉部分牧场。60 年代在这些河流上游开垦，故破坏了这一天然灌溉系统。草原生态系统转而仅靠雨水维持。

----

[1]　《草原生态系统》，百度百科网，https：//baike. baidu. com/item/。
[2]　近年因降水量的增大，已干涸多年的查干淖尔湖与呼和淖尔湖已有一定面积的水面。地方水系有了一定程度的恢复趋势。

　　我们的关注点是作为居住空间层级的牧场与作为生态系统的牧场之间的一种互构关系及后者对前者所起到的影响作用。之所以将某一处生态区位，如一片牧场，甚至一个湖泊视为生态系统，是因为其范围内的生物与环境之间的互动与平衡关系，平衡性与整体性是生态系统的首要特点。本书借用生态系统视野的原初目的在于将牧场视作一种平衡互补的整体性、系统性存在，并使用"牧场系统"一词指称本应为一个完整体系的牧场，促使其呈现完整意义的元素则是牧民的放牧实践。因此，牧场具有一种被建构的意义，不过其前提是牧场资源的可利用性与牧人所掌握的生态知识。牧场这一汉文词本身含有"场"之意。场可大可小，它可以无限延伸，也可以是呈某一几何形状的有限地域。蒙古语称牧场为"博乐其日"，意即放牧之地，本身不含任何范围之意。其真实测量单位则是人与牲畜。以一个牧业组所共同使用的牧场为例，它由分别适于四季牧养实践的区域，即四季牧场构成。并且有适于五种牲畜觅食习性与采食偏好的牧草，必须有分布合理的水资源、盐碱地及牧草群落。它应有气候凉爽的平整高地，亦要有温暖避风的低凹盆地。总之，平常所称牧场是能够满足上述所有条件的，能供此牧业组各户在正常年景中，在一年四季内往返迁移并有效满足其牲畜牧养需求的最小面积的牧场界域。各户的牧场空间重叠交错，构成一体。从整体性意义看，此块牧场就可以被称为一个生态系统。在传统游牧时代与集体经济时期，个户所用牧场空间是嵌入牧业组和社区更大范围的牧场空间之中，牧场是公共空间，很难将其划分为若干隶属于个户的部分。当然，营址与迁移路线的选择也并非是完全自由的。它更多地依靠牧业社区所具有的一种内在协调机制。

　　牧场生态系统是一种认知，也是一种建构。游牧时代的牧民将牧场分为可用和不可用、正常年景中使用和非正常年景中使用、内围和外围等各种不同类型。其中前者构成了牧场体系的重要部分，而后者构成了其外围的或从属的部分。故在外人看来无很大区别的牧场，在内部人眼中是一种结构清晰的系统与生境。个案区曾是一块至50年代为止人烟稀少的戈壁牧区。然而，此牧场界域内的若干块自成体系的区域，早已由牧人所认知并使用。每个区域由一个牧场系统所支持。牧民的迁移本身说明了这一牧场体系的存在。

草牧场的个户化无疑切割了这一牧场体系。牧户所承包并已围封的牧场只是更大体系的一部分，其生态功能本身是不完整的。它需要牧民重新设计其放牧策略，以弥补牧场体系被切割所导致的种种缺陷。对于整日跟随畜群的牧人而言，其邻居在其寻常往返的路径上设立的网围栏是一种巨大的冲击。它完全切断了牧人所建构的牧场系统及个人借此系统设计和制定的放牧计划。

二　作为文化环境的牧场

人在特定自然环境中的栖居使环境最终具有了特殊的意义。人的活动使抽象意义上的均质化的地理空间划分为若干真实的地方，同时以特定的文化图式将这些地方相互连接，构成通常被称为"故乡"的整体。而故乡以特殊的风土、地景作为其外在呈现方式的同时，借助居住者在其中的地方性体验与感知，构成一种真实的存在。个案区域干旱少雨，气候干燥的特点，可以使任何一位曾穿越此地的外来人惊叹于其空旷寂静而严酷恶劣的风土特性。然而，对地方人而言，却是有另一种体验与感知。

戈壁，一个通常被视为荒漠、干旱的区域，在地方人眼中却是一种常以温暖与平和所形容的环境。此种体验与认同可以从地方流传的民间歌曲、故事及谚语中轻易总结出来。个案区域的牧民，尤其是老户，常以"戈壁艾勒"，即戈壁牧户自居。戈壁在此处意味着正宗的地方身份与绝佳的人居环境，对往返迁移于一定范围的牧场体系内的牧民而言，返回戈壁，意味着返回家里，即最主要的营地——冬营地。对于不断迁移的牧民而言，总有一种随着更换居住地而重新熟悉环境特质的体验与情感活动。戈壁民间歌曲中的一段词句——"黑棕色的骆驼呀，返向温暖的戈壁呦。"[1] 很好地表达了牧民的此种心境。若以更加适宜的字词精确地翻译此句，应将重点放在"返乡"这个词。蒙古语"超布拉"（čobula）实际指

---

[1]　这是一段取自 20 世纪四五十年代流传于个案区域西部的民间歌曲之词句。

称骆驼纵向排成一列，缓缓移动的情景。这是一种空间的过渡。因此，包括环境、区位、气候在内的所有自然属性对居住者而言具有一种特殊的体验感知与认同结果。除对环境的特殊体验之外，居住者对其生存环境赋予更丰富的文化寓意。

在生态学视域中，牧场是一种生态系统，在经济学视域中则是一种主要的生产资料。而在社会人类学视域中，牧场不仅是包含所有学科视野在内的综合存在，也是一种包含生产行为在内的牧区日常生活得以运行的社会文化空间。在传统游牧时代，牧场空间所具有的文化意义更为清晰。以个户住居为中心或基点向外延展的空间是一种具有明确层序结构的文化空间。

在平面上，可以将此空间大致划分为处于内层的世俗的生活区域与处于外围的神圣的信仰区域两大区域。这一神圣与世俗的生活区域并非总是以同心圆的圈层结构得以展现，但在空间结构上总以远则神圣，近则世俗的空间逻辑得以存在。在与当前嘎查面积相当的牧场界域内总有一些如敖包、神泉及神树等神圣的地标式区位。在民间有关这些神圣区位的丰富的口述文学，它们共同构筑了一种关于地方的神圣叙事与记忆。

对于个户营地的选址而言，地方性神圣区位是必须予以考虑的一种因素。截至当前，牧民在建新营地时依然会慎重考虑这些因素。其做法为，先按照地方选址知识，结合自己对既定牧场空间的放牧设计，选择几处营地备选位置。然后从这些位置各取少许土，到周边寺院里让喇嘛选定。牧民常说的"哈图嘎扎日"，直译为"硬地"，实则是一种不符乡土区位体系的区位。处于牧场外围的区位通常呈现一种"殊胜"的地景特性。其主人是敖包神等神灵。除骆驼、马等远足牲畜之外，小牲畜与牛从不接近的区域。驼倌与牧马人偶尔光顾，人们从不接近这些地区。就连住居的门也从不朝向这些区位。

从文化建构的逻辑而言，这些处于牧场外围的殊胜区位是建构牧场体系与生存空间的一种结果。这些神圣区位通常是一些岩石多、沟壑纵横、以红土为主、植被稀疏的无水之地。20世纪五六十年代，在牧区组织实施的打狼、打井、打草等集体生产行为向外拓展了牧民的居住空间，并以停止宗教信仰活动的现代意识形态冲淡了地方崇拜意识，极大地压缩了处于外围的神圣空间。然而，改革开放之后，在80年代中期这些敖包便很快恢复了神圣祭祀仪式。牧场在某种程度上恢复了原有秩序，草畜承包之后嘎查将这些地区划为集体所有机动牧场。

除神圣空间之外，在牧场空间内另有多重区位划分。其表现为一种生者的世界与亡灵之世界的共存。牧场为生者提供居住空间的同时也需要为亡者之灵提供栖息之地。在游牧时代的社区边界内总有一些专门安放亡者尸骨的地方。在个案区域，草原传统葬俗——天葬持续至20世纪80年代中期。H嘎查的阿拉坦乌鲁给图、哈日阿如格等地是安放尸骨的传统地方。亡灵安息之所对生活世界的重要性被现代人所忽略。然而，就因有前者的存在才使后者更具栖居意义，并在文化结构上赋予整个牧场空间以完整性意义。安放先祖尸骨的地方无疑为后世子孙适宜居住的家乡——努图克。从此意义而言，可看出草牧场的个户化发展对原有文化空间的切割程度与影响。

需要注意的是，不管是神圣或世俗，生者或亡灵，其特性在于其区位上，并非在作为牧场的自然基础上。它们均是牧场空间不可分割的一部分，也从未失去作为牧场之本质属性，牲畜依然觅食于这些地方。其介入从未被视作是一种侵入，反而被视为是一种殊胜之地所应有的场所特质。牲畜的存在被视为空间具有生命力的一种表征，这说明文化空间是建构于生产空间之上的，两者重叠并交融，同时按各自的逻辑得以运行。然而，现代化的结果是作为文化空间的牧场意义之"缺失"，有关地方的故事被逐步忽视与忘却，也从而解构了牧场体系的多重属性，使其仅仅成为一种"生产要素"。

放牧空间被人为划分打破了原有草牧场体系。一块可利用的牧场是一个整体，包括水源、戈壁、草甸（查干博勒其日）等资源的同时兼顾地貌、地形特点，另外也要适度考虑周边敖包等神圣空间。其面积大小有别，范围涉及跨苏木至嘎查境内的不同区域，牧场承包到户后所有牧户要做的事情是在已有范围和条件内重新制定个户放牧制度，营地的设置是这一制度的一种结果。

除作为文化环境之外，牧场也是一种重要的社交空间。牧民以养畜为生，牲畜在牧场空间内的自由移动增大了使牧民们在野外相见与平时互动的机遇。尤其是大牲畜的牧养加大了牧民的活动半径，在找寻走失的牲畜及迁移的途中，人们与同一社区或周边社区的人们建立了频繁的互动关系。

三　牧场空间的变迁

80 年代划分牧场时按照集体经济时代的放牧制度，将牧业组冬夏两季牧场分给此牧业组的各户。多数牧户分到夏营地与冬营地等两处营地，并在两者之间进行倒场。由此构成在相隔数十里的两块牧场内分设两处营地的居住格局。嘎查将牧场划分给牧户的同时留下一定面积的集体草场或称机动草场。嘎查内的人均承包牧场与集体牧场的面积，因嘎查草场的总面积与划分时的老户数量的不同而有一定差距。个案区的 6 个嘎查因其地处旗境北部，地广人稀的原因，人均承包牧场在 3000 亩左右，属于内蒙古牧区中牧场面积最大的区域之一。有关冬夏营地的划分方法，牧区各嘎查之间是不同的，除牧场面积太小而无法分两季牧场的地区之外，多数嘎查以两季牧场形式予以了划分。

牧民在分到牧场之后首先对冬营地进行了建设。固定住居、棚圈、水井等设施陆续建成，但夏营地的建设要晚许多。最初牧户在冬营地修建了固定住居，而在夏营地以蒙古包或简易住居为主。因畜群在夏营地不需要暖棚、草料棚等设施，而仅需用铁丝栅栏围建的羊圈，故夏营地的建设一直滞后于冬营地的建设。

多数人认为，草畜承包政策是牧区定居化发展的开端，牧场的个户化最终导致了牧区游牧性、移动性生产生活方式的终结。其实，从 80 年代中期一直到 21 世纪初，牧区仍然保持了一种频繁的"移动性"。不过，这一游牧性或移动性被遮蔽在由固定化的营地设施与个户化的牧场空间相合的景观外表之下，从而使外人难以察觉。从 80 年代末至 21 世纪初，在各嘎查均有营地交换与由此构成的牧场更换、借用其他牧户的营盘与牧场在嘎查境内自由移动放牧等现象。所谓营地交换是指同一嘎查内的两个牧户自愿交换其包括住居与基础设施在内的营地的行为。交换的目的出于两者对各自牧场区位的调整目的。交换营地的结果是牧场的更换。

出现上述现象的原因或前提在于草畜承包之后牧业社区所经历的一种社会变迁或再组织化过程。80年代中期至90年代初，牧业社区内已出现贫富差距、牧业组的重新组合与人口向社区外流动等现象。贫富差距的出现是由于各户所具备的畜牧业经营能力与所投入精力之不同所致，富户的畜种全，数量多，而贫户则仅剩几只羊而难以维持生计。

在此段时期内，除部分家庭在冬营地周边设立了冬季用于放产羔母羊的小面积围栏之外，并无围封整个牧场的现象。牧民对牧场的产权意识并不强烈，甚至多数人对牧场所有权并无清晰认识。在取消牧业税之前，大面积的牧场所能带来的只是大额度的支出，因此牧民对牧场的面积并无很大需求，即使牧场面积很小，也不妨碍其扩大生产。同时，除少数富户之外其他牧户并无大规模的畜群，同时有部分牧民已离开牧区到周边城镇谋生，因此嘎查境内的牧场体系依然维持了较为完整而宽敞的状态，出现了不少无人看顾的"空地"及已开始被遗弃的营地。使用别人的牧场与营地仅需打一声招呼，使用邻居家的牧场更为随意自如。除制度原因之外，此段时期的牧民亦保持着较高的互助共处、友好往来的游牧社会伦理道德。

至90年代末，牧场仍以牧业组方式共同利用。由邻里组织所共同维护并使用的牧场体系尚处于完整阶段。各户牧场的边界已存在，但无围栏相隔，个户的迁移、饮水与临时扎营基本处于自由状态。公共牧场空间的存在使属于同一组的各户必须协调统一其倒场时间。在农历五月各户陆续搬离冬营地，向夏营地转场，到十月末"迎着初雪"返回冬营地。搬迁时，牧民们赶着牛羊群向目标营地进发，用四轮拖拉机或农用车搬运日用家具与器物，老人与小孩。营地间的间距仅有数十里，畜群除遇沟壑、沼泽地时需要绕行之外其余地方一律直线前进。故当车辆到新营地收拾布置好之后，在傍晚时从另一营地出发的畜群也能到达目的地。牧营地是依据季节特性，经认真考量后选定的区位，到规定时限或节令时连牲畜都难以继续待在同一营地而必须转场。另外，各户转场时间的不一致会对营地牧场的维护不利。因此到转场的时间，牧户们纷纷开始组织转场工作。在一年的周期内，社区的整体居住空间保持着清晰的规律性与一致性，若在夏季到访各牧业组的冬营地，通常空无一人。

　　然而，21 世纪后随着牧场体系的网格化分解，按时并统一转场的社会契约也随之被废弃。牧户的转场完全成为个户的生产策略而无须考虑邻里间的协商与约定，在愿意待下去的时候可以在某处营地停留一整年或更长时间。居住空间的规律性与一致性由此被打破。另外，在各户都围封自家牧场之后，原有赶畜路径已被封堵，直线行进几乎不可能。"人坐小车，牲畜坐大车"，机动倒场成为必然。由于机动倒场的高费用及牧场的分化趋势，季节性转场已基本停止。

第三节　社区空间

　　在近年的牧区研究实践中，嘎查常被视为一种地方化的牧区或一种最具典型意义的草原基层社区而被予以研究。社区的要素包括区位、人群、组织、共同的意识或归属感。"社区是存在于具有一定边界的地域中的，其成员有着各种稳定的社会和心理的联系的人类生活共同体。"① 从上述要素与定义来看，嘎查完全具备了作为社区的诸种要求。嘎查是国家在基层牧区设置的最小的行政单位，因此有明确的行政疆界。从社会组织要素而言，嘎查具有正式权力机构、相应的职位与规则。嘎查成员之间具有一种紧密的社会交往与社会关系。

一　嘎查社区

　　当前学界所用"社区"概念由滕尼斯所提出的"共同体"概念演变而来。共同体中的生活被滕尼斯称为"亲密的、隐秘的、排他性的共同生活"。② 然而，当共同体的概念被译作英文 community 时其原初意义发生了一些变化，由强调社会联结的一种形态，转向地域性的概念。③

---

① 冯钢等：《社区：整合与发展》，中央文献出版社 2003 年版，第 19 页。
② ［德］斐迪南·滕尼斯：《共同体与社会》，张巍卓译，商务印书馆 2019 年版，第 68 页。
③ 冯钢等：《社区：整合与发展》，中央文献出版社 2003 年版，第 18 页。

嘎查是新中国成立初期由国家依据地域共同体的分布状况，将一定范围的牧场空间内世代游牧迁移的若干牧业组相整合并组织而成的行政单位。这些牧业组由相互间有血缘、地缘与部族等多重密切关系的牧户所构成。因此，嘎查本身已包含共同体所强调的成员间的紧密社会关系与社区所含地域性意义。从新中国成立初期便设立的巴嘎，经集体经济时期的生产队，嘎查已经历了数十年的社区化历程。其人员结构、土地利用与组织形态虽有一定变化，但经历了必要的社区化或社区成长过程，从而构成一种具有共同利益、道德观念和内部秩序的共同体，也成为与城镇与农区相异的分散而居的特殊的社区类型，嘎查所具备的社区性质使其与苏木产生了明显差异，苏木是偏向于行政管理的基层单位，而嘎查则是一种社区，是与农区行政村同一级别的行政单位。1949 年以来，苏木与镇的建制与范围几经变化，或缩小或扩大，但嘎查从未有任何变动。

嘎查是具有一定自主权利的地方社会。纵观某个嘎查的组织机构发展史，可以发现嘎查委员会的书记与嘎查长一般由富有畜牧业生产经验、有较强的责任心及地方意识的、家境相对富足、具有深厚地方亲属组织基础的精英人士所承担。这些精英在嘎查社区内具有较高的威望。凭借其地方影响力，在嘎查内部制定和实施一系列如集体牲畜与集体牧场的牧养与管理以及各类救济和奖励等制度。嘎查内部事务的最高决策权由社员大会掌握，但日常实施均由嘎查书记与嘎查长实施。因此，对于嘎查社区的发展及其整体风气的培育方面嘎查长起着不容忽视的作用。对于嘎查社区而言，牧场是其最主要的生产资源与社会空间，出于维护共同的利益构筑了较为紧密团结的共同体。

嘎查是一个道德共同体。它有共同的道德准则及由此形成的各种互助与救济制度。在此，以一种地方性救济习俗为例，说明这一问题。牧区有"富人抵不过一场灾，英雄抵不过一支箭"的说法。出于个人原因或自然灾害，在牧区家境富裕的人家可以在很短的时期内倾家荡产。因此，社区内有相应的救济和帮扶受困者的习俗与制度。

"求"羊建群

20 世纪 90 年代中期，B 嘎查的一位牧民因酗酒而导致家境贫寒。

其亲属、邻里及嘎查社区内的朋友多次劝导均无果。后因孩子长大，从苏木小学毕业后需到镇里念书，此人忽然惊醒，决定重新振作起来，好好养牧。故在一天骑着摩托车带着孩子，到嘎查内各户走了一圈，每到一户说明自己的悔过，保证要好好过日子，并从每户"求"一只羊。很快，此人有了一小群羊。①

在成员构成方面，嘎查通常由少数几户大家族构成。各大家族之间通过婚姻与各种过继关系，形成错综复杂的亲属关系，使整个嘎查成为一张熟人关系网。因此，在一个嘎查内或一片区域内，人们若要细究其相互之间的关系，或远或近总能找出一种亲属关系。除家族之外，近年由嘎查成员组织的各类民间组织、合作社与协会得到发展。

二　家庭、家户与家族

构成社区的最基本的社会组织便是家庭。牧区家庭通常以独自散居的营地与住宅为单位。在现实生活中，不少家庭并非仅靠自己独立从事生产。在家庭中总有1—2名与该家庭成员具有亲属关系或其他关系的人共同居住并共同参与劳动，这就构成了家户。相互之间具有亲属关系的若干家庭又连接成规模更大的家族。家族组织在居住空间上的表现虽不如家庭那样清晰可辨，但依然有一些分布规律。在牧区，同处一个浩特之内并构成邻里关系的各户之间总有一定的亲属关系。并且随着家庭分化，牧业组向亲属化方向发展。牧场的个户承包制度使已分化出的小家庭分布于同一牧场空间内，故构成了家族式居住空间。而超越个户牧场界域的大家族更像是斯尼斯所言"仪式性家庭"，除在重要仪式场合之外无多少实际的联系。

（一）家庭

在移动性强，人口稀少的游牧社会很难形成具有一定规模与较强共同意识的血缘群体。在20世纪40年代的个案区域内，家庭组织以小规模的

---

① 笔者田野调查记录，2015年10月，B嘎查。

扩大家庭和核心家庭为主，这些家庭并不属于一个占据较大区域的，并有较强凝聚力的家族组织。也无有关姓氏名称的任何记忆。扩大家庭在更确切的意义上是由两个各居一顶蒙古包的核心家庭构成，使其成为一个组织的重要因素是其合群牧养方式与共同迁移的居住模式。

40 年代时牧区家庭人口一般维持在 3—5 人，以老人、妇女及孩童为主。多数男人在遍布于个案区内或附近的大小寺院内当喇嘛，部分男丁则被迫从军。各户在子女人数上极不平衡，一些人家有很多小孩，而不少人家则无子女。在 6 个嘎查中，直到五六十年代初时平均每个嘎查拥有 25—30 户。以 H 嘎查 1953 年的家庭人口（表 5 - 1）为例，共 30 户中有 12 户无子女，有 5 户抱养了孩子，家庭子女人数最多为 7 个，而多数家庭仅有 1—2 个孩子。

表 5 - 1   **H 嘎查 1953 年的家庭人口统计**

1. 温氏—2 口—无	11. 脑氏—2 口—无	21. 南氏—4 口—3（3 女）
2. 崔氏—2 口—无	12. 高氏—1 口—无	22. 瑟氏—3 口—1（1 男）
3. 道氏—2 口—无	13. 斯氏—8 口—6（2 男 4 女）	23. 桑氏—3 口—1（1 女）
4. 那氏—2 口—无	14. 达氏—6 口—4（1 男 3 女）	24. 贡氏—3 口—1（1 男）
5. 米氏—1 口—无	15. 仁氏—3 口—1（1 男）	25. 孟氏—4 口—2（2 女）
6. 桑氏—1 口—无	16. 贡氏—3 口—1（1 男）	26. 丹氏—4 口—2（2 男）
7. 道氏—2 口—无	17. 嘎氏—9 口—7（3 男 4 女）	27. 刚氏—3 口—1（1 女 *）
8. 巴氏—2 口—无	18. 瑟氏—4 口—2（1 男 * 1 女）	28. 查氏—2 口—1（1 男 *）
9. 陶氏—1 口—无	19. 乌氏—3 口—2（1 男 1 女）	29. 昌氏—2 口—1（1 女 *）
10. 朝氏—2 口—无	20. 那氏—6 口—5（3 男 2 女）	30. 达氏—2 口—1（1 女 *）

图标说明：户主名（如将巴特尔简称"巴氏"）—家庭人口数——子女人数（男女数量，其中，性别之后标注 * 符号的为抱养子女）
资料来源：项目组依据访谈资料整理。

在新中国成立前后的一段时间，在牧区盛行多种子女过继制度。这些制度有多种具体形式，并以"木日古勒呼"（müryüγülhü，即磕头）、"额日古勒呼"（eryüγülhü，即抱养）等 5 种各不相同的地方名称加以区别。每一种形式不仅在仪式规程上，还在此后子女与两个家庭之间维持的社会义务上均有不同规定。过继制度的一项功能为使牧区人口数量得到一种家户平衡化结果，减轻子女多的家庭之生活压力的同时使无子女或无子嗣的家庭得到延续。而其另一种功能或长久影响是地方社会的一种高密度融合，而此种融合对社区、邻里等共同体的维系起到一种积极作用。多种过继制度的存在曾对笔者的社区人口及其亲属谱系的调查带来极大困惑。各家族所涉及的亲属关系错综复杂，亲属称谓多种多样，没有对地方社会有一定程度的了解，在短时期内搞懂几乎是不可能的。

在游牧时代，住居数量是确定家庭数量的一个重要依据。除极少数富户以外，多数牧户仅有一处住居或主要住居，即使有两顶蒙古包，其一顶也被当作加工奶食品或放小羊羔的房舍。牧户通常居住的蒙古包平面直径在4—5米。在牧区，人们通常以单体蒙古包的哈那数量作为衡量蒙古包面积大小的尺度。其中，4片哈那的蒙古包通常被用作辅助住居或迁移倒场时的住居。而5—6片哈那的蒙古包是常用住居。以60年代U嘎查的家庭人口与蒙古包哈那数量作一对比（表5－2）的话可以看到一种清晰的规律，即家庭人口多，蒙古包面积也相应地变大。但蒙古包依然在5—6片哈那的尺度范围内，住居形态及面积呈高度的一致性。

表5－2　　　　　　　　　U 嘎查 60 年代的家庭及住居尺度

1. 江氏—5 口—6	8. 哲氏—4 口—5	15. 东氏—2 口—5	22. 东氏—4 口—6
2. 察氏—4 口—5	9. 都氏—3 口—5	16. 胡氏—3 口—5	23. 金氏—2 口—5
3. 那氏—3 口—6	10. 却氏—6 口—6	17. 桑氏—2 口—5	24. 南氏—2 口—5
4. 乌氏—6 口—6	11. 巴氏—3 口—5	18. 宝氏—2 口—6	25. 敖氏—1 口—5
5. 尼氏—8 口—6	12. 乌氏—3 口—5	19. 都氏—5 口—6	26. 齐氏—4 口—5
6. 达氏—9 口—6	13. 那氏—2 口—5	20. 云氏—2 口—5	27. 达氏—4 口—5
7. 昌氏—7 口—6	14. 南氏—2 口—5	21. 高氏—7 口—6	28. 海氏—2 口—5

图标说明：户主名（如将巴特尔简称"巴氏"）—家庭人口数——蒙古包哈那片数
资料来源：项目组依据"乌日尼乐特嘎查志"及访谈资料整理。

在当前牧区，随着家庭的分化与生活观念的转变，核心家庭正在成为占据主导地位的家庭类型。除由父子与兄弟两户构成的少数家户之外，一宅一户模式已成为最主要的牧户分布类型。

（二）家户

相比家庭对社会组织意义的强调，家户则强调除社会组织外的另一种属性，即共居性。家户是组织和实施生产、消费、继承、育儿、提供庇护所的基础性居住单位。家户和家庭是两个既可以作为同义词，又有区别的概念。① 从共居性意义而言，家户而非家庭更适合游牧社会的初级群体类型。斯尼斯曾将牧区居住形式分为家户、居住群体、居住家庭群体等三种类型。② 三种类型均强调了共居性意义，即具有明显聚合倾向的居住空间布局。本书将上述三种类型的后两种划分在牧业组范畴之内。在区分家户与牧业组时，除共居性属性之外也要考虑其社会组织特点。有时共居性并不能成为评判家户的唯一标准。在由两个或两个以上的牧户合并营地并结为邻里的浩特里，各户之间虽有亲密的社会关系，但其住居、家庭生活、生产工作是独立的，故不能称此类浩特为家户。此处所讲家户是除其核心成员之外容纳一些特殊成员的扩大家庭。除共同的住居之外，共同的家庭生活成为其重要标准。

在牧区，常有除家庭主要成员，即丈夫、妻子和子女以外，另有一位与此夫妻二人之一具有亲属关系的，除双方父母之外的人长期与家庭成员共居的现象。此现象也可分为两种情况。一种为此人与夫妇二人之一（多数时候是丈夫）为直系兄弟姊妹，并且多为一生未婚或身体残疾的人。他们可以帮助家人做一些日常家务或生产工作。因长期的共处，其与家人之间的交往最多，故关系很紧密，但几乎无其他社会关系。另一种为长期与家庭成员共居并帮忙务工的某一未婚亲属，其角色介于亲属与牧工之间。与前者相比，此人有较高的独立性，可以随时离开该家庭到其他地方。而与平常雇用的牧工相比，此人是家户成员之一，与家人共同生活。上述容纳1—2名亲属的大家庭即为牧区最具典型意义的家户形式。除此之外亦有少数其他种形式的家户。

直到20世纪90年代末家户依然是牧区最为主要的居住模式之一。除上述扩大家庭类型之外，常见的一种类型为直系亲属式家户，即由父子、

①　William A. Haviland, *Cultural Anthropology*, Ninth Edition, Orlando: Harcourt Brace College Publishers, 1999, p. 268.

②　Caroline Humphrey and David Sneath, *The End of Nomadism? Society*, *State and the Environment in Inner Asia*, Durham: Duke University Press, 1999, p. 139.

兄弟构成的家户。此类家户与扩大家庭之间具有一些细微的区别。它虽有共同的家庭生活,但亦有清晰的家庭划分,即它在一些场合以两个核心家庭方式呈现。其居住方式呈同一营地内的分居模式。在以蒙古包为主要住居的时代两户各居一顶蒙古包。在以土房和砖房等单排式住居为主要住居类型的时代,他们一般分住两间。虽有共同住居,但居室不同。故在牧区,走亲访友的牧民在到访一处营地后首先进入长辈家中问候,再到晚辈家中。

还有一种为互有亲属关系的两户构成的家户,两户通常一贫一富。富户缺乏劳力与牧场,而贫户牲畜少,不善于经营。故两户构成家户共同从事生产。贫户负责放养畜群,而富户负责协调外部各项事宜,如冬季储草、倒场迁移、畜产品销售等业务。合作生产的两户有着不同比例的牲畜。待贫户放牧几年,畜群数量增多之后可以随时离开富户独立养牧。需要说明的是,由雇主与雇员构成的营地并不能构成家户。

(三) 家族

相比传统农业社区,牧业社区的家族规模相对小,无人数庞大且有组织的宗族制度。家族更多是一种相互有亲属关系的若干家庭之松散组合。在分散而居、人烟稀少的个案区更无有关氏族、宗族的确定记忆。而在内蒙古东部科尔沁、喀喇沁地区以及南部的察哈尔地区,较早便形成规模较大的家族组织。这些家族组织具有共同的姓氏、家规、家训与家谱。这或许是受到农耕文化与聚合式居住空间之影响。当然,造成近代牧区社会人口结构与家庭规模的影响因素较多,如藏传佛教与持续多年的社会动荡等,但这些问题并不在本书所论述的范围内,故不予展开论述。我们仅就游牧迁移空旷牧场上的小规模家庭及其构成的居住模式,以及其当前变化予以讨论。

然而,在当前牧区,家族意识具有明显的强化趋势。家族成员的团聚、各类认亲寻亲现象变为普遍。其范围不仅限于嘎查社区,而是扩展至相邻嘎查或盟旗。从而,在一段时期内被遗忘或趋以淡化的亲属关系重被连接起来。这与生活条件的改善、仪式聚会场合之增多与文化传播具有密切关系。家族关系的强调在某种程度上成为维持社区内部或地域空间内正常生产活动的一种平衡机制。嵌入社会关系中的亲属纽带，使人们总能找出一种共同属性，从而轻易不产生纠纷。

三　作为居住空间的嘎查社区

嘎查社区作为居住空间的意义体现在以下两点。其一为一种共性意义，即牧民安居于嘎查内的某一区位，其与他户的营地及牧场之间维持着一种交错共存的关系。其二为牧区特有的一种居住模式，即牧民在嘎查社区内维持的一种移动性。确切地说，就是牧户在同一嘎查境内在不更换营地的前提下暂住他户营地的现象。在所属社区界域内不定期的更换住居从而维持生计的做法很少发生于小规模聚落内。城镇空间里的住居迁移虽较为频繁，但此类迁移行为并不时常发生在相互熟知的共同体内部，而是在更大的社会空间内。因此，常见于牧业社区中的住居迁移现象有着更为复杂的社会原因。

嘎查社区内的迁移居住现象有八九十年代的借住模式与 2000 年之后的租住模式等两种基本类型。促成迁移居住的目的有早期的抗灾保畜目的与后来的多样性目的。持续至 90 年代末的迁移居住目的主要为前一种目的。在两种极端情况下，即普遍遭受干旱时社区内的所有牧民均要离开原住地而另谋出路；而普降甘霖，风调雨顺的好年景，牧民则各居其所，安居乐业，并无迁移情况。然而，实际情形是多数时候干旱是非均匀的，并且降雨时间亦有先后顺序，即一些地方先下雨，畜群能先吃草。故出现牧民寻找合宜牧场，借用他户住居与营地居住，或以移动式住居在他户牧场暂时居住放牧的情况。借住他户营地或牧场一般不需要为对方付钱，只需打声招呼就可居住一段时间。甚至在很多时候，让人居住在自己营地的事情被视为是一件好事。这并非仅仅出于某种道德原因，而有其他的理性考虑。从住居与营地的维护目的而言，有人居住营地总比闲置营地更好。

始于近年，并日趋普遍化的一种迁移居住现象是租住营地的行为。租住营地的动机与方式较前者更为复杂。前者主要是嘎查内部的问题，是属于社区成员间相互帮扶的道德问题。居住者一般为同一嘎查的牧民，居住原因也较为简单，即暂避旱情。而租住行为不仅仅局限于嘎查内部，不少租住营地的人来自其他社区，并以多种合作形式将其行为合理化。即使在同一嘎查内部，亦有暂避旱灾、扩大生产、保护自家牧场等多种目的而租用他户牧场的现象。租用营地和牧场无疑需要付给对方一定费用。近年的牧场租用费在一亩3—5元。当然，租用他户牧场的方式是多样的。个案区内除直接付给对方一至若干年的租金之外有多种其他方式。后一种方式，即帮助"维护和照管"对方牧场与营地的方式盛行于社区内部。其所包含的社会意义更加明显。如租用他户牧场不需付给租金，而是在双方协定的时限内帮助出租方修复废弃多年的住居与配套营地设施；自己出资将对方的牧场加以围封，使用几年后返还出租户而不收拉网围栏的费用。出租牧场的牧民也更倾向于将自己的牧场托付于同一嘎查内的牧民。无论是借住还是租住，其前提是社区内部分营地的闲置现象。其原因为部分牧户已无牲畜，以合牧形式与他户共用一处营地或长期在城镇务工，营地处于闲置状态。

若从空中俯视当前个案区的牧户分布状况，可以发现牧户在社区空间内的一种均衡化分布趋势。而在此之前，如在90年代，依然以一种围绕某一水井，组团式分布的小聚居，大散居模式为主。初分牧场时分到靠近边境地区、外围牧场的、介于两个嘎查间的、无水或水质差的边远牧场，从而在某种程度上"被排斥"的牧户反而得到了益处。打井技术的提高可以使牧民能够轻易解决人畜饮水问题，一定面积的集体牧场、具有产权纠纷或争议的牧场成为其扩大生产的有利条件。另外，不受他户或外人排挤与侵扰的悠闲自在的区位更适于其自由生产。牧户营地的均匀化分布模式与倾向在另一方面也说明了社会分化的一种趋势。个户营地的扩大与营地间距之均匀化恰好成为现代牧区所经历的社会变迁之一种隐喻。家庭组织在地理空间上以清晰的"一宅一户"模式得以表达。

第四节　地域空间

本书所讲地域空间更多地指社区成员所拥有的一种跨越社区的社会关

系及借此而扩展的移动居住空间。这些社会关系所能涉及的空间边界并无一种确定的范围，其空间性意义仅来自一种纵横交错的社会关系。因此，地域空间更多是一种社会空间，而非自然空间。将地域空间作为居住空间最外围的层级之原因是牧业社区所始终在维持的一种移动性。在干旱频发的牧业社区，人们总是借助各种社会关系向社区外寻找居住空间从而确保生计。现代化的推进使地域空间的利用、建构方式更趋复杂化。当然，地域空间的存在与利用是一种双向的过程。一个社区具有其外围的地域空间，相反这一社区也是另一个社区所拥有的地域空间之一部分。

一　超越社区的地域空间

一向被人类学家视为"文化实验室"的自给自足的小群体及与世隔离的社区在现代世界已消失殆尽。芮德菲尔德（Robert Redfield）早在20世纪50年代就指出与外界所隔离的小型社区之消失。"所谓小型社区实际上在社会结构和文化传统上都和比它们大的社区保持着千丝万缕的联系"。[①]这一情况也符合当前的嘎查社区。并且，通常被认为是持有较高程度的传统文化并远离城镇的偏远牧区，恰恰是被现代人所最为关注，卷入现代化的速度最快的区域。随着现代化的推进而日趋显现的时空压缩，已使"偏远"成为过去，使边远牧业社区紧紧卷入庞大的国家与市场体系中。当外界在加紧其对边远区域的探知与开发进程的同时处于边远地区的人也同样加紧了对外部世界的认知与探索进度。

但是，若将一种跨越社区的地域社会空间之存在仅仅视为现代性的产物，显然是缺乏说服力的。尤其在游牧社会，人们的地理空间意识与地域交往意愿往往超乎现代人的想象。20世纪40年代的个案区域的社会流动已达至很高水平。H嘎查一位70岁的牧民曾讲述自己的父母与公婆的部族来历，四人分别为喀尔喀、鄂尔多斯、苏尼特、察哈尔人。社会流动的频繁出

---

① ［美］芮德菲尔德：《农民社会与文化：人类学对文明的一种诠释》，王莹译，中国社会科学出版社2013年版，第21页。

于特定时代的社会原因之外，更多是一种游牧社会所具有的超越社区的社会关系之存在。从游牧时代至当前，牧民的跨社区游牧实践依然在延续。

在游牧时代，牧民的跨区域社会关系主要是通过血缘与通婚关系建立的亲属关系。但此种亲属关系在相邻社区的交界区域之外并不明显。除春节、婚礼与祝寿礼等重大岁时、人生仪礼之外鲜有日常交往。然而，当遇到大范围干旱而需要寻找新牧场时这些潜在的关系便迅速开始起作用。在1999—2005 年近十年的干旱时期，各嘎查的牧民几乎都已走空。在社区公共活动——敖包祭祀现场几乎没有多少人，参赛马也仅有三五匹。牧民的迁移朝向可以说是四面八方，有跨盟旗的大迁移，亦有跨苏木嘎查的本旗境内的迁移。

在干旱牧区，跨越社区的移动是一种扩大生存空间的唯一方法。只是在不同时期的移动半径有所不同。若依据 90 年代至 2010 年的移动半径为单位划分的话，个案区可以被分为两个地域空间内。其中 H、B、S 嘎查属于一个移动圈，而 T、E、U 嘎查属于另一个移动圈。1999—2003 年，连续大旱。牧民相继走出社区范围，向周边苏木与嘎查倒场。其范围包括向西至四子王旗巴音敖包苏木及达茂旗境内，向东至东苏旗中南部苏木，向南至四子王旗及西苏旗中南部各苏木的广大区域。此一时期，租用牧场的现象相对少见，而多以投靠亲戚，暂避灾害的方式为主。

若以 H 嘎查一牧户自 1986—2018 年共 33 年的畜牧业生产经历（表 5-3）作为案例，对牧户在社区内外的移动生产做一分析的话，可以看到干旱气候与移动性生产方式之间的一种关联。户主为 H 嘎查人，妻子娘家在 B 嘎查。户主因个人工作与亲属原因在个案区东部有较好的社会关系。户主 1983—2010 年养牧，2011 年起将羊群转给大儿子，留下 50 只羊转包给东苏旗的亲戚。2011 年后户主与妻子因照看孙子经常往返于城镇与牧区之间。

我们可以依据持续时间、危害程度与涉及范围，将干旱分为大旱、中旱、小旱 3 种类别，并将无干旱的年景分为正常、良好 2 种类别。移动范围分为营地间、嘎查内、苏木外、盟旗外 4 种。营地间指往返于冬夏固定营地间；嘎查内指在嘎查境内除自己营地之外的牧场移动；苏木外与盟旗外指移动范围扩及本苏木境外、旗境外及盟市范围之外；而营地内指在特定营地的长期定牧。

表 5 - 3　　　　　H 嘎查—牧户 1986—2018 年的生产迁移状况

年份	干旱程度	迁移放牧的区域	移动范围
1986	中旱	H 嘎查境内，秋季到 B 嘎查	嘎查外
1987	大旱	B 嘎查境内	嘎查外
1988	良好	返回 H 嘎查营地	营地间
1989	中旱	H 嘎查境内，秋季到 B 嘎查	嘎查外
1990	中旱	B 嘎查境内移动	嘎查外
1991	中旱	B 嘎查境内	嘎查外
1992	正常	返回 H 嘎查营地	营地间
1993	正常	H 嘎查境内	营地间
1994	正常	H 嘎查境内	营地间
1995	中旱	H 嘎查境内移动	嘎查内
1996	中旱	H 嘎查境内移动	嘎查内
1997	大旱	H 嘎查境内移动，羊群损失惨重	嘎查内
1998	正常	H 嘎查境内	营地间
1999	大旱，白灾	S 嘎查境内，牛群损失惨重	盟旗外
2000	小旱	H 嘎查境内	营地间
2001	大旱	迁至巴音敖包苏木	苏木外
2002	正常	H 嘎查境内	营地间
2003	良好	H 嘎查境内	营地间
2004	小旱	H 嘎查境内	营地间
2005	小旱	H 嘎查境内移动	嘎查内
2006	正常	H 嘎查境内	营地间
2007	正常	H 嘎查境内	营地间
2008	正常	H 嘎查境内	营地间
2009	正常	H 嘎查境内移动	嘎查内
2010	小旱	H 嘎查境内移动	嘎查内
2011	正常	开始分家，在巴音敖包苏木租牧场	苏木外
2012	小旱	在巴音敖包苏木租牧场	苏木外
2013	良好	在巴音敖包苏木租牧场	苏木外

续表

年份	干旱程度	迁移放牧的区域	移动范围
2014	小旱	在巴音敖包苏木租牧场	苏木外
2015	大旱	在巴音敖包苏木租牧场	苏木外
2016	小旱	返回 H 嘎查营地	营地内
2017	中旱	在江岸苏木建营地	营地内
2018	良好	在江岸苏木新营地	营地内

资料来源:项目组依据访谈资料整理。

表 5-3 基本呈现了牧户在 30 余年时间里的迁移、分家与定牧历程。对于个案区牧户而言,此类移动是较为普遍的现象。在小范围的干旱时期,牧民在本嘎查或周边嘎查境内移动,而在大范围干旱时期需要扩及更大的区域,此时畜群也需要穿越周边嘎查的牧场而到更远的牧场。除春、夏、秋三季的移动之外,冬季亦有移动现象。

冬季跨旗游牧

1999 年冬,H 嘎查 2 户与 B 嘎查 2 户牧民,由于持续的干旱,到 S 嘎查境内倒场。其牧场为介于 S 嘎查及其北部嘎查之间的无水牧场。水井离营地平均有 20 华里。四户牧民均以蒙古包为住居,以羊粪砖砌筑了简易棚圈。畜群以牛羊为主。当年气候寒冷而雪厚。牧场有足够的草,但由于棚圈简陋,水井远,故冻死很多头牛。气温剧降的第一夜,某户从达茂旗运来的一头黑白花奶牛便冻死。[①]

二 "跨界社区"

行政社区是指以特定行政区划为边界的具有共同地域与意识的社会生活共同体。而跨界社区是指在跨越特定行政区划的一定区域内由其常住民

---

① 笔者田野调查记录,2017 年 9 月,H 嘎查及额苏木吉呼郎图嘎查。

在日常生活生产实践中所构建的一种社会关系网络，其空间表现形式为一种跨界社区的形成。具体而言，此处所讲跨界社区是形成于两至三个嘎查相交界的一片区域内的，由分属于不同嘎查的牧户组成的，具有频繁往来关系的居住区域。它有如下属性：其一，自然属性，即区域社会的形成完全属于一种自然发展的社会过程。其二，社区关系密度由中心到外围有渐次弱化的趋势。此类社区的中心位于两个行政单位，如嘎查的交界处。故此，与中心的距离与人际交往频率呈正比，即离此中心越远，与对方社区之间的交往越疏远。其三，区域与行政区划有此消彼长的作用。50 年代之前社区之间的互动较为频繁，而在集体化时期这一交往降低至最低程度。私有化之后牧民间的社会关系开始复苏。

跨界社区与前嘎查时期，即 50 年代之前的自然社区是不同的。跨界社区是介于两个或两个以上同级行政区划之间的社区，故其存在有着悠久的历史。跨界社区在两个盟旗之间形成时其研究意义更加突出。在研究区域内的部族与亲属制度调查反映了牧民所属部族之多样性，且这种部族属性存在于清晰的记忆范畴内。50 年代之前已住在此区域内的牧民，除一部分杜尔伯特、苏尼特两大本土部族以外，有包括土尔扈特、喀尔喀、喀喇沁、察哈尔等多个部族，并且后者占近一半以上的比例。

三　牧民的社交网络

牧民所持有的社区外的社会关系及由此构成的社会网络构成了一种远大于社区范围的社会空间。超越前嘎查时期地方社会之社会网络在 20 世纪 40 年代时便已存在。上文已提及社会流动所涉及的地域范围之广。在 B 嘎查，40 年代的老住户之部族来源中属于最西面的为土尔扈特，最东面的为喀喇沁，最北面的为喀尔喀，而最南端的则为察哈尔。而且有关其家族或先祖的迁移事迹仍有清晰的社区记忆。

随着集体经济时代的到来，原有地方社会向社区化方向发展，逐步形成当前的嘎查社区。60 年代始，外来移民迅速增多，进一步扩大了这一社会关系范围。但出于当时的体制与技术原因，跨越社区的流动与联络并不频繁。尤其在分别处于两旗边界，并相互接壤的嘎查之间并无如同当前频繁的社会关系。边界区域同时作为两个嘎查牧场体系之外围区域，很少有往来。在特定时期，一些由两个社区共同参与的敖包祭祀仪式等公共节庆仪式被予以禁止，故更无交往可能。

在 80 年代，牧民在社区外的社会关系主要为亲属关系。这一亲属关系主要有三种，即与外社区的牧民通过子嗣过继关系确立的亲属关系、与相邻嘎查牧民的通婚关系以及 60 年代始迁至该嘎查的新户所具有的社区外的亲属关系。超越社区的亲属关系之存在为牧民的跨社区迁移提供了便利条件。草畜承包后，国家不再统一组织干旱与雪灾时期的大规模社会动员与倒场。在集体经济时期处于一种"休眠"状态的社会关系被逐步唤醒，人们开始主动相互联络。其表现为在婚丧嫁娶等重要人生仪礼场合开始相互走动。

亲属之间的跨旗往来

在个案区 6 个嘎查之间具有亲属关系的人不在少数。H 嘎查有 8 户与 S、E 嘎查的牧民具有亲属关系。B 嘎查有 5 户从 S 嘎查娶了媳妇。亲属关系多借由 50 年代前后的子嗣过继关系而构成。90 年代末，人们开始寻亲访友，在重要仪式场合相互邀请。1997 年，H 嘎查的牧民曾租用当地牧民的车拉上一只羊参与了 E 嘎查亲戚的祝寿礼。近年，这一交往更显频繁。①

嘎查社区的通婚半径一般被局限在相邻几个嘎查内。近年起随着社会流动的频繁，社区通婚半径不断扩大。跨盟旗、省市，甚至是跨国（主要是蒙古国）婚姻成为常见现象。新一代牧民的社会关系从通婚关系扩至同学及在城镇中结下的关系等多种。跨越社区的婚姻为牧户提供了更加广泛的社交关系与牧场空间。如来自两个嘎查的年轻人在男方所属嘎查内成家，而其妻子在自己嘎查内也有一块牧场。当配偶来自更远的地区时二人

---

① 笔者田野调查记录，2015 年 5 月，E 嘎查；2019 年 1 月，H 嘎查。

一般选择在城镇与牧场间往返生活的模式。通婚半径的扩大，也使牧民的就业选择更趋多样化。

除婚姻关系之外，牧民通过同学、战友等各种关系建立了自己的社会关系网络。嘎查内的大户所拥有的社会关系网络更大。但牧民与同样从事畜牧业生产及相关产业的人的交往意愿与倾向更加明显。通过跨苏木、盟旗的社会关系，牧民可随时获得有关畜产品价格、草料及其他有关市场的重要信息。除此以外，牧民与外地人的联系日益加强。通常有牧民在谈话间"炫耀"其在呼和浩特、北京等大城市的"浩领阿哈都"，即远方的兄弟。这些"远方的兄弟"常以游客的身份光顾其在牧区的兄弟家中。

随着城镇化的发展，牧民开始往返于城乡之间。其生产与销售模式与以往发生了重要变化。90年代时牧民将羊绒、羔羊等畜产品出售给到牧区收畜产品的"二道贩子"。现在则自己将畜产品运到城镇出售。甚至在冬季将牛、羊运到城镇宰杀现买牛羊肉。近年这一模式亦开始有了变化，即城镇人自己开车到牧区，买牛羊后在当地屠宰运回镇里。销售模式的变化使牧民更需要一种广泛的社会关系。

四　迁居养牧至牲畜流通

超越社区的地域空间主要针对的是牧民的一种迁移居住活动。因此，有必要关注出现于近年的一种新"游牧"形式——牲畜的跨界流通或跨牧现象。所谓跨牧是指牲畜在跨盟旗、苏木、嘎查境内的移动情况。2000年之后，随着牧民社会网络的扩大，出现了牲畜的跨界流动情况，牧区生产方式出现一种视政策和市场趋向灵活调整的新形态。

跨越共同体所处牧场边界到其他地方游牧的行为是一种适应干旱区域的生存策略。其在80—90年代末的表现形式为迁居养牧形式。牧民利用社区外的亲属关系，在其他嘎查联络好营地与牧场，举家迁往新牧场进行生产。其在外地的停留时限与经营模式各不相同。如在周边嘎查的迁居相对短暂，而远距离的跨牧迁居可能持续一至若干年。其原因有迁移费用及畜群在新牧场的适应程度等多种。在牧场使用模式上有借用、租用与合牧三种主要形式。合牧为迁居户与当地牧户间的一种合群牧养方式。迁居养牧促成了存在于社区外围的居住空间层级——地域空间。

然而，随着生产方式及社会关系的多样化发展，在当前牧区正在形成一种替代迁居模式的更加便捷有效的形式——畜群托牧模式。这一新方式指牧民在干旱季节、牲畜超载或劳力不足的情况下将牲畜包给他户，尤其是社区外牧民的生产方式。

畜群托牧与迁居养牧方式的区别在于前者是随畜群的一种举家迁移，而后者是畜群与主人相分离的新方式。畜群托牧方式与寄牧方式又有不同，前者是一种更大社会空间内的生产性合作，即主人将畜群承包给他人，双方立好协议，按头数、托牧时限收付费用。其具体方式有早期的长期转包与近年的短期代牧等多种具体形式。而后者通常被实施于亲属范围内，如长年在城镇务工的人将自己的少量牲畜寄存于在牧区养牧的亲属畜群中，按牲畜数量与比例适当付给养畜者以草料钱、礼物，在繁忙的生产环节则返乡协助。因此，前者更具有一种广泛社会性质，其前提便是一种超越社区的社会空间之存在。畜群托牧方式的出现使牧区生产生活方式具备了更大的灵活性。随着社会网络的扩大，牲畜在更大的地域空间内流通。

在某种意义上，牲畜的流通成为斯科特（James. C. Scott）所称的一种"反抗的日常形式"[1]，牧民借助广泛的社会网络灵活调整其牲畜牧养模式与规模。个案区分属禁牧区与草畜平衡区。禁牧区为牧户自愿与政府签订协议，在规定期限内不得放牧的区域。草畜平衡区以政府制定的草原载畜量为标准，在个户牧场的载畜能力范围内进行生产。牧场的载畜量在暖季与冷季各不相同。暖季约为 30 亩一个羊单位[2]，冷季约为 70 亩一个羊单位。以 T 嘎查一户有 22300 亩牧场的牧户为例，其 2018 年的适宜载畜量为暖季 759 羊单位，冷季 298 羊单位。

2000 年前后，随着干旱气候的频发与城镇化进程的加速，不少牧民采用将畜群承包给亲属及朋友的方法。而在近年，在相同情况下牧民更多采

---

① ［美］斯科特：《弱者的武器》，郑广怀等译，译林出版社 2011 年版，第 45 页。
② 羊单位为一种牲畜的计算方法。一头牛为三个羊单位，一匹马为四个羊单位，一峰骆驼为五个羊单位。

用将牲畜托管给牧场好、牲畜少的牧民代牧的方法。

牲畜转包与代牧

2000 年前后已有 H 嘎查的牧民承包旗境南部农区的牛羊群、B 嘎查的牧民放养休牧、禁牧期间的 S 嘎查畜群的现象。承包价格按畜种、头数与时间计算。一只羊为每年 100 至 150 元，羊羔归承包人。2001 年 S 嘎查实施禁牧时，一牧民将牲畜分为若干群分散寄放于包括 B 嘎查在内的大面积区域内，自己到乌镇开了家饭馆。待禁牧政策结束后再将牲畜集中起来并返乡养牧。近年牧区开始盛行托牧或代牧方式，即将自己的牲畜放在别人牧场放养。代牧者按年景、畜种、时间收取费用。2017 年时牛、马每月 80 元，羊每月 20—30 元。①

牲畜流通与出售模式

B 嘎查的一牧民与赛镇的一名商人合作，于 2018 年 6 月从东苏旗洪苏木（报道人称洪苏木，同社区的人认为是来自更远的地区，如东乌旗）买来 300 只羊，以每月 3300 元的价钱租用 B 嘎查某户的 1 万亩牧场，放养舍饲 4 个月，让羊摄入一定"戈壁牧草的味道"后于当年 11 月末运到赛镇冷库雇人宰杀，打着"脑木更羊肉"的旗号，以每斤 35 元的价格出售羊肉。脑苏木的羊肉因戈壁牧场缘故在外享有盛誉，故销售很好。②

除牧民之间的牲畜流通之外，牲畜的来源与出售范围相比原先的地域更加广泛。个案区牧养的畜种以戈壁羊、苏尼特羊、戈壁骆驼、蒙古马等本地优良品种为主。然而，从近年开始外地的品种已大量流入个案区。如阿拉善的骆驼，新疆天山、陕西与山西等省区的牛被运到个案区出售。为了增加效益，一些牧民也主动到外地找寻适于本地环境的优良品种。如牧

① 笔者田野调查记录，2018 年 7 月，脑苏木驻地与 S 嘎查。
② 笔者田野调查记录，2018 年 10—12 月，赛镇与 B 嘎查。

民雇车到张北一带买牛。个案区的骆驼被运往云南、新疆等地区的旅游区和牧区。除牲畜之外，饲草料的来源则更加广泛。牧民可以从赛镇草市买到来自呼伦贝尔市、锡盟东部牧区，甚至是蒙古国的捆草。随着生产要素的流通，一种更加灵活的牲畜销售方式得以产生。

第六章　嘎查、苏木驻地与区域城镇化进程

苏木与嘎查是内蒙古牧区的两个基层行政建制。其行政中心常被牧民称为"苏木图布"和"嘎查图布"，及苏木中心与嘎查中心，通常被译作"苏木驻地"与"嘎查中心"，后者俗称队部。两者是集体经济时期由国家在基层牧区设立的两种最具典型意义的固定聚落。两者的发展始于新中国成立初期，在人民公社至80年代中期达到鼎盛时期，而从90年代末开始趋于空心化，成为当前以办公场所为主的小规模聚落。苏木驻地在70年代时具有健全的社区职能与规模较大的办公与生活区，常住户有100多户，人口有数百人，为整个旗境内除旗镇以外的第二大固定聚落。此时期的队部也有数十名常住人员，各类基础设施齐全，为空旷牧区中的一个规模不小的聚落。现代化的持续深入与国家的空间规划促使二者经历了由鼎盛至衰落的发展历程。代之而起的则是作为旗政府所在地的城镇之空前发展。在当前牧区研究成果中，有关嘎查与苏木驻地的研究十分稀少。学者们通常以"城镇—牧户"的二元关系直接作为其论述框架，从而略过了一直处于二者之间，并曾起到一定影响的苏木驻地与队部。然而，两者曾作为由队部、苏木驻地、城镇构成的旗域聚落体系中的两个基层中心，对区域社会发展与始于80年代中期的城镇化进程起到十分重要的作用。在新型城镇化时期，两者，尤其是苏木驻地的乡镇化发展模式是有待深入探讨的重点问题。

第一节　嘎查驻地

集体经济时代，国家在基层牧区建立的最小的行政驻地为生产大队队部，即通常所说的队部。当前，仅以一栋带有小院落的现代办公房构成的队部在集体经济时代曾是一座集办公房、供销分店、小学、饲草料基地等多个机构为一体，并以多排房屋组成的规模不小的一片聚落。队部是整个嘎查的行政、经济与文化中心。随着时代的推进，队部所具备的社会职能逐步被缩减，其所拥有的商业与教育职能先转移至苏木驻地，后又集中至城镇。队部由此进入衰弱期。2010 年后国家为每个嘎查新建办公室。队部的建立、发展与衰落与牧区居住空间的调整具有密切联系。作为旗域行政空间与聚落体系中不可或缺的一部分，关注队部在每个发展阶段的角色与作用具有一定启发意义。

一　繁荣的队部

嘎查的前身——集体经济时期的生产队是一个建制完善的社会单位。每个生产队都有一个固定中心点，俗称队部。队部设有生产队办公室、供销社、学校等机构。60 年代末在队部又增建了知青宿舍，在其周边开辟了饲草料基地。队部周边的牧业组在进行倒场时将多余物资全部寄放于队部，由此队部也承担索仁的职能。除队部工作人员之外由苏木派来的下乡干部也常驻队部。70 年代的 B 嘎查在小学未放假时，常驻队部的人员不下40 名。这些人中有书记与队长（在队部轮流值班）、公社包队干部、医生、保管、厨师（大队、小学各一名）、两名销货员（必须有一人在队部上班）及两名五保户。故队部成为建立于空旷牧区上的一个新型聚落与社区中心（图 6－1）。

在日常事务方面，苏木所辖各队部与苏木驻地之间维持着一种紧密联系。B 大队队部有两部电话机，分别设在书记办公室与小学办公室，若遇到书记下乡，小学教师能够接电话。每周四由乡邮员从公社驻地骑

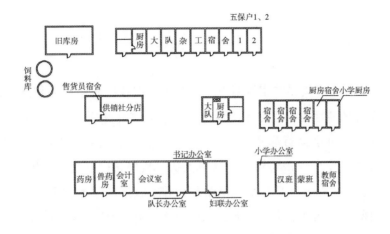

图 6-1　20世纪70年代 B 大队队部平面图

图片来源：项目组依据访谈资料与实地调查绘制。

自行车往队部送报纸与信件。骑行往返距离为 60 千米。若遇到电报，将专程跑一趟。队部供销分店每月点货一次，缺乏的货物由公社供销社派马车运送。队部供销分店货物齐全，基本能满足牧民的日常生活需求。

　　队部作为生产队的指挥中心，为了维持队部日常工作秩序，不允许牧户在队部周边安营。各牧业组或牧户无特殊事务一般不到队部，更不去苏木驻地。其所需物资由队部负责上门登记和配送。七八十年代初，由队部派车统一到苏木驻地拉粮食。H 嘎查有 4 辆马车，每辆车都有专职赶车人。车辆被分别派往各牧业组，挨家挨户收齐面袋和粮食供应本，再到苏木统一拉好粮食之后送到各户。甚至点灯用的煤油、砖茶、盐巴也都由嘎查统一运输派送。

二　嘎查小学

20 世纪 70 年代在国家号召下，内蒙古基层牧区各生产队相继兴办小学，开启了嘎查小学的近十年历程。嘎查小学的出现对于牧区教育事业以及牧业社区的社会运行起到了重要影响。而有关其研究成果却十分少见。马戎曾关注了东乌珠穆沁旗呼日其格大队"牧民自己创办并支撑了 16 年的草原学校"① ——呼日其格大队学校，并在牧区基层教育事业的发展史脉络中探讨了由嘎查合并至苏木，再由苏木合并至旗镇的牧区基层小学的变迁史。

嘎查小学的建立始于 60 年代末，终于 80 年代初。由初期的马背小学、蒙古包小学最终发展为建有固定教室与宿舍的队办小学。在队部兴办小学之前，早期的牧区基层社区也曾利用寺院经堂和蒙古包开设过学校。发展较好的队办小学甚至在上级教育部门的批准下设立过初中班。② 70 年代初，个案区内的 6 个嘎查陆续兴办小学。其中，除 U 嘎查小学之外，其余 5 所小学均经历了 10 年左右的办学历程。U 嘎查小学成立于 1971 年，有两名当地教师及 40 余名学生，1975 年合并至洪苏木小学。1983 年，西苏旗嘎查小学全部撤销，在苏木集中办学。③ 1979 年四子王旗境内的各嘎查小学全部合并至苏木。

嘎查小学开设复式班，招收一到四年级的学生。通常设两名教师，两名老师通常为一蒙一汉，负责讲授语文、数学、珠算、音乐、美术、体育等课程。教职由早年读过书的当地牧民、具有小学或初中学历的外来蒙古人或知青承担。除教师外学校有保管和厨师各一名。有时教师兼职保管一职。学生全部住校，除节假日之外学生很少回家，牧民也很少到队部看望

---

① 马戎：《草原上的学校——牧区蒙古族基层教育事业的变迁》，王铭铭：《中国人类学评论》第 3 辑，世界图书出版公司 2007 年版，第 91—92 页。

② 马戎：《草原上的学校——牧区蒙古族基层教育事业的变迁》，王铭铭：《中国人类学评论》第 3 辑，世界图书出版公司 2007 年版，第 94 页。

③ 巴雅尔：《苏尼特右旗志》，内蒙古文化出版社 2002 年版，第 44 页。

子女。时常有来自盟市中小学的学生到嘎查小学开展暑期实践活动。

B 嘎查小学成立于 1970 年。1974 年共有 25 名学生，分蒙汉两个班。蒙班教师为来自察哈尔右翼中旗的一名民办教师。汉班教师为一名天津知青。厨师为一名来自内蒙古东部地区的蒙古人，共 3 人。小学无体育场地，学生上体育课时以跳绳、扔橡胶手榴弹、铁饼、垒球为主，无其他球类运动。学校与苏木、旗镇，甚至和盟市级学校与教育机构亦有联系。1975年，呼和浩特市二中十余名学生到队部住一个月学习蒙古语。设置于嘎查社区境内的小学虽然只经历了十年，但它为基层牧业社区的创建实践提供了一份宝贵的经验。

三　队部的瓦解

集体经济时期曾繁荣一时的队部于 80 年代初期随着体制改革与社会开放逐步走向衰弱。其所承担的社区职能转而由苏木驻地承担。70 年代末至80 年代初嘎查小学被撤销，师生及教学设施全部合并至苏木小学。80 年代末，设在队部的供销分店也被合并至苏木供销合作社。队部不再承担生产队牧民的日用品、粮油等物资的运送工作。每周往队部骑马或骑自行车派送报刊书信的邮递系统也停止运营。队部仅剩一排嘎查办公室。其余房产被队员所购买并拆除搭建新住宅或用作储存货物的仓库。队部除偶尔开会之外不再有人。

2010 年后，在各项政策鼓励与优惠下，各嘎查新建办公房。除个别嘎查之外，多数嘎查搬迁至通路通电的区位。各队部都有通向各自所属苏木驻地的小油路。队部新建办公室为带有小院的一排办公室。内设嘎查委员会办公室、会议室、文化室，个别嘎查也设有介绍嘎查发展史与民俗文化的小型展览室。值得一提的是，一些嘎查干脆将其队部建在苏木驻地，其前提是苏木驻地位居嘎查所辖土地上。如乌兰席热嘎查委员会位居脑苏木驻地，吉呼郎图嘎查委员会位居额苏木驻地等。被遗弃的队部旧址逐步成为牧户营地。在个别队部旧址上还有牧民开了小商店。

第二节　繁荣的公社驻地

苏木驻地,即苏木政府所在地是介于旗政府所在地与嘎查中心之间的一个中间节点,其规模的变化与整个旗境内的空间过程密切相关。在特定时期,"边境牧区公社"(下文简称边境公社)是一个广为人知的话语。它是边远牧区的一个规模不小的聚落,是人民公社境内的政治、经济与文化中心。对牧区日常生活具有重要影响。当前仅有苏木政府、边境派出所的办公楼与几家商店,由七八户常住户构成的苏木驻地曾是拥有百余户常住人口的,社会服务职能完备的社区。有关苏木驻地的研究是牧区城镇化过程中不可缺少的一环。新中国成立之初普遍设立于牧区的苏木驻地是最具典型意义的现代草原聚落形态之一。苏木驻地从建设之初经历了人民公社化至近年撤乡并镇的多次重要变迁。其变迁过程可被大致概括为从单位型社区向综合型社区的过渡。其发展历程可被分为1949—1958年的初建期、1958—1984年的鼎盛期、1984—2004年的转型期与2004年后的衰落期四个时段。牧区城镇化的总体进程深刻影响了苏木驻地的发展趋势。从旗镇伸向各个苏木政区的公路与现代通信设施使苏木驻地曾承担的重要功能迅速集中在旗镇里,繁荣一时的苏木驻地从而进入一种新的转型期。然而,探究苏木驻地在新时代新型城镇化及乡村振兴规划中的角色具有非常重要的意义。

一　边境牧区公社

作为今苏木前身的人民公社是1958年成立的人民公社、生产大队、生产小队的三级建制的产物。"边境牧区公社"是位居边境牧区的人民公社之常用称谓。1958年牧区开展撤乡建社工作,在很短的时间内牧区全部实现"人民公社化"。人民公社化时期是苏木驻地全面扩建的时期。"苏木驻地"至今被中老年牧民称为"公社"。故在此可将1949—1984年的苏木驻地称为公社驻地。

边境公社是介于位居旗境中心或南部的旗镇与边远牧区的中间节点。边境公社与其他位居旗境中南部的牧区公社之差别在于，离旗镇远、牧场辽阔、人口稀少、物产丰饶与生活富裕。故直到80年代中期，从首府至盟市的民师、卫校等学校毕业的学生更愿意被分配至边境公社工作。外地零散务工人员也愿到边境公社做牧工。但边境公社驻地都有武警边防派出所，对外来人口的管理与限制较为严格。至今边境苏木的牧民都持有边境地区居民证。故直到90年代末，脑、额、格、洪4个苏木是各自旗境内被认为是最为富饶的苏木。

边境公社通常离旗镇很远，因无修建于公社驻地与旗镇之间的直线道路，从边境公社驻地到达旗镇需要绕行多个位居中间区位的公社驻地方能到达。故其距旗镇的平均距离在180—200千米。在交通条件尚未完善的年代这是一段漫长的距离。公社与旗政府之间仅靠人工转接电话与时隔几天才发一趟的班车联络。干部们公务出差时坐班车，因为除政府之外其他单位基本无公车。公社职工和牧民若有要事与旗里联络，就得到公社邮电所打电话。需要到旗里时只能坐隔几天通一次的班车。以脑公社为例，六七十年代时，呼和浩特运输公司的解放牌敞车每10天发一趟，每月3趟。如每月10号到达公社驻地住一晚，第二天返回。干部或牧民要出行时先在公社驻地住一晚。车票为2.60元。因为是敞车，乘车人必须准备皮大衣、皮帽、毡靴子。1973年公社进口一辆罗马尼亚产敞车，俗称罗车。1983年，旗运输公司始有大巴车。开始时5天一趟，车票为5元。直到90年代初，因路途遥远，一大早从边境公社出发的班车要行驶一天，到晚七八点左右才能到达旗镇。若遇雨雪天气常有中途住宿于其他公社驻地或野外的情况。如果有强降雪，道路将封闭若干天。

大尺度的空间距离在某种程度上保持了驻地聚落的独立性，边境公社驻地成为围绕其设立的若干队部之中心，直到90年代末，公社驻地与旗镇之间仅以曲折的草原路与电话线相连。因此，边境公社驻地必须有更加完善的社会服务职能，故在规模与建制上一些边境公社驻地明显优于其他公社驻地。1979年，洪公社所属4个生产队各出2万元在公社驻地集资修建了一座二层影剧院，80年代时由牧民自建的业余乌兰牧骑在此经常进行演出。此建筑在当时，甚至是当前的内蒙古牧区而言，都是十分罕见的。

二 繁荣的"驻地社区"

以人民公社化运动为实质性开端，边境苏木驻地被建设为包含公社委员会、学校、供销社、边防派出所、粮站、兽医站、信用社、邮电所、联合厂等十余家常驻机关单位与民办企业的成规模的社区。公社驻地由各单位院落与所属成排的家属房构成，其规划整齐有序，设备齐全，并与周边牧区具有清晰的社区生活边界，故可将公社驻地称为"驻地社区"。

"驻地社区"的居民均为国家干部，其派遣与任职均由旗属各单位直接负责。除少数干部家属为当地牧民之外，多数家庭为双职工家庭，配偶工作地点均在驻地社区内。另外，除极少数干部为当地牧民出身之外几乎所有干部为外地人，故与地方民众无密切的亲属纽带关系。在70年代至80年代中期，公社下属各生产队基本承担了牧户拉运供应粮与日常消费品的工作，牧区生产工作又非常繁忙，因此在每个学期学生开学与放假之时到公社驻地之外，牧民也很少到苏木驻地。在人民公社化时期，在公社与生产队曾建立食堂、养老院、幼儿园、托儿所等公共设施。

公社驻地各单位以统一作息时间安排各项工作，干部在完成日常工作之余，由公社统一安排与抽调，骑马下乡开展工作。干部与牧民子女均就读于公社小学。各单位住房资源紧缺，调入与迁出驻地的干部家庭需对接交换房屋。驻地社区的此种生活节律一直持续至80年代末，其常住户始终保持在100户左右。

1985 年的脑苏木驻地

1985 年，苏木驻地共有87户，近350人。学校未放假时总人口能达500人。驻地有人民政府、边防派出所、小学（分蒙汉校）邮电所、联合厂、卫生院、兽医站、供销社、粮站、信用社、农行、天青矿等12家常驻单位。

政府家属房共五排，每排四户。住户有巴氏、照氏、斯氏、桑氏、都氏、叁氏、满氏、冯氏、郭氏、李氏等 20 户；边防派出所家属房一排。住户有都氏、图氏、纳氏 3 户，另有 5—6 名战士住在宿舍；蒙古族小学家属房共四排，前两排每排 4 户，后两排每排 3 户。住户有苏氏、五氏、邓氏、宝氏、阿氏、宝氏、浩氏、李氏、彭氏、朱氏等 14 户。汉族小学家属房共一排，住户有张氏、侯氏、王氏、孙氏、贺氏 5 户。另有两位年轻老师住于宿舍；邮电所一排，仅有米氏 1 户；卫生院一排 4 户，共有罗氏、热氏、乌氏（丈夫为政府职员）、王氏 4 户。另有 2 位医生住于宿舍，有一名医生常住牧区（其妻子为牧民）；兽医站家属房两排。住户为道氏、高氏等 2 户。另有 4—5 名年轻人住于宿舍；供销社家属房共三排，西一排为 6 户，院东两排每排 3 户。分别为郝氏、党氏、李氏、乌氏、诺氏等 12 户，与单身青年职工合计约 30 名；粮站家属房两排，西排 2 户，后排 3 户。住户有乌氏、沃氏（丈夫为政府职员）5 户；信用社与农行两家共用一个办公场所，家属房共一排。共有敖氏、贺氏、毕氏（农行）、李氏（农行）共 4 户。另有 2 名年轻职员（两者分别属农行与信用社）住于宿舍；天青矿家属房为一排，共有夏氏、照氏等 6 户；联合厂家属房共一排，其余人住分散的圆土房。共有范氏、邓氏、王氏、刘氏、张氏、康氏、郎氏、张氏等 11 户；个体户有 1 户，开商店，为王氏。（图 6-2）①

三 驻地社区生活

与当前空寂无人的情景相比，70 至 80 年代末的苏木驻地是人口众多，富有生活气息的居民社区。公社驻地嵌入于空旷的牧区，其职能主要针对牧区，却又与牧民群体保持着一定的社区边界。

70 年代初，除干部与家属之外，公社驻地常有军队驻扎，华北油田石油队也每年夏季在边境牧区探测油田时住在公社驻地或队部。故住房较为

---

① 笔者田野调查记录，2014 至 2019 年间曾调查并测绘 7 次，脑苏木驻地。

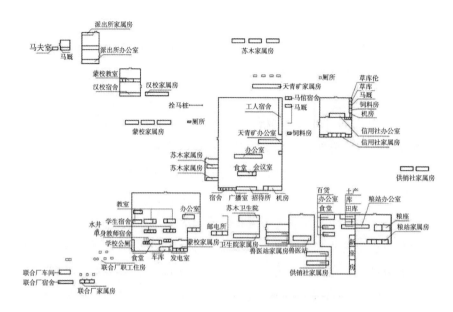

图 6 - 2 20 世纪 80 年代脑苏木驻地平面图

图片来源:项目组依据访谈资料与实地测绘数据绘制。

紧缺。干部家属房均为单排生土房,每户一间。80 年代初开始普及两间房,个别单位始建带有独立院落与仓库的四角落地式家属房。除供销社、联合厂等少数集体经济单位之外其他单位以白灰粉刷办公用房与家属房。各单位均有独立院墙,成排的家属房分布于墙内外,构成规划有序的独立单元。家属房为公有,由单位每年从住户收取房费,用于统一维修房屋。脑公社的单间房为每月 0.30 元,两间房为每月 0.56 元。每年春季,各单位统一出钱,由联合厂派工人抹房子。不管雨水量,每年都要抹泥。和泥用麦草从周边饲草料基地或旗南部农区运来。

公社驻地位居牧区,职工群体食用的肉直接来自当地,而蔬菜与米面来自百余千米远的旗镇。粮食由粮站负责搬运与发放,而蔬菜由各单位统一定购和搬运。60 年代至 80 年代末,由公社或各单位统一购置各住户所需肉、菜等生活物资。每年秋季各单位从旗镇组织运菜。各单位事先统计职工秋冬季节食用的菜量,再安排单位大车或租用旗运输公司大车到旗里运圆白菜、萝卜、土豆、葱等蔬菜至公社驻地。公社驻地各住户均有菜窖，以备储存菜。以脑公社信用社某户为例，其一年食用的菜量为1000斤土豆、300斤圆白菜、100斤萝卜、100斤葱。

冬季储存肉食时，公社统一开会布置各单位所需食用羊数及计划采购的生产队。并把羊从牧区赶回来后到各单位分配。住户以抽签方法抽取羊。人均1—1.5只羊。很少有羯羊，一般为母羊。这些费用从职工每月工资里扣除。如一家两口子在不同单位工作，只能选其中一个单位。其他如住房、生活补给同样只选一人所属单位。70—80年代，除学校之外的其他单位均无畜群。实施草畜承包政策时学校也获得一定面积的牧场。但学校的畜群是在"勤工俭学"的号召下建立的。畜产品均由学校后勤安排作为学生日常补给，而不分给教职工。

粮食由粮站统一供应。90年代初为止，职工人均每月28斤粮食。儿童到12岁可领28斤。刚出生的小孩7斤，二岁时9斤，依次增加。粮食不够用的住户从有剩余粮的牧户借用。粮站供应小米、白面、挂面、炒米、莜面（最少）、胡麻油。过年时供应糕面。装粮食的袋子由自己准备。

公社驻地的取暖燃料在70年代初主要依靠牲畜干粪、灌木枝等地方燃料，70年代末至80年代初开始使用煤，但仅限于冬季取暖。4个苏木驻地的煤主要从大同市、呼和浩特市、赛镇、乌镇、二连市等地运来。运回来之后以200斤铁桶或篮子，分配给各户。地方燃料虽然来自牧区，但供应并非充足。牧区基础设施并不完善，本身需要储备大量牛羊粪与羊粪砖，用来做燃料之外主要用于砌筑棚圈、铺营盘。单位借周末时间组织职工到周边牧场捡牛粪，小学偶尔在开学之时要求学生每人提交适量牛马粪作为办公时期的燃料。牧区有亲戚或熟人的干部可以获得更多的燃料补给。

苏木各单位的工作比较繁忙，故严格按照作息时间上下班。在特定工作环节干部需要骑马下乡工作，除学校之外的每个单位都养有马群。公社有马场、马厩与专职马倌，一些单位在院内设有马厩，办公室门前有拴马桩，鞍具为公有。在秋季清点畜群数量和冬季抗灾时期由苏木抽调各单位干部分别到各生产大队下乡。如公社干部在办理各项统计业务期间，同行的信用社职工入户办理存贷业务，兽医检查畜群瘟疫情况。

60 年代建于苏木驻地的联合厂是生产加工畜牧业产品的集体经济单位。联合厂以成片的土房和院落作为居住与生产区域。工人均为从外地迁来的汉族移民。其工种有毡匠、皮革匠、木匠、泥瓦匠、靴匠、铁匠等。

各单位有发电室，配有柴油发电机，有专人负责发电，供电时间约为每晚 7—10 点，节假日适度延长。80 年代末各苏木驻地建立电视差转台，电视机开始进入居民日常生活。

第三节　苏木驻地之转型：从社区到办公区

1983 年，牧区人民公社改称苏木，其行政中心从集体经济时代的公社驻地转变为市场经济时代的苏木驻地。在一段转型时期内，苏木驻地仍维持了一种重要的社区中心地位。由于干部群体的多向流动与牧民群体的移入，苏木驻地由单位型社区向综合型社区方向过渡。然而，随着各项社会服务职能陆续向旗镇集中，苏木驻地逐步进入衰弱化、空心化发展的新阶段。至 2005 年后，便捷的道路与通信体系加强了基层牧户与城镇的直接联系，而位居中间的苏木驻地从而被"跨越"和"冷落"，苏木驻地成为仅有几栋办公楼与商铺的办公区。当前边境苏木驻地的乡镇化发展模式及其驻地社区职能的恢复问题是本项目所关注的一个重点。

一　苏木驻地的转型：1984—2004 年

1984 年后，随着改革开放的深入，曾拥有百余常住人口的"边境牧区公社"逐步走向"单位撤离，人户走散"的转型期。但值得注意的是，在 80 年代中期至 2005 年的 20 年间，苏木驻地曾以一种新的方式——既不同于原有单位型社区，又不同于 2005 年后的空心化办公区——存续的现象。在景观构成方面，它由井然有序的单位型工作生活区域逐步向多少带有一点牧村景象的居民区过渡；而在居民构成方面，由干部群体的渐次退出与牧民群体的逐步转入的双向人口流动促成了一种干部与牧民共居的常住人口结构。

（一）苏木驻地的转型结果

80 年代初，随着苏木所属各队部的社区职能向苏木驻地的转移，苏木驻地成为大范围牧场界域内的政治、经济与文化中心。从 80 年代初公社改制为苏木至 90 年代中期，苏木驻地依然维持着完整的社区生活。90 年代初，苏木驻地各机关单位开始陆续被撤离或合并至镇里，单位职工纷纷开始迁往旗镇里。这些职工在镇里购买房产，将子女送到旗里上学。原住房因单位的撤离而一度空置，因年长失修而逐渐破败。以脑苏木为例，各单位的撤销和合并时间为，1993 年，撤销供销社；1996 年，汉校仅剩 1 名学生，故撤销；90 年代撤销联合厂。2000 年，撤销粮站。2002 年，信用社合并至吉日嘎朗图苏木，其中农行于 90 年代已撤销。2002 年将蒙校 5 年级合并至旗里，2004 年撤销蒙校。2005 年撤销邮电所。

2000 年后各旗开始实施撤乡并镇工作。这一政策促使苏木驻地分别向牧区乡镇、办公区域、居民区等三种聚落形态过渡。一些未撤销行政建制，离旗镇较近，交通便利，区位条件好，并设有小学的苏木驻地发展为规模较大的"牧区乡镇"。四子王旗红格尔苏木位居旗境中部，设有蒙古族小学，并有旗境内唯独正常举行法事的寺院——西拉木伦寺，故规模较大。H 嘎查的 3 名牧民在寺院当喇嘛，10 余名孩子在此上学。而未撤销行政建制，离旗镇较远的原"边境牧区苏木"变为人口日益稀少的行政中心。个案区 4 个苏木驻地均属此一类型。被撤销行政建制的苏木驻地成为仅剩 1—2 个住户的居民区。其多数房屋已破败倒塌，2010 年后由政府出资推倒铲平。但这些居民区内仍有一两家开商店的个体户。周边牧区的人依然到居民区购买商品。

与 80 年代初相比，苏木驻地与旗镇之间的道路交通条件有了很大的变化。90 年代，由个体户承包了边境苏木通向旗镇的交通线路。由个体承包的中巴车几乎每日轮流往返于苏木与旗镇间。并且几乎每次都满载乘客。以脑苏木为例，由原联合厂的一名职工与外苏木的一人承包了苏木驻地到乌镇的客运线路，两人轮流跑车，每天有一辆车往返于苏木与旗镇之间。车次的频繁与乘客的增多说明了旗镇与苏木驻地之间的密切关系。

（二）干部群体的流动与生产介入

如同苏木驻地是牧区城乡体系中不可忽视的一个节点，曾在苏木驻地工作生活的基层干部群体也是牧区重要的社会群体之一。长年的基层工作经历使干部们熟谙牧区社会文化。在长期的工作生活中与周边牧区的牧民结下了多重社会关系。多数干部直接或间接从事畜牧业生产，其子女中有不少人转为牧业户。至今在个案区域各苏木，有不少七八十年代初出生的干部子女在从事畜牧业生产。相比因工作调动原因很早便迁至城镇的干部，单位撤离较晚或合并至旗镇里之后无固定岗位的干部，以及配偶为牧民的干部多数转向畜牧业生产。即使这些干部已迁至城镇多年，依然与牧区保持着多重联系。

驻地社区的衰弱与瓦解是牧区城镇化发展的必然结果。这一持续十余年的从苏木驻地至旗镇的职业转移与人口流动进程清晰地反映了牧区基层社区的城镇化发展历程。苏木驻地的衰弱或变迁始于90年代中期，终于2000年初小学合并至旗镇。使这一过程历时数年的制度原因为各机关单位的陆续撤离。单位的合并促使驻地常住户迁往旗镇，具有国家正式事业编制的干部在旗里就职，完成了个人的城镇化。而集体经济体，如联合厂的职工大多就地转为牧业户而从事畜牧业生产。

从总体而言，驻地职工群体的流动趋向可被分为以苏木驻地为基点的向上、向下与原地停留三种。向上流动指迁至旗镇，在旗属单位就职的工作调遣。向下流动指转为牧民户，被分至各嘎查从事畜牧业生产的就地转业。原地停留指依然留在苏木驻地的情形。在个案区域，向上和向下流动的人口数基本持平，而停留在驻地的人则以延续原供销社场所与人脉，开商店的少数个体户为主。除上述垂直流动外，水平流动趋向更富有学术意义。水平流动指原苏木驻地的干部涉入畜牧业领域的流动和外围牧区的牧民流入苏木驻地从事第三产业的流动。

市场经济的影响使干部群体意识到拓展经营渠道，增加收入的必要性。单位暂时未被撤销或合并，依然留在苏木驻地的干部开始从事畜牧业生产或商业经营。80年代末畜产品市场价格开始上升，地处牧区的区位条件又十分利于发展畜牧业，故多数干部开始间接或直接经营畜牧业。使苏木驻地与周边牧区的边界趋于模糊化的主要原因就是干部群体的畜牧业生产实践。

　　干部群体介入畜牧业生产领域的方式有三种。其一为最初形式为多数干部在牧区亲戚或熟人畜群中寄牧少量牲畜，以此作为日常食用肉来源。这一形式在草畜承包之后便已开始。一些干部将单位发放的冬季食用羊积攒起来，加上牧民亲戚和朋友为其子女赠送的羊，寄放在牧区熟人的畜群里。待牲畜数量达到成群规模时开始独立建群经营。

　　其二为少数干部在苏木驻地自家住房旁修建棚舍，放养少量羊群。此种情况一般以工作闲暇时间较多或家有富余劳动力的干部家庭为主。在驻地四周的牧场放养不会引起牧场纠葛。至 90 年代末由于多数单位已撤离，一些退休或留守职工干脆将原先单位的大院变成饲养牲畜的院落，使原俨然有序的单位型社区转变为具有一种"牧村"景象的社区。

　　其三为一些干部直接在牧区建立牧场，经营规模化畜牧业。此种情况多由具有地方亲属关系或配偶为无工作的干部为主。80 年代的牧场较为宽阔，草地资源充裕，草牧场虽已承包到户，但边界并不明确。各嘎查也拥有大面积集体机动牧场。苏木驻地的干部群体具有密切的社交关系，故易于从所属各嘎查获得一定面积的牧场。然而，在牧场空间分布方面，干部群体更偏向于分到苏木驻地周边的牧场。故以交换营盘、划分牧场等形式获得了苏木驻地近边牧场。干部们以雇用外地羊倌或与牲畜少的牧户合牧等形式，在工作之余往返于牧场与驻地之间经营牧场。

　　除畜牧业之外，干部及其家属也从事开商店、饭店，甚至采搂发菜等拓宽收入渠道的工作。至 80 年代中期时苏木驻地房屋紧张，每家除家人之外有不少亲戚住在家里，牧区雇用外地羊倌的价格也十分低廉。这是由于当地盛产的发菜，即俗称"地毛"的珍贵植物可以创造可观的收入。寄居于亲属家的外地人在白天也采搂发菜，加以清理之后出售给外地商人，获取高利润。90 年代初有外省大量农民进入牧区采搂发菜，严重破坏了草原植被。随着政府的严厉禁止与发菜本身产量的降低，逐渐使采搂发菜的运动成为历史。2000 年之后牧区又盛行采挖锁阳、捕毛腿沙鸡的风潮。虽然，非法开采草原植物属于外地人，但不可否认地方干部群体的间接介入及其家属的直接参与。90 年代,干部家属们在周末采搂发菜,在严管期间甚至夜间采搂。

对于基层干部群体及其子女而言,随着社会转型而出现的利益格局变化,使其中的多数人成为某种程度上的失利者。集体经济时代使人羡慕的"干部"身份已失去昔日的光环。而曾经处于相对劣势的牧民反而成为拥有牧场和项目房,并不断获取各类补贴的获益者。对一直在城镇工作的干部或早年就已迁至城镇的基层干部而言,已有较长时间的城镇生活经历与积累,并随着城镇的扩建,其原住平房院落也已增值。但对苏木基层干部而言,其在苏木驻地的房舍已成为无多大价值的"危房"。一些基层干部,尤其是其子女一代已成为既无牧场,也无城镇住居的群体。故通过各种途径向牧区开拓出路成为必然。

(三) 牧民群体的进驻与撤离

与干部群体流向城镇和涉入畜牧业生产领域的同时一些牧民开始转入苏木驻地。牧民们将老人送到苏木驻地,利用大量闲置的住房,长期生活在苏木驻地,为上小学的子女做饭,从而构成一小片陪读居住区。一些中青年牧民开始在苏木开饭馆、电焊修理部及裁缝铺等商铺。苏木驻地以一种新型居住区方式再次获得生机。

苏木驻地在此时期成为所辖牧区的公共活动中心。牧民将子女送到苏木小学上学,到商店购买日常用品,到信用社办理存贷业务。苏木驻地成为举办公共节庆活动的主要场所之一。每逢学校六一儿童节、苏木那达慕及由苏木政府组织的各类文艺演出时周边的牧民汇集至苏木驻地。90 年代末,人们开始利用苏木各单位的会议室、活动室及原供销社的仓库等大型建筑开办舞厅。

对任何苏木驻地而言,其所承担的区域经济中心职能一直是其得以存续的一个重要条件。故依然存留于苏木驻地的"供销社"是一个不可忽视的存在。从供销社职工转变为个体商户,并在牧区生活多年的商人具有一定地方关系网络。当前,苏木驻地的商店早已无八九十年代生意兴隆的鼎盛面貌,然而,仍有不少牧民与苏木商店有密切的往来。其原因有二,其一为多年的社会关系,可以使牧民在没钱的时候以赊账形式购买其所需物资。而在城镇里赊账是几乎不可能的事情。因此，家境条件较差的牧民与商店的往来关系较为密切。平常到商店里买粮食和日用品，为汽车和摩托车加油，甚至可以委托老板从镇里代购商品，均记在其账上。当秋季卖羊后结清旧账。其二为牧民从苏木商店里购买一些没必要专程到镇里购买的日用杂货。

牧民转入苏木驻地的情况出现于 80 年代末至 2000 年初。2004 年以后随着小学的撤销，几乎无牧民在苏木驻地从事服务业，全部返回牧区或转移至城镇里。学校的合并使苏木驻地失去了最后的人口聚集吸引力。牧民的子女到镇里上学。脑苏木蒙校在 2004 年合并时仍有 60 余名学生，18 名教师。这在人口稀少的边远牧区绝非是少数。

二　苏木驻地的"空心化"：2004—2014 年

进入 21 世纪，仍有一定常住人口，并维持正常社区生活的苏木驻地已变成仅有七八户常住户的驻地。曾占据一定面积的单位办公房与家属房因长年无人修护看管已破败不堪。2014 年后苏木政府为美化驻地环境，陆续拆除已破败的房舍与院落，苏木驻地最终变为由政府、派出所、卫生院及商店四家构成的干净整洁的办公驻地。

至 2017 年，脑、额苏木驻地各有 7 户常住户，洪苏木驻地有 10 户。格苏木已迁至城市附近的原蔬菜种植基地，除原有常住户之外无跟随迁至苏木驻地的常住户。驻地常住户多为开商店与饭馆的个体户，也有极少数从苏木驻地单位退休的老职工。脑苏木原供销社 3 户与原粮站 1 户在经营商店、旅店、饭馆与加油站。原信用社家属房住 1 户退休老人，原小学家属房住 H 嘎查一牧户与做临时工为生的农区的一对老人。额苏木驻地有 3 家开商店和 2 家开饭馆的个体户，有 1 户看管幼儿园的看门老人。与其他苏木驻地所不同的是，额苏木驻地设有一个幼儿园，有 20 余名牧民的孩子在上学。洪苏木驻地有 6 家开商店和 3 家开饭馆的个体户。除格苏木的区位与性质已有很大变化之外，其余 3 个苏木驻地依然位居牧区深处，以其独特的方式发展。其中，洪苏木驻地的规模相比最大，脑苏木次之，额苏木最小。

各苏木驻地已无单位家属房及多余的房舍。在苏木政府等单位内常有职工工作和值班。但相比原先的"公社干部",这些公职人员的家均在城镇。除单身青年职工可以在驻地长期住宿舍之外,其余职工在上班期间临时住宿于办公室或苏木招待所,并频繁往返于城乡之间。各单位院里经常停有小车,故牧民依据院内停放的车辆数量来判断各单位人员走动情况。在节假日期间,各单位除值班人员之外几乎空无一人。

道路体系的发展是苏木驻地被"跨越"的物质基础。2000年初,各旗开始修建通往边境苏木的小油路,致使偏远的牧区与中心城镇紧密地连接起来。但由于道路工程质量问题及工矿业开采等原因,新建道路很快被破坏,空间距离又成为阻隔城镇与苏木驻地的主要因素。2010年后各旗对原有旗域道路系统进行了扩修与更新,并将其与更大区域的道路网连接为一体。从而各旗镇与大中城市之间由高速、国道与省道相连,旗镇与各苏木驻地之间由乡道相接,苏木驻地与各队部之间由小油路相连,由此,原先的边远牧区由四通八达的道路网所覆盖。近年修建的从旗镇至边境苏木驻地及边境区域旅游景点的旅游专线更加缩小了旗镇与边境苏木之间的距离。由私人承包的班车依然在运营,但其往返次数与乘客已明显减少。私家车的普及使牧民们能够在一个半小时之内跨越100余千米的路程到达旗镇。大小车辆从苏木驻地旁"呼啸而过",除非偶尔到苏木商店买一些日用品之外,牧民几乎不进苏木驻地。曾经繁荣一时的苏木驻地从而被"跨越"和"冷落"。

三 "危改"与环境重构:转向乡镇或办公区域?

从2014年以来,苏木驻地虽依然呈一种人烟稀少、干净整洁的办公区景观,然而,却已显露出一些特殊的发展趋势。随着社会开放政策的深入与道路通信网络的发展,边境牧区苏木曾有的边远、边境、偏僻等特征逐步趋于淡化。同时,在某种程度上呈现出安静舒适,和谐宜人的人居环境特色。空寂无人的苏木驻地今后究竟往乡镇化方向发展,还是依旧停留于办公区的未来发展成为值得认真思考的一个问题。

聚落形态与社会制度有密切联系，因此也可以说聚落形态本身反映了特定制度形式。自新中国成立至今，草原社会经历了不同的政策、制度的实施阶段。每一次重要政策的实施及其在任何一个层面的影响，如行政区划、社会组织、土地利用、放牧制度、生产方式等均会影响牧区的人居环境模式。如集体生产方式一定会促成聚合式人居环境等。因此，面对宏大的草原畜牧业生产方式变迁问题，本书只关注了不同制度环境下的多样化聚落模式这一微观问题。本书所述聚落化并非仅指单户营地的聚合现象，也指营地的定居化发展、基层行政中心的形成、临时性聚合营地的出现等若干种在现代草原牧区发生的具有显著聚落与空间意义倾向的社会过程与结果。

2010年后各苏木政府相继拆除办公平房，改建办公楼，使原平整延缓的驻地聚落景观产生了很大变化。苏木政府在美化基层社区环境，建设"社会主义新牧区"的政策驱动下，在驻地铺设水泥路，安装路灯。移动与联通公司的信号塔相继立在苏木驻地。苏木政府通常位居驻地中心，构成以信号塔为天际线制高点，以政府办公楼为次的，层次化的聚落景观。同时，围绕政府办公楼的土房因长年失修，已破败不堪。各单位院墙也陆续倒塌。2000年后的沙尘暴使大量沙土积聚于已废弃的院墙下，加重了残垣断壁的破败景象，从而构成新旧建筑的鲜明对比。为使驻地环境整洁有序，苏木政府出资陆续清理推倒了成排的家属房与院墙，一些单位空房已低价卖给原单位职工或外地人，清理工作并非十分顺利，但政府还是以少量补助形式清理了大多数土房。

这一工程的结果是以整洁的大楼与零星围绕的少量房屋构成的新聚落景观的呈现。当前苏木驻地已形成由政府办公楼、商业服务点、派出所、卫生院四家统领的局面。近年在苏木驻地常有修路、拉矿与各类基础设施的建设工程。这为驻地商店、饭店及旅店带来了生机。这些工程也为当地牧民提供了不少就地打工的机遇。一些年轻牧民积极参与了这些工程，在苏木驻地修补轮胎，或开车拉运砂石。

第四节　个案牧区的城镇化历程

有关内蒙古牧区城镇化发展阶段的划分问题上学界的观点较为一致。如有学者将内蒙古地区的城镇化分为 1949—1979 年计划经济体制下的城镇化发展阶段、1980—1999 年社会主义市场经济体制改革初期阶段、2000 年至今的稳步提高阶段三大阶段。[①] 地域城镇化历程的阶段性划分结果之雷同性源自清晰可辨的社会变迁过程之外也出于人们对城镇化概念的相同理解与使用。然而，作为一种学术概念，城镇化不仅在不同学科视域中有着不同含义，而且因时代的发展而具有不同的意义指向与特性，即城镇化这一含有强烈空间感与空间性的概念同时具有其显著的时间性意义。常见的城镇化概念之背后通常有一种预设的空间结构，即城乡二元结构。其结果是城镇化常被理解为城乡之间的单向人口转移。有学者使用城镇化（urbanization）与城市性（urbanism）的概念讨论了牧区城镇化问题。前者指人口向城镇的转移及由此导致的市中心人口的增多，而后者指城市对周边区域起到的经济与文化的多样性影响。[②] 在此，整合学界对城镇化概念的不同理解并结合所选时空域的现实特点，将个案牧区城镇化历程分为四个阶段予以分析。

一　城镇建设阶段：1949—1984 年

人们通常将区域城镇建设史与人口城镇化合称为城镇化。在谈牧区城镇化历程时，需要分清楚区域城镇建设史与人口城镇化两个容易混淆的概念。区域城镇建设史是指国家在原无城镇聚落的牧区建立并发展城镇聚落形态的过程，而人口城镇化是指牧区人口向城镇的转移过程。在时间进度上，前者始于 20 世纪 50 年代，而后者真正始于 20 世纪 80 年代末。前者

[①]　贾晓华：《内蒙古牧区城镇化发展研究》，中国经济出版社 2017 年版，第 44—45 页。

[②]　Caroline Humphrey and David Sneath, *The End of Nomadism? Society, State and the Environment in Inner Asia*, Durham: Duke University Press, 1999, p. 180.

是区域空间化或称城镇空间的营造过程，而后者属于填充城镇空间的人口迁移过程。两者之间具有前提和结果关系，并且两者均是并行持续的地域空间化过程。

若不谈考古所发现的古代城镇遗址问题，个案区域内的城镇建设史始于20世纪50年代，在此之前，草原上除大小寺院之外并无固定聚落。新中国成立之后，国家在牧区新设行政区划，相继兴建了旗政府所在地、苏木驻地与嘎查队部等一系列固定聚落，以作为各行政单位与工作人员的常驻地。其中，旗政府所在地成为牧业旗旗境内唯一的城镇。2000年实施撤乡并镇后，一些区域条件较好的苏木升级为镇，但这只是行政建制上的变化，从镇政府所在地所具备的规模与条件而言并不具备城镇特性。

在此阶段，一种新兴聚落形态——城镇出现于草原牧区。最初，临时以王府或庙宇作为办公场所的国家机关陆续迁入新建的城镇，新建城镇的规模很小，各单位在统一划定的区位内新建砖瓦结构的大院与办公房，并多以生土房作为家属房。在房屋紧缺的情况下用蒙古包作为临时住居和办公场地。如1958年建于赛镇的蒙古族中学曾以蒙古包作为宿舍。[1] 新建的牧区小城镇在此时仅是旗属各机关单位的集中驻地。除少数早年参加革命，并在1949年后参加工作的中青年及少数从苏木小学升入中学的牧民子弟之外，无多少当地人在城镇居住。至于对地处边远牧区的牧民而言，除极少数的正式集会之外，无人到城镇旅行，更不可能长期居住，甚至到80年代初几乎很少有牧民到过旗镇里。城镇的建设与发展只是地域城乡体系的建构过程或空间结构的变化过程，与牧民群体并未产生直接的关联。

牧区小城镇经20余年的建设，成为具备一定规模的城镇。城镇空间呈现出由行政机关、学校、工厂所分别占据的区位清晰、层次有序的空间结构。各单位的公职人员多数为因50年代工作原因调至该地的外来人。早年参加革命工作，1949年后在机关单位工作的少数当地人也以旗境中南部区域的人为主。此时的牧区城镇化仅指区域城镇建设过程，是城镇作为一种新型聚落形态，在草原上从无到有，由小变大的过程。在

---

[1]　乌·苏木雅：《文明的烛光苏尼特中学》，内蒙古文化出版社2005年版，第52页。

边远牧区，除公社干部定期到旗里参加会议或办理公事以外牧民几乎从不来城镇里。

二 城镇化的起步阶段：1984—2000 年

20 世纪 80 年代中期至 2000 年的城镇化属于一种早期的自然发展阶段。对于牧区人口向城镇的转移问题，政府未采取任何鼓励或阻隔措施，只是打破了城乡间的制度壁垒。若按照牧区日常生活与城镇的关联程度或牧民往城镇走动的频次及在城镇居住的时长为依据的话，可以将此阶段又分为 80 年代与 90 年代两个阶段。在 80 年代中期，牧民开始向城镇走动，但主要为子女上学问题；而 90 年代起，一些牧民开始在城镇买房，一些年轻牧民开始在城镇长期居住。

真正意义上的牧区城镇化历程，即牧区人口向城镇的迁移过程始于 20 世纪 80 年代中期。80 年代牧区实施草畜承包政策后少数牧民开始走动于城乡之间。但整个 80 年代，牧区依然处于牧民所说"安稳的"传统畜牧业时期。80 年代时基层牧区的苏木驻地具备包括商业、教育、医疗在内的全套社区服务体系，加之交通条件之欠发达，牧民依然以传统方式从事生产，并以苏木驻地为社区中心，满足各类需求。而只有当子女从苏木小学毕业，需要到旗镇中学就读时偶尔到旗镇里看望子女。牧民在城镇里主要住旅店，并不住很长时间，安顿好子女便返回牧区。旗中学有初中和高中，学制共 6 年，子女全部住校。除极少数的学生能考上中专、大专或大学到集宁市、锡林浩特市及呼和浩特市之外多数学生中学毕业即返回牧区，不少学生初中毕业或在旗里读 1—2 年书之后便返回牧区，甚至一些学生小学毕业后就因家庭问题辍学，在家里从事生产。纵观 80 年代，牧民对子女教育问题并非如当前这样重视，"能数得过来自己的几头牲畜，能与牲畜商贩交流两句汉语就足矣，并不需要再往下读"的观点较为普遍。

90 年代始，情况逐步发生了变化。苏木小学由 80 年代的鼎盛期至 90 年代末开始逐渐"衰落"。其原因为生源明显减少。随着牧民对子女教育问题的重视，少部分较富裕的牧民为使子女受到更好的教育，将子女送到城镇小学就读；苏木机关单位干部开始纷纷迁往城镇工作，其子女也随之到镇里上学；少部分牧民在城镇里买带院落的平房并开始长期居住，一些年轻牧民开始走向二连市、呼和浩特市等城市寻找就业机会。90 年代初蒙古国商人开始大量入境做生意，一些牧民靠语言优势，成为翻译和中间人，开始走上经商道路。在此阶段，城镇规模依然很小。牧民形象的比喻在满镇打车时不用说到某某单位或地点，直说户主姓名即可直接送达。

三　城镇化的加速阶段：2000—2010 年

2000 年起，随着撤乡并镇、牧区小学合并至旗镇、围封转移等一系列政策的实施及持续的干旱、牲畜价格的下跌等多种原因，牧民开始大量往城镇、移民区迁移。牧区人口的城镇化迁移更多属于一种出于政府推动作用的传统城镇化模式。在有关牧民在城乡之间流动的原因与规律的探讨中，推拉理论显然是一种简单有效的理论解说范式。国家对牧区人口的转移政策与持续的干旱促成了牧区的一种推力，而城镇的发展与就业机遇成为拉力。2000 年初已有部分年轻牧民开始离开家乡到旗镇、锡林浩特、集宁、呼和浩特，甚至到北京和南方城市打工谋生，开启了牧区人口向外流动的高潮。从整体而言，在牧区，尤其是蒙古族牧民中，举家外迁的现象较少，而个体外出务工的现象则占据多数。

（一）城镇化加速推进的原因

促使牧民大量迁至城镇的原因，除政策因素的主要作用外，亦有更加复杂的社会原因。其一为牧区小学的合并导致的教育迁移。对于分散而居的牧区而言，子女接受教育的问题一直是对社区生活与家庭结构产生重要影响的社会问题，让子女受教育的目的直到当前依然是牧区城镇化最为主要的一项动力。在苏木小学合并至城镇之前，70 年代时牧民将子女送到社区内的嘎查小学，80 年代初嘎查小学合并至苏木小学之后开始送到苏木小学。无论是在队部或苏木驻地，学校离家近，牧民可以随时看望子女。直到 90 年代末，苏木小学的生源开始下降时，除苏木干部及少部分有较高意识与能力的牧户之外，多数牧民的孩子依然就读于苏木小学，学生全部住集体宿舍。与 70 年代相比，牧民往返苏木走动的频率明显提高。探望子女的牧民可以同子女临时住在宿舍，也可住在苏木驻地的熟人家中。干部向城镇的迁移促使苏木驻地的空闲房舍的增多，一些牧民干脆住在这些房子里为其子女做饭。随着苏木小学的合并，牧民开始往城镇小学送子女，并借助各种亲属关系，将子女送到其他旗县小学。学校与家庭的距离仍是牧民最为关注的问题。因此，B 嘎查的牧民子女多数在赛镇上学，而非作为旗政府所在地的乌镇。

其二为家庭结构的变化导致的陪读模式之产生。2000 年以后，90 后子女开始上幼儿园与小学。不像其前辈那样将子女送到队部或苏木驻地之后就安心养牧而不去看望，此时的牧民对子女的教育与呵护程度有了明显的变化。核心家庭已成为牧区主要家庭类型，每个家庭的子女也比原先少了许多。对于无城镇或聚居区域生活经历的牧民而言，城镇是人口繁杂的陌生空间。故在城镇买房或租房，陪读子女成为牧民迁至城镇的主要方式。此时的苏木小学虽依旧存在，但由于学校合并已成定势，教学质量已开始明显下滑。有条件的牧民转而将子女送到旗镇上学，而仅有家境条件差或特殊家庭的子女留在了苏木小学。

此次人口流动对牧区居住空间产生的影响是牧区传统居住空间在某种程度上的延续以及社区人口结构，尤其是男女性别比例的一种失衡。首先看第一种影响。在 80 年代中期实施草畜承包政策时多数嘎查是以联户承包，即牧业组的共同利用形式承包牧场的。当时，牧场植被普遍好，草畜矛盾并不大，基本延续了草原原有居住空间结构。到 90 年代末实施第二轮草场承包时，因连年干旱，多数牧民把牲畜全部卖掉，再到城镇另谋出路。故牧区养畜户明显减少，原有居住空间结构依然得到了维护。第二种影响为，在外出务工人员性别比例中，女性明显高于男性。故导致牧区男女性别之间的严重失衡。其结果为家庭自然分化概率的下降及牧场在社区内部的重新调整进程受到阻碍。超越基层社区的通婚现象成为导致牧场利用方式的多样化发展与土地纠纷问题日益普遍化的重要因素。

（二）生态移民区

2001 年起，"围封转移"战略开始全面实施，生态环境恶劣的苏木、嘎查全部被划入禁牧、休牧政策范围。作为该战略的重要组成部分，生态移民和扶贫移民示范园区被广泛建立。生态移民区的区位条件是"地下水资源充足、土地资源丰富、地势较为平坦、有利于机械化耕作"的地区。近十年的生态移民政策是将人口转移至预先已规划好的居住空间内，使其从事已规划好的产业模式之重要尝试。其中止或失败在某种程度上说明了牧区居住空间调整实践之难度。其对牧区新型城镇化的启示是巨大的。

S、T、E 三个嘎查的生态移民被迁入齐哈移民区。该移民区为西苏旗所设四个移民区之一，主要以饲养奶牛为主。齐哈位居赛镇与二连市之间，距两地各 60 千米。为集二铁路的重要站点，208 国道穿越之地。该地地下水资源丰富，地势平坦，交通便利，完全符合"通路、通水、通电、通话、通光电"的五通地区要求。迁入齐哈移民区的牧民主要从事奶牛饲养，将牛奶出售于设在移民区的蒙牛奶站。牧民所饲养的奶牛由政府出面，与河北省唐山市联系，统一购进 300 头荷斯坦良种奶牛。每头奶牛1.4 万元，牧民自筹 2400 元，有息贷款 2400 元，贴息贷款 4800 元，其余部分由旗县补贴。[①]

然而，移民区未能按初期的设想维持很久。2003 年起由各嘎查迁来的牧民陆续进驻移民区，每家购买平均 2—5 头奶牛，开启了定居养殖业。但由于产业链与各种相关机制的原因，至 2010 年，当初迁来的牧民多数已返回各自嘎查。移民区又成为房屋整齐排列且人烟稀少的寂静社区。S 嘎查的 10 户、E 嘎查的 8 户已全部返回牧场。T 嘎查的近 20 户中仅有 4 户常住移民区，但已不再从事养殖业。

齐哈移民区的常住户

T 嘎查牧民巴音与其妻子常驻齐哈移民区，尽管整个移民区空寂

---

① 额尔敦宝乐：《永远的怀念：追忆额尔敦陶格陶》，内蒙古教育出版社 2004 年版，第433 页。

无人，但年已 60 的老两口依然居住在这里。其唯一的姑娘在苏木政府工作。巴音于 2010 年将 2 头黑白花牛换成本地牛后寄放在牧区亲戚家中。靠两人的禁牧补贴（每人 18000 元/年）与低保金（500 元/月）维持生活。巴音在二连市有楼房，牧区有住房。由于身体不好，故常居交通便利的移民区。巴音一家的院落宽敞，正房在前，牛棚在后，院里种菜。两人在院内搭建一顶蒙古包，并一年四季居住于蒙古包中。①

（三）政策驱动下的城镇化

个案区处于"京津风沙源治理工程规划（2001—2010）""围封转移战略"等一系列政策所重点治理的区域。故各级政府将项目区的移民转移作为一项重点任务来抓。2005 起部分旗（和小城市）加大了保障性住房的建设力度，一些旗镇里开始出现了牧民小区及牧民楼。政府以无偿使用或低价出售等多种形式，将禁牧区的牧户迁移至城镇。一些牧民举家迁至城镇务工谋生。但其在城镇中的工作与生活同样未能长久持续。待禁牧期过了之后，一些牧民将城镇住宅转手出售，返回了牧区。

城镇住房与牧民的生计选择

2006—2008 年，T 嘎查共有 36 户牧民迁至二连市星光小区。住房由政府无偿提供给自愿禁牧（禁牧期限为 5 年）的牧户。入住城镇小区的牧户与政府签订协议，5 年后政府为牧民发放房产证书，住房正式归牧户。2013—2017 年有 10 户（或家中某个成员）陆续返乡养牧。其中有 6 户出售了住房，4 户将房屋外租给他人。至 2018 年依然住在小区的 20 户中，有 6 户子女在城镇打工，10 户为子女在嘎查养牧或靠低保、牧场补贴为生的老人，4 户为陪读家庭。由于小区常驻居民多数为老人，故小区专为老人们建设了棋牌室，在里面可玩沙嘎、纸牌等游戏。2017 年星光小区的沙嘎组到盟里参加比赛，获得了银奖。

---

① 笔者田野调查记录，2018 年 7 月，二连浩特市齐哈日格图移民区。

四　城镇化的新型发展阶段：2010—2018 年

2010—2018 年，牧民在城乡间的往返迁移变得更为频繁和普遍，相比之前十年的明显的人口城镇化转移，人口的返乡回流趋势变得更加显著。一些年轻的牧民依然以城镇作为主要生活空间，但出于种种原因，在城镇空间里成功落脚的牧民并不多见，反而城镇中的种种艰辛使其认识到牧区生活的种种优越性。当国家政策有利于其返乡牧场，重操旧业时纷纷返乡重建牧场；而当牧民在各自牧场上建立起稳定的居住空间与生产秩序之后，又开始探寻在城镇里的生存空间。毕竟，城镇承担着多数的社区功能，而牧场只提供了生产的功能。

（一）"逆城镇化"：返乡热

2010 年之后普遍兴起外出务工牧民纷纷返回牧区，新建住居，确定权属，围封牧场，多样化经营牧营地的一股热潮。一些早年因子女上学、婚姻与外出务工等原因，转为城镇户的牧民亦开始返回老家，落户牧区。因此可以称此返乡热为牧区"逆城镇化"现象。然而，此"逆城镇化"现象从其本质而言，并非是城镇人口从城区向乡村的大规模回流，其实质为一种现代时期的居住空间之个人化调整结果。牧民的返乡更多是一种家庭或个人居住与生存空间的拓展行为。返乡热并不与城镇化的总体进程相违背。相反，牧区"逆城镇化"是一种城镇化的结果。

城镇生活的艰辛、飘忽不定的生活模式与低收入构成一种推力，而畜产品价格的上升、交通道路的改善、信息网络的普及与人居环境的改善构成牧区的一种拉力。在旗镇里，尤其是在区外城市务工的牧民开始有了返乡放牧或务工的倾向。2010 年后，在 4 个城镇中均出现牧民从外地城市返回旗镇里创业的现象。年轻牧民返回家乡城镇中务工的现象可以被认为是牧区返乡热的前期阶段。在家乡城镇中的创业，可以使"已开眼界"和"见过世面"的年轻牧民在自己熟悉的家乡，借鉴外地经验，成功创业的同时能够照看留在牧区的父母与家庭产业。一些创业青年也看到了家乡牧区所具有的巨大发展空间与商业契机，但苦于重建牧区营地所需的巨额投入。因离乡多年，家庭牧场的基础设施已完全陈旧或被废弃，甚至一些牧民的房屋已塌陷。另外，牲畜数量经多年的干旱，已降至最低数量限度。牧区居住条件的阻力暂时将部分返乡牧民停留在旗镇里。

至 2010 年后，这一情况随着多项惠民工程的陆续实施而得到了解决。实施于 2014 年之后的一系列改善牧区人居环境的政策是提高牧民住房条件与生活水平，全面建设社会主义新农村新牧区的一项重要措施。牧区各级政府将危房改造、人畜饮水、广播通信、风光互补等建设工程引入牧区，其空前的规模与力度极大地改善了牧区人居环境体系。在政策具体实施过程中，政府对常住牧户的住居进行了改造。由于子女外出务工的牧户多属于贫困户，故而享受了国家的政策优惠。国家政策的实施内容涉及住房、交通通信等多个方面，在此仅对牧区住房改造予以探讨。危房改造包括新建与维修两种基本措施。脑苏木在 2014 年完成 170 户危房改造工作，其中新建 107 户，维修 63 户。2015 年完成 223 处，其中新建 177 处，维修 46 处。拆除危旧房屋 170 户，共 435 间①。

由此，自 80 年代初作为牧区主要住居类型的生土房几乎全部被拆除或外包为砖房。国家在贫困户旧房旁边免费修建了小巧舒适的项目房。外出务工的牧民陆续回到牧区，借此政策优惠，建立了自己的住居与营地。新住居的建设使延续至 2000 年初的原有牧区居住空间结构受到了巨大冲击。牧业组共同使用的牧场空间向家庭牧场空间转化，新建于原有营盘或新营址上的住居重新确立了牧场空间的产权意识，牧民为了得到各类项目和便于使用其草牧场补贴而不断分户，导致嘎查户数的急剧上升，从而营地数量也相应地趋以增多。住居的新建并非仅仅是一种住房更新问题，对于返乡牧民而言，新建住居只是营造家庭居住空间的第一步，建好房子之后需要着手办理的第一件事便是牧场归属的确认问题。

当人们陆续返乡建房后牧场空间的确认问题成为一项亟待解决的问题。离乡多年导致的人际关系的疏远与理性意识的增长使年轻一代的牧民，更加看重自家牧场空间的清晰界限而非相处多年的邻里关系与牧场共

---

① 内蒙古通志馆：《四子王旗年鉴（2014—2015 年卷）》，2016 年，第 508—512 页。

用模式。80 年代实施草畜承包政策时已出生并分到牧场的牧民，相对轻易地从大户里分出自己的牧场。虽牧场方位与平面有待进一步确定，但几乎是以新建的住居为中心，建立了自家牧场空间。在家户内部确定无误后自行出资将牧场加以围封，建构了完整的家庭牧场。而实施草畜承包政策时未出生的子女与外嫁其他社区的女儿之牧场确认则遇到了更为繁杂的问题。

在个案区西部，一些因早年为使子女受到良好教育而离开牧区，并在城镇购房落户的牧民亦开始纷纷返回落户牧区。其一般过程为，由申请落户者撰写一份申请，详述其理由后，找同一嘎查的 7 户牧民签字，经嘎查委员会召开社员大会讨论通过后，再经边境派出所办理户口簿，完成正式落户手续。因返乡落户的人几乎全部为本嘎查牧民的子女或早年迁出嘎查的牧民，故落户手续基本都可顺利完成。然而，在某嘎查落户并不意味着立刻就有牧场。户籍在嘎查，而无确定牧场使用权的情况已开始出现。

（二）城乡一体化发展趋势

从旗域居住空间的调整意义而言，城镇化与返乡热并不构成两股朝向相反或相互矛盾的社会流动。相反，两者具有相辅相成的紧密关系。城乡居住空间的这一调整，是一种具有复杂社会文化原因的社会现象。从空间的现代性结果而言，它属于一种居住空间被予以压缩的现象。两地居住或多地居住模式的生成与城镇居民有多套房产，并以此满足工作与生活需求如出一辙。而从个人的生存意愿看，它属于一种在传统与现代、城市与乡村等一系列二元对立处境中的一种平衡化策略。

早期的城镇化可被视为一种单向的社会流动。年轻人为了寻找更好的生活机遇而试图在城镇空间中扎根生活。此时的牧场处于一种被闲置的状态。若在城镇中获得更好的生活机遇，返乡养牧的概率是很低的。而返乡热则是一种个人居住空间的重建行为。此时的城镇依然是返乡牧民的重要生活空间，返乡建房的目的是为了更好地适应城镇生活或现代生活空间。返乡的目的也并非只是养牧为生，而是一种更有益于现代社会空间中的居住空间层级之创建。在当前牧区，在城镇里有自己的楼房，牧区有设备齐全的家庭牧场，自己则往返其间，兼顾两者已成为一种普遍的理想生活状态,并且拥有此种生活状态的牧户已不在少数。

城乡一体化发展的一个重要物质基础是道路网的建立。便捷的道路网使城乡空间被大幅压缩。2000 年时以省道为干线,县道为支线,乡道为辅线的覆盖整个旗域的公路网、道路网几乎覆盖全部牧区,驾车便能通行于曾经的边远偏僻的牧区。

第七章　现代家庭牧场与城乡往返模式

　　牧区城镇化进程的逻辑起点是定居化，而定居化的结果是现代家庭牧场的出现。现代化进程中的牧区定居化，主要指牧户在单位牧场界域内的住居与营地设施之非移动化与规模化发展，而现代家庭牧场是由此形成的在生活方式、社会组织与生产方式方面与前现代时期的家庭畜牧业完全不同的新型生产生活方式。现代家庭牧场的形成与发展重构了牧业社区原有景观与居住空间，借以网围栏"织造"的"一宅一户"式营地单元在社区空间内的均衡化分布已成为一种明显的趋势。同时，原处于社区边缘区位的殊胜地景被政府重新发现，并规划成为"国家地质公园"。随着全域旅游的提倡，牧家乐与各类文化展演开始兴起，牧业社区的居住空间结构相应产生了变化，借助现代家庭牧场的独立自主性与先进的生产技术，牧民获得了更加充裕的空闲时间，从而形成一种频繁往返于城乡之间的生活模式。笔者认为城乡往返模式为一种特殊的旗域就地就近城镇化形式。

第一节　现代家庭牧场

　　现代家庭牧场是指由个户所经营和所有的，并以家庭成员为主要劳动力的，从事规模化、集约化、商品化的现代畜牧业生产的经营主体。它既可以指一种以核心家庭为主的社会组织模式，也可以指一种市场化生产模式。现代家庭牧场是牧区现代化发展的产物，也是牧区城镇化发展的一个重要前提。在此可从现代、家庭、牧场三个核心要素对现代家庭牧场之概念进行解读,三者分别指代生产生活方式之现代性、社会组织特点与特定生产方式。

一　现代家庭牧场之"现代性"

在当下的牧区,牧户由从事传统畜牧业的生产者逐步转向从事现代家庭牧场的经营主体的社会变迁是需要被深度关注和解析的一个重要问题。现代家庭牧场是一种新型生产方式、生活方式和组织模式。其所蕴含日益显现和增强的现代性特征,如生活方式的城市性与生产方式的理性特征是牧区社会现代化发展的一种必然结果。有关现代性的定义,吉登斯(Anthony Giddens)认为,现代性是指大约从 17 世纪的欧洲起源的一种社会生活或组织的模式。[①] 有关现代性的定义虽有多种,但要对其核心内涵加以归纳的话,可以得出个人主义、工具理性、世俗化、城市化、工业化等多种微观与宏观层面的共性。从社会发展的逻辑而言,现代家庭牧场的生成与发展是促进牧区城镇化发展的主要前提和重要结果,两者之间具有相辅相成的逻辑关联,而非相互违背的发展倾向。固定住居与配套设施的健全最终使牧户稳稳地坐落于一个点上,过起安稳舒适的现代生活。现代畜牧业生产使生产行为在某种程度上"脱嵌"于原有生活领域,成为一种纯粹的经济行为。借助先进的工具与养殖方式,人们腾出更多的时间往返于城乡间,而城市的生活模式反过来塑造了牧区的日常生活方式。

(一) 生活方式的城市性

随着现代化的深入,在相对广阔的牧场空间内往返迁移的牧户逐步转向以户为单位,在个户承包的牧场界域内定居化发展的独立经营体。在国家政策引导与支持下,营地规模逐步扩大,住居与营地设施不断得到更新,为现代家庭牧场的形成奠定了物质基础。现代化的生活方式正是以此居住空间与设施作为前提条件形成并发展的,现代化的观念与意识渗透牧民日常生产生活的全部领域,在此仅看包括早期的电器与新近的智能设备

---

① [英]吉登斯:《现代性的后果》,田禾译,译林出版社 2011 年版,第 1 页。

在内的现代技术对日常生活的塑造影响与由此构成的城市性景象。

电能的广泛使用对牧区日常生活的影响是重要而深刻的。牧区发电方式与使用量从 80 年代中期的风力发电机，经 2000 年后的太阳能电池板，再到当前的长电，历经了数十年的发展。在此过程中，电的使用从早期的日常照明到当前各类电器设备的使用，逐步扩展至日常生活的多个领域。原先在城镇家庭中的冰柜、洗衣机、电风扇等电器近年已普遍使用。随着住居形态的变化，热水器、空调、监控器等设备业已开始被牧民所使用。可以说，电器与电子设备的广泛使用不仅对日常生活方式起到深刻的变革作用，同时也产生了更加深远的一系列社会影响，如电视、电脑、网络与手机的使用，拓展了牧民对外部世界的认知范围与社交网络，由大众媒介的传播所导致的文化认知的转变，人们对文化差异性的认同度逐步提高，同时也使生活模式日益趋同化。

一些电器的使用直接影响了原有生产节律及由此构成的社会合作模式，如冰箱使牧民能够在炎热的夏季冷冻肉食品，从而逐步废弃了传统的储肉方式。在无冰柜之前，牧民在夏季喝汤时召集亲戚与邻居与其分享，将剩余少部分肉割成细条挂在哈那上，用撒盐撒面或烟熏的方式储存少许日子，以便食用。夏季羊肉不易储存，以邻里间分享的方式食用既能避免羊肉腐烂，也能保证新鲜羊肉的持续，有利于邻里亲戚间的和睦。然而，有了冰柜之后，邻里和亲戚间分享新汤的习俗逐渐趋于淡化。

在日常燃料方面，近年牧区已开始普遍使用煤和煤气，项目房和新安设于固定住居的供热系统多用暖气或地热采暖技术。每年秋末，牧民从周边城镇定购若干吨煤，以备冬季使用。煤气灶的使用在牧区很早便已普及。牧民经常往返于城乡之间，可以随时灌满煤气。在平常时期，尤其是迁移倒场时提供了许多便利，新燃料的普遍使用势必会降低牧户对牛羊粪等传统燃料的依赖性。然而，出于费用问题，后者的使用依然占有一定生活支出比重。冬季采暖的方式、费用是牧民一向予以关注的问题，出现混用羊砖、牛粪等传统燃料与煤。依据家户人口的变化适度采用电暖气、太阳能暖气等多种方式，如以采用地暖供热方式的小平方米固定住居或蒙古包，除严寒天气以外主要使用羊砖。采暖费用问题是促使多数牧民选择小平方米住居或蒙古包，而非建在一旁的宽敞明亮的砖房为日常住居的重要原因。除考虑起居便捷性之外主要考虑采暖费用问题，在节假日或寒假，老人和子女从城镇返回牧点之后，以煤或电暖气供暖。

然而，电器的普及和燃料的变化只是问题的一方面，一些新型技术，如电子、生物技术的应用与推广是我们必须要关注的问题。其关键在于认识现代设施，其巨大发展空间及其对牧区日常生产生活实践所起到的无法估量的变革力量，监控、定位与远程操作的智能设备已开始进入牧区日常生活。比如近年在东苏旗开始实施的"智慧牧场"将牧场监控与牲畜定位技术合二为一，牧民在城镇家中便可使用手机监控和操纵日常生产环节，此项技术对牧区生活的变革潜力无疑是巨大的。随着智能设备的普及，牧业社区正在向一种再次空间化方向过渡。

智慧牧场

2013 年，东苏旗在 15 个牧户首次试用牧场监控技术。2018 年时已有百余户牧民使用了此项技术。在牲畜定位技术方面，有 3 个嘎查试行这一技术。由旗里建的智慧牧场平台由智慧牧场、大数据分析管理等多种模块组成，牧民自筹一定的项目资金就可以在其牧场安装牲畜 GPS 跟踪定位系统、牧场监控、智慧气象站、肉羊追溯等职能设备。[①]

与生产者使用智能设备远程监控其畜群的现象同时产生的是管理者对生产实践的更有效的监督。受利益驱使，在禁牧区与草畜平衡区常有牧民瞒报牲畜数量或在休牧期间偷牧的现象。为准确掌握大尺度空间内的牲畜数量，从而进行有效管理，旗政府也开始使用了无人机航拍技术，监控由此成为一种国家与个体层面实施的双重技术。东苏旗已采用无人机航拍技术清点牲畜头数，以此采集牲畜头数的真实数据，核准人工清点数据的新技术。

除技术层面的变化之外，显现于牧区日常生活中的城市性特点可谓日

---

① 笔者田野调查记录，2018 年 10 月，苏尼特左旗畜牧局。

趋多样，如一些年轻牧民从城镇运来灌装饮用水在家中喝绿茶，在客厅中摆放鱼缸及种植花卉。

狗在牧区的角色转变

狗在游牧时代是家家必养的动物。狗有保护营地与畜群的作用，在畜牧业生产中是必不可少的。直到 90 年代末牧户平均每家养 1—2 条狗。而狗在近年的作用开始发生了变化——狗向"或大或小"两个方向发展。一些富户开始养体格巨大的藏獒，而多数牧户养一些体格矮小的哈巴狗，狗由原先看护营地的动物变成了宠物。①

（二）休闲时间的增多

牧区的生产节律受雨水等气候因素的影响很大。在风调雨顺的年景里牧民可以安闲自在的在自家牧场养牧，畜群所需劳力并非很大。遇到干旱季节，牧民要四处联络倒场的营地进行迁移，畜群所需劳力与费用相应增大。然而，现代家庭牧场的逐渐完善，以新型养牧方式与先进配套设施将自然灾害的危险降至最低限度。年景好时牧民可以安闲地待在家中，依靠先进的生产设施，进行日常生产。围栏的存在使原先的跟群放牧方式变为远距离瞭牧方式。畜群在家庭牧场界域内觅食，而不需担心走远或与邻居家的畜群合群。牧民仅需待在家中，不时地骑摩托车出去照看即可，在大牲畜多时也不需要频繁的照看。为畜群饮水时已普遍使用电水泵，而不需要人工拔水，甚至一些牧民在水槽上安装了一种电子感应器，当牲畜走到水井边时自动出水。

遇到干旱年景时，组织倒场的现象已日益减少，而是更多以舍饲圈养方式维持日常生产。牧民从外地购置草料用于补饲牲畜，并以出售、转包形式减少畜群规模。虽然由此将产生一笔不小的支出，但生活依然可以"安闲自在"。空闲时间的增多促成了一系列生活方式的变迁，如牧民有更多的时间往返于城乡之间或在营地从事其他生产类型。其中，利用空闲时

---

① 笔者田野调查记录，2014—2019 年在个案区田野工作期间的观察。

间开展的文化消遣行为是一项颇值得关注的现象。此处所说文化消遣行为，是指牧民在劳动闲暇时间所从事的手工艺制作、游艺竞技与民俗物品收藏等消遣娱乐。文化娱乐与消遣行为并非仅出现于现代社会，只是其呈现方式因时代而具有一定差异。与游牧时代或过去相比，文化消遣行为明显具有一种普及和盛行的态势，其产生与发展具有一定社会原因。在过去，文化消遣行为是嵌入日常生产生活实践中的，手工艺的制作更多是一种日常器物的制作，游艺竞技是在特定生产生活实践中开展的必要环节，而民俗物品更多是日常使用器具。然而，随着现代化的深入，文化消遣行为逐步脱离于日常生产生活实践，成为一种供人独立从事的日常消遣行为。其出现与普及虽由大环境所致，而关键在于居家与空闲时间的增多。

马文化的复兴

在当前牧区，吊马、赛马已成为一种最具代表性意义的文化消遣实践。各嘎查都有一些马文化协会在组织民间的赛马活动，牧民自行组织协会与微信群，及时获取周边各嘎查及盟旗的那达慕信息，并用车辆拉上马参加比赛。跨社区的赛马一方面扩大了人们的社交关系圈，"马不识人，但马可以让不认识的人相互认识"一位牧民对笔者如是说。但赛马也面临着一些限制，网围栏的普及使适于赛马的平坦开阔的空间日益缺乏，就连敖包那达慕的延续多年的快马赛也因此屡改路线，但牧民仍旧找地方赛马。除赛马之外收藏鞍具、在客厅摆放马具成为一种时尚。制作酸马奶的习俗在个案区域已失传多年，而近年起人们着手调教骒马，挤马奶，并尝试制作酸马奶。①

艺术创作与民俗文物收藏

B 嘎查的一位牧民擅长玩沙嘎游戏与编织各类绳索，经常参与四子王旗、西苏旗、东苏旗等周边牧业旗举办的沙嘎比赛，并屡获好成绩。其本人与嘎查、苏木领导联络，在牧区家中以迎接"三八"妇女

---

① 笔者田野调查记录，2019 年 1 月，T 嘎查；2019 年 8 月，H 嘎查。

节为由举办了牧民沙嘎游戏比赛。比赛当天不仅有周边不少牧民参加，东苏旗沙嘎协会的会长一行也专程赶赴会场，并为其赠送礼物。在其冬营地专门搭建两顶蒙古包，用于摆放自家祖传和近来收藏的各类民俗物品。E嘎查的一位牧民有收藏民俗物品与蒙古文书籍的爱好，直到2016年仍以三顶蒙古包游走E嘎查和其妻子的牧场所在的另一个嘎查内，在其一顶蒙古包中放满了各类民俗物品。[①]

对传统手工艺的推崇与种种实践出于一种文化需求和依恋。在过去用作日常器具的马具、器皿、绳索等被当作工艺品，用于装饰室内空间。国家对传统文化与非遗保护的宣传以及日益兴起的边远牧区旅游业成为文化消遣行为得以产生的有利环境。除个人的文化消遣行为之外，政府与各类文化协会也频繁举办擀毡子、烙马印等传统生产活动的展演活动，驼桩祭祀等传统仪式也从而被发明和宣传。

二 现代家庭牧场之"家庭"

现代家庭牧场这一概念强调了家庭作为独立经营主体与劳动力组织的社会群体属性。家庭作为一种最小的社会生活共同体和初级社会群体，一直是所有社会类型中的基础性社会组织。但其类型、规模、存在方式及其与所属亲属群体、邻里与社区之间的社会关系与交往模式因社会、时代而具有一定差异。概括而言，在传统社会，家庭是融合于家族、氏族等规模更大的亲属群体中的一种社会组织，对后者的依赖性与交融性使家庭缺乏许多独立职能。而在现代社会，家庭，尤其是核心家庭逐步脱离于对亲属群体的依赖，具备了很高的独立性。牧区家庭组织的变化显现于多个方面。在此，我们仅从居住空间的视野予以分析，无论从地理景观还是营地格局而言，若要细心观察当前牧区的居住空间景象，将会发现家庭分化的

---

① 笔者田野调查记录，2015年5月，格苏木呼格吉勒图雅嘎查与E嘎查；2018年8月，B嘎查。

清晰轮廓。

　　家庭独立性之增强与家庭牧场之生成二者之间具有相辅相成的互构关系。首先，家庭的持续分化促成了边界清晰的家庭牧场之形成。在80年代中期分得牧场的老户在2000年前后陆续分化为若干核心家庭，新成立的家庭在老户承包的大面积牧场内按人均面积分得一片牧场，并逐步形成以新建营盘为中心，以网围栏分割的独立生产单元。老户子女中出生于七八十年代初的子女均有自己的牧场，其所分牧场面积是确定的，但牧场方位与平面则依据大家庭的共同意见而选定。80年代中期至90年代初出生的子女无牧场，要划分其父母或实施草畜承包政策时分得牧场。随着子女们的陆续成家，老户牧场被分割为若干部分，构成在原单户牧场界域内并立的若干家庭牧场。在此，牧场的碎片化与家庭的原子化发展是同时并行的。

　　其次，独立自主的家庭意识与生活策略促使直系亲属间确立了一种清晰的边界。从一户分化而出的若干家庭之间既有某种程度的联合与互助，亦有一种清晰无误的牧场边界。个人与家庭意识的增强使直系亲属们宁愿以相互隔离的围栏标识各自牧场的界限，却不愿共用一块牧场。即使共用一块牧场，各户的权属与划分也是清晰的。从老户中分化而出的家庭视兄弟姊妹间的友好和睦程度，以不同方式划分了牧场。其两种极端类型为，在老户牧场界域内用围栏分割的清晰划分与对外有清晰边界而内部共用牧场的两种类型。随着牧场重要性之提升，兄弟姊妹之间的牧场纠纷已日益普遍。不仅有兄弟之间，子女与父母之间的权属纠纷以及近年外嫁的女儿也积极参与家户牧场的划分中，并得到了其应得的一片牧场。其结果是各户在老户牧场界域内的一种均衡分布。

　　最后，家庭与所属牧业组（或社区）的日常交往之淡化与家庭成员的内部合作之紧密化同时并行。在牧区成年子女在城镇创业，父母在"后方"提供原料与资金支持的现象日益普遍。并且家里财务与生产决策多由城里的子女所掌控。借助先进的设备，夫妻二人便可完成原先由多人参与的生产环节，如汽油地钻及紧线器的使用能够使夫妻二人轻易完成拉围栏的工作。除小型器具之外，不少牧户家中有铲土机等大型设备，这些设备可用作铲平在营地周边集聚的沙土与积雪。

直到 90 年代末，牧区邻里与大家庭共享一处牧场体系，出于共同体意识、伦理与技术等原因，相互间保持着亲密而频繁的互动与往来。家庭牧场的形成，以更加清晰的牧场空间与完善的设备逐步脱离于原有组织关系。

三　现代家庭牧场之"牧场"

现代家庭牧场之"牧场"并非仅指作为生产资料的草牧场，而是指一种现代化的生产方式，即规模化、集约化、商品化、定居化的现代畜牧业生产方式。"现代草原畜牧业的核心是科学化，特征是商品化，方向是集约化，目标是产业化。"① 现代家庭牧场，是针对大市场的一种生产方式之调整。

在居住空间结构上，现代家庭牧场由居室、住居、营地、牧场四重空间构成。居室、住居构成生活空间，而营地、牧场构成生产空间。营地设施的配套化和牧场的围封化构成了其基本生产机制。在多数营地，住居与棚圈相距数十米，以此有效分离了生活区与生产区。由暖棚、草料棚、机井三个重要设施构成的营地设施体系在强化了生产效率的同时降低了家庭对外部社会的依赖性，而牧场的围封使牧户增强了家庭牧场之管理理念与保护意识。

牧户对自家牧场内的植被、地形等众属性与优劣程度，以及与周边牧场的关系等了如指掌。为保护并增强牧场之承载力，并合理安排畜牧业生产，达到利益最大化目的，个户对牧场进行了精致的"规划"。牧民视自家牧场的面积、平面、地形、植被与种类，确定营地位置。并使用围栏在牧场界域内进行二次分割，划分出季节性牧场单元，用于轮牧。

在日常运行方面，牧户视自家劳力条件，进行了安排。通常以调整畜种结构、雇用劳力或家庭分工形式，确保其家庭牧场之正常运行之外保证其与城镇的频繁往来。家庭牧场对所属社区之依赖性在降低的同时，其与城镇社区之关联性日益提高。相对封闭的牧场空间使牧户的日常行为更显一种隐秘与自主性。牧户家庭内部发生的事并不被邻居所容易察觉。当有事需到城镇里时就像牧民所说，"把家门锁好，在棚圈里的食槽内多放点草料，把水槽

---

① 布和朝鲁：《关于围封转移战略的研究报告》（下），《北方经济》2005 年第 2 期。

加满，围栏门一锁，开上车就到镇里"。

生产的规模化与城乡之间的频繁往返，在某些时候会促成劳力缺乏问题。此时，牧民以灵活多变的方式雇用劳力。雇用时间可长可短，在雇用工来源方面，有雇用当地牧工和跨国劳工等两种方式，后者指雇用来自蒙古国牧民，在 6 个嘎查内均有雇用蒙古国劳工的情况。并且，蒙古国劳工有价格低廉，畜牧业技能娴熟的特点。

总之，现代家庭牧场之形成培育并增强了牧民的许多现代性品质。牧场的精致规划与利用策略提升了牧民"精打细算"的能力靠家庭劳力的生产模式使其增强了脱离于邻里与社区的独立性。

第二节　现代牧业社区景观与生产实践

社区景观作为一种社会建构，是由特定时代的社会文化所塑造的产物，居住空间模式是社区景观的一个重要呈现方式，现代家庭牧场的发展使牧业社区具有一种城市性而非田园牧歌式的景观特性。城镇与牧区在除空间尺度与住居形态方面的差异之外，在空间结构上日益具有同构性特点。牧民在自家牧场空间内进行生产，其生产知识与经营理念已有很大变化。面对急速的市场化、城镇化压力，传统与现代、情感与理性因素并存的局面已常见于牧业社区。

一　现代牧业社区景观

社区景观并不是人们通常所理解的自然景观。按照景观是"一个叠加在地表上的、人造的空间系统。其功能和演化不是遵循自然法则，而是服务于一个人类群体（community）"[①] 的观点来看，社区景观就是建构于特定自然景观上的包括居住空间在内的综合性空间。因此，现代牧业社区景

---

① ［美］约翰·布林克霍夫·杰克逊：《发现乡土景观》，俞孔贤等译，商务印书馆 2016 年版，第 17 页。

观所呈现的是透过物化的居住空间以及更加隐含的一系列空间化实践来表达的一种空间性。

（一）网格化空间与景观效应

上文已提到80年代中期的营地布局基本维持了原有牧业组的小聚居、大散居模式，除承包给牧户的牧场外嘎查仍有一定面积的集体所有牧场。这些机动牧场多为地处嘎查边缘区位或交界处的无水牧场，遇到干旱季节，牧民可以利用集体牧场倒场，有时嘎查也以一亩一元的价格收取牧场费作为集体基金。从牧场平面布局看嘎查曾有明显向心化和小聚集的营地布局倾向。大集体时期制定的牧场划分与生产节律依然在很大程度上影响了个户营地的牧场区划与总体布局。大集体时的嘎查牧场通常被分为几块大区域，每片区域设有冬夏牧场的明确分界，并由一组牧户在这一片区内游动生产。草畜承包时按照原先的生产节律将个户牧场也分为冬夏牧场，故构成多数情况下冬夏牧场相隔的单户双营地格局。2000年之后这一格局开始有了很大变化，随着牧户的增多，营地由原有牧业组营地扩散至外围牧场，向更大的牧场空间内分布，最终促成了当前的牧营地在嘎查境内的平均分布模式。随着生态补偿金的发放与牧场边界的清晰化，牧民开始用网围栏围封自家牧场，并在自家牧场内重新调整了营地区位，一些旧营地被废弃。随着新户营地的建立与插入，牧场逐步碎片化，除有争议的牧场和集体牧场外，营地平均分布于嘎查整体牧场空间内。日趋平均分布的营地逐步扩展至嘎查原有机动牧场和无水草场。

牧户的均衡化分布与机动牧场的压缩

位居B嘎查与S嘎查中间的脑木更山区域曾为一大片无水牧场，一直到90年代末，其周边方圆几十里无一处牧营地。除B、S两个嘎查及周边嘎查的驼群在此觅食外无一户长期驻牧于此片区域。由四子王旗与西苏旗两旗从清代以来共同祭祀的脑木更敖包位居脑木更山的东南侧，山体呈红色。山顶有一大片平整的牧场，山下为戈壁滩。平整延续的山与在平坦的戈壁滩中拔地而起的圆锥形天然敖包使整片区域建构为一种神圣地景。在地方牧民的传统观念里此处为"哈图嘎扎日"，即不宜栖居的地方。除遇到特大灾害而来此寻觅牧草外，平常时期从不轻易靠近此处。脑木更山及敖包处于两旗交界处，故有关其确定权属问题，两旗牧民从80年代以来一直存有分歧。50年代初便建立的脑苏木正是以此山命名，而2000年初出版的"苏尼特右旗志"（1642—1949）将脑木更敖包的图片作为其封面。2000年之后，B嘎查的牧户开始向东扩展，S嘎查的牧户向西迁移，最终平均划分了这一片牧场。其结果为神圣地景的消失与两旗牧民的频繁往来。①

牧户在社区空间内的均衡分布构筑了一种近似城镇与村落的规划格局，人们若从一户走到另一户必须穿越其围栏大门，牧场空间的均衡化发展最终促成了一种景观结果，即社区网格化居住空间之形成。虽无城镇或农村整齐划一的住居排列格局，但网围栏的存在使两户连接在一处，成为一种挨家挨户的邻里格局。

（二）牧场空间的重构

与80年代初分草畜时相比，90年代初牧业社区已呈现出明显的贫富差距。一些勤奋能干，善于经营的牧户大力发展畜牧业，积攒了一定的家产。这些牧户在90年代初便开始修建砖瓦房与配套棚圈设施，建构了规模化营地。我们可以将这部分人称为牧业大户或牧业能手。与此同时，一些牧户因个人原因及生产策略、疾病等各种问题，家境开始败落，成为在社区内当牧工或外出打工的主要群体，同一社区成员之间的不平衡发展导致了原有牧场体系与营地格局的瓦解。当构成邻里的牧业组内的一户或几户趋以贫困，从而遗弃营地与牧场，外出务工后其营地设施与牧场自然被依然留下发展畜牧业的邻居所使用。

从90年代初到大约2010年的近二十年，大户无偿使用周边牧场与营地设施的情况是普遍存在的一种现象。一些长期在外打工的牧民很少返乡照看营地与牧场，从而与邻里失去联络，其建造的土房与简易营地设施逐

---

① 笔者田野调查记录，2018年7月，B嘎查；2019年1月，S嘎查。

渐被废弃，成为邻居畜群避风雪、暴雨的避险处，牧场被邻居或社区内的牧户无偿使用。一些在社区内或周边苏木嘎查当牧工的牧民虽基本保住了自家住居与营地设施，但无法顾及牧场。牧场也常被邻居和亲戚无偿使用。

2010 年之后，随着畜产品价格的上升、土地补偿金、禁牧款项的发放与国家对牧区住房建造的一系列优惠政策，牧区开始出现了一股"返乡热"。牧场的重要性与产权意识被人们迅速重视起来，长期在外务工的牧户开始纷纷返回牧场，确定其权属问题。一些牧民开始出资围封牧场，并借助国家优惠政策修建小平方米的住居，重新建构了完整配套的家庭牧场空间，以此提高外租价格。由此，延续近 20 年的无偿使用邻里牧场的历史得以告终，进入以租赁为主的多样化草牧场流转时期。

当已瓦解多年的牧业组营地组织以崭新的，比以往更加严密的秩序重现时牧业大户们也采取了新的资源整合手段，以扩大生产。牧业大户的整合资源方式大致有以下几种。其一为长期租用邻居家的牧场。租用牧场的最长时限一般为 5 年，以一次性交付或分期付款形式交付牧场租用费。其二为出资围封邻居家的牧场，在约定时限后转交给牧场主人。此种方法另有帮助邻居建设牧场的名分。但出于节约资金的目的，多数富户选用价格低廉的围栏，故到期之后围栏也会破败不堪。其三为按一定比例合群养牧的合作形式之出现。出租方将一定数量的牲畜寄养于承租方的畜群，承租方按牧场总价向出租方提供每年冬季的肉食。

对于牧业大户而言，租用邻居家的牧场，从而扩大其牧场空间是最佳选择。牧场面积的扩大使其能够扩大畜群规模，并能利用更加完整的牧场体系。其结果是，占据数万亩牧场的大型家庭牧场出现。

（三）僻远安静的居住倾向

现代化，从其本质而言是人的现代化。个人意识的转变势必会导致家庭、邻里及社区等社会组织的关系与交往模式的变迁，犹如早期社会学家所关注到的关系亲密而互动频繁的乡土社区向关系冷淡而缺乏交往的现代社会的过渡一样，这一转变正悄然发生于当前的牧业社区。同大集体时期的生产队与八九十年代末的嘎查社区相比，由数十户现代家庭牧场构成的当前嘎查已是与前两者截然不同的现代牧业社区。当然，必须指出的是，现代性的成长与呈现有其共性的同时亦有其地方性特征。从传统至现代的社会转型，并非是一种简单的替换过程，至少在过渡期内呈现为一种复杂的交融形态。在评价当前牧业社区之社会属性时同时要看到其革新的、现代性的一面和地方性的、传统性的一面。

我们可以简略地概括嘎查在数十年的社区化发展历程。嘎查社区是由若干支在一定牧场空间内往返迁移的牧业组为基础，整合六七十年代的部分外来移民而构成的具有地缘与行政双重性质的社会组织。经数十年的集体化生产，社区内部经历了一种必要的融合过程，最终构成了具有一定共同利益与道德观念的地缘共同体。80 年代实施草畜承包政策后嘎查社区在一定程度上依然维持了较为集中统一的集体资产、利益与合作互助的精神。此段时期是牧区从集体经济向市场经济逐步转型的过渡期，社区虽持有传统牧业社区的若干特征，但其现代性特征日益清晰化，现代家庭牧场的发展与社区交往模式的变化使其具备了某种城市性特点的现代社区。

直至 90 年代末，牧民们偏向于选择离水源近，离亲属近的牧场，并经历了一段时期的内部调整。牧场与营地的设置更多倾向于中心，而非外围。然而，2000 年之后情况有了大转折。当时受到某种"排挤"或出于一种错误的抉择而分到嘎查边缘区域或无水牧场的人反而占据了优势。而想方设法插入亲属牧场中的牧户则处在了拥挤的牧场空间内。在营地区位的选择方面，牧民倾向选择"偏远而安静的"牧场，独居一隅，自由生活。齐美尔所称大城市中的人们所表现的匿名、冷漠、善于计算等心理人格特征出现于现代牧区。这固然提出了一个疑问，即城市人的心理人格特征是否源自城镇空间本身。

二　现代畜牧业生产实践

生产方式对生产者的居住空间无疑会起到一种重要形塑作用。现代畜牧业的规模化、产业化生产实践，解构了牧业社区原有居住空间模式，并逐步建构了适于其生产规律的居住空间体系。现代家庭牧场的生成、牧区与城镇的一体化发展均是这一调整实践的结果。

（一）网围栏：牧场空间的"织造"

网围栏是一种用于围封牧场的现代技术。有关其功能与影响，学界与地方使用者的观点可谓褒贬不一，各执己见。作为一种确立边界，分割牧场空间的技术手段，网围栏具有一定的制度与社会需求。但就因为是一种技术手段，同时有了随着制度、观念与技术的推进，具有被取缔或更新的可能性。在此，我们仅将网围栏视作一种空间分割技术手段，探讨其对牧区居住空间所起的影响与深远意义。

网围栏并非只是近年才开始使用的技术，其本身已经历了一段时期的发展与演变过程，并且至今依然处于一种不断更新变化的状态。以实体墙和栅栏围封牧场达到分割、封育牧场目的的行为最早出现于60年代初。在牧区兴起"牧业学大寨"运动时期，曾广泛动员牧民开展用石砌墙体、木栅栏和铁质围栏围封牧场的运动。此时的围封工程主要是出于牧草储备与围封轮牧的目的。随着80年代的经济体制变化，最终被遗弃。

由国家大力支持，牧民自行围建的网围栏始现于80年代中期，几乎与草畜承包政策实施始于同一时期。四子王旗人民政府1984年的工作报告即指出："在牧业生产上要大力提倡围建网围栏，抓好药浴和改良配种。"① 80年代末至90年代初，牧户在自家牧场上相继围建网围栏，建立草库伦。其面积起初在200—400亩。到90年代末各户虽然相继扩大草库伦面积，但平均维持在1000亩左右。草库伦是一种用于围护封育牧草，在冬春两季圈放母畜或老弱病畜，使其安全越冬的设施。草库伦通常位居冬营地近旁，只占据家庭牧场的一小部分，故基本不会影响原有牧场体系与畜群往返路径。草库伦的面积小，离家近，草势好，因此牧民在春季通常将哺乳期的产羔母羊从大群里分开独立成群，并将其圈入草库伦内。结合少量草料补饲，提高母畜与仔畜的质量。在某种程度上，草库伦只是营地空间的一种延伸或一种营地设施。

---

① 四子王旗人民政府：《四子王旗政府工作报告汇编（1954—2013）》，内部资料，2014年，第150页。

从 2010 年开始，网围栏的使用开始有了很大变化。牧民陆续将自己所承包的牧场全部加以围封。网围栏最终由营地辅助设施转变为划分个户全部牧场的设施，网围栏多由个户出资围建，其形式有多种。这恰好反映了当前牧区的各种牧场空间规划实践。其中有个户将牧场全部围封，牧业组、尤其是直系亲属联户围封一块牧场，在已围封的牧场内进行二次分割等，牧场相接的两户通常共同支付其相接的一道围栏。

在个案区东部，网围栏较早已普及。U 嘎查在 2016 年时已有 91% 的牧场被牧户围封。① 在西部区，从近三年始有围封整体牧场的趋势。网围栏的围建具有一种连锁效应，即当一户围建网围栏后周边牧户也必须要围建，由此以个户为起点逐步扩散至邻里、周边，最终扩及整个社区。当一户围建网围栏后，为保护其自家牧场，有意无意将畜群赶入周边未建围栏，尤其是主人长期在城镇或无人严加看管的牧场。明确的牧场界限之出现，凸显并放大了越境放牧之"侵袭"性质，使牧场纠纷加以频繁化。小畜的牧养一般被限于自家牧场内，但大畜，尤其是骆驼经常有越境觅食的情况。故很多家庭备有摩托车与扣留骆驼的栅栏，当有骆驼或马进入其围栏内，便骑摩托车将其赶走或干脆扣留在营地，通知其主人赎回。

赛镇的网围栏厂与业务倾向

目前，赛镇有两家网围栏厂，从其近三年的业务倾向来看，主要针对四子王旗北部牧区。因为本旗的牧民已几乎围建了围栏，市场基本已饱和。故邻近的四子王旗牧区成为其拓展业务的目标区域。H、B 两个嘎查的围栏全部由赛镇的网围栏厂家负责围建。网围栏有高中低若干档次。其价格以卷为单位，每卷 200 米，一卷网围栏的价格在 200—380 元。牧户可以到赛镇找担保人赊账购买。将围栏运送至目的地后可以由厂家派来的工人施工围建，工时费为每卷 100—150 元。其费用视地形而定，地势平坦则便宜。若超出 20 卷，厂家免费送货到门。除极少有牧民自行召集邻居来围建以外多数牧户会雇用厂家委派

---

① 达·查干：《乌日尼勒特嘎查志》，内部资料，2016 年，第 2 页。

的工人。①

网围栏的一种结果，就像牧民所说"限制了别人的同时也限制了自己"。牧民从城镇运来围栏，接续其邻居的围栏，构建自家围栏。大家相继参与，并持续"织造"其各自的牧场空间。牧业社区最终呈现一幅网格化的空间格局。一直到90年代末，牧民在倒场时可以赶着畜群直线到达新营地。网围栏的出现使牧户不断调整路线，最终构成"小车拉人，大车拉畜"的移动场景。随着牧场的碎片化发展，冬夏牧场的划分亦不复存在，人们最终完全定牧于各自的牧场空间内。

（二）生产观念与知识

畜牧业是牧区社会文化的根基。所谓牧区是以畜牧业作为主要生产方式的区域，故离开牧业便会失去其区域特性。当前牧区所正在经历的社会文化变迁与畜牧业生产方式之变化之间具有多重复杂的关系。畜牧业生产方式的变迁重在"方式"，而非"内容"，即除畜种的适度变化之外牲畜种属与结构未变，但生产观念、技艺与方式却有了深刻变化。同时，其变迁并非是一种生产性质之变化，如由牧变农或由牧变工等。在此，我们仅从生产观念的变化、畜群结构的变化二者予以分析。

关于牧民的生产观念由传统的追求牲畜数量型到现代的追求质量型产业的转变，以及有关畜种与畜群结构的传统的"多而全"至现代的"少而精"的变化，已成为学界的一种共识。在此，主要从牧区文化观念中的生活与生产领域的分化趋势及牧民的生计策略与生产规划对其生产观念所起的影响等两个方面予以分析。

在传统文化观念中，生产与生活是融为一体的，养牧就是一种生活。然而，现代化将两者趋向分化，牲畜的商品化、效益化意义被加以强调。生产逐步脱离于生活领域，成为一种纯粹的，理性的经济行为，其结果是牧民对市场环境的一种灵活适应。在传统观念中，"五畜俱全"是一种理想的养牧方式，五畜结构可以满足牧区日常生活的整体需求，如牛羊提供

① 笔者田野调查记录，2019年8月，赛镇某网围栏厂及脑苏木驻地。

乳肉，驼马作为役畜等。然而，这一理念逐渐让步于市场的需求灵活调整畜群结构的生计策略。

将牲畜出售一空被牧民称为"浩特哈日拉古拉呼"（qota qaralaγulqu），其意为将营盘变空，是牧业社区中极大的不幸。但这一观念近来已有所转变。在变幻莫测的大市场环境中，一些牧民显示出其灵活多变的适应性，牧民会视市场趋势与政策环境，灵活调整其畜种结构，如在干旱季节把牲畜全部出售或转包给他人，自己则到镇里打工，等年景好了之后又购买牲畜继续养牧等。在干旱牧区，畜牧业本身是一种脆弱的产业，然而，加上国家政策的调整和市场需求的波动，畜牧业已成为"风险产业"。因此，灵活应变这些"风险"，对市场进行准确判断，从而获取最高的利润成为养牧者必须掌握的知识与能力。相比这些经营与销售知识，传统的畜牧业知识，即对牲畜习性的掌握及相应牧养技能反而成为一种次要的知识。

五畜中的每一个畜种之习性完全不同，故牲畜的牧养均需一套特定的知识与技能。从放养小畜直接转变为牧养大畜，需要的是一种生产知识的转换。先进而齐全的营地设施与网围栏可以大幅降低对牲畜牧养知识的掌握程度。因此，离开牧区多年，多少对传统养牧技能已生疏的年轻人开始在自己围栏内养大牲畜，不会骑马的人开始养马。当然，用传统和现代的二分法机械地划分牧民的生产观念具有一种明显的削足适履的病征。理性与感性、市场与文化之间总有一种无法清晰割裂的纽带。一种家乡情结和"畜牧业生产偏好"一直存续于牧业社区。

若对自80年代中期至今的畜群结构进行分析，将会发现一种清晰的规律性。畜种结构的变化，即大小牲畜数量从均衡化至相继更替的数量优势有力证明了生产方式的变迁及地域空间化实践的变化。畜群结构的变化主要经历了三个阶段。在此三个阶段，牧区传统五畜结构起先保持一种传统畜牧业所具有的一种均衡，后来小畜数量占据绝对优势，最后大畜数量反超小畜数量，占据绝对优势。影响畜种结构变化的原因主要有国家政策、市场效益、年景气候、个户经营策略等因素。个案区域的畜种结构大致经历了如下三个演变阶段。

第一阶段，80年代中期至90年代中期的传统五畜结构基本均衡的时代。此时期以生产队集体畜群的作价归户为开端，在一定时段内维持了集体经济时期的五畜均衡模式。至 80 年代末期，牧户平均有一至数百只羊，数十头牛及少量骆驼和马。嘎查内有几户从集体经济时期便放养大牲畜的专业户，亲属或邻里之中总有一户有马群或驼群，人们便将少数大畜寄放在这些户的群里。

第二阶段，90 年代中期至 2005 年前后的五畜结构趋于失衡，属小畜多大畜少的时期，在此段时期五畜结构开始有了变动，其变动不仅意味着一种生产策略的调整，也说明生产方式的深刻变迁。由五畜至单一畜种的结构变动对牧区生产节律与居住空间是具有深刻影响的。在此阶段，畜群结构亦发生了几次明显变化。受市场效益、国家政策等因素的影响，在此段时期也曾出现两个明显的趋势。1990—1995 年大畜数量降至最低限度。2002—2007 年牲畜总数达到最低限度。

第三阶段，2005 年至今的五畜结构逐步恢复平衡后大畜反超小畜的时期。2005—2013 年，大小畜数量的差距逐步缩小，到 2013 年前后已基本持平。但 2013 年后大畜明显增多。至 2018 年时牧养数百只羊的牧户已降至当前的最低限度。2018 年 H 嘎查有 100 只以上羊的牧户仅有 11 户，而实际从事畜牧业生产的牧户有 80 多户。养羊户占据养牧户的 14%。

牧养小畜的优势为，出售灵活，一年四季都可出售，故可保证收入的持续性；畜产品类型多样。初春出售羊粪、春末夏初出售绒毛、秋季出栏羔羊、秋末出售羯羊。而其劣势为，劳动投入大，一年四季不能离人。牧养大畜的优势为劳力需求小，卖价高。有了围栏之后，养大畜所需劳力与对牧养者生产技能、经验的需求大幅下降。年景好时不用买草料，更不需跟群牧养，空闲时间多。而其劣势为出售受季节影响，仅在冬季出售。畜种结构的调整在表面看来是一种随着政策导向与市场效益而进行的一种结构性调整，但它与居住空间的变化有着密切联系。

（三）市场化：效益与情感

在市场环境与城镇化发展趋势下，牧民的生产方式与经营理念已发生了深刻变化。然而，由游牧时代延续而来的观念与情感依然在一定程度上起着作用。多数时候，牧民们徘徊于市场与文化、效益与情感两者之间，从而处于一种两难的抉择境地。在此可将牧民对所牧养的五畜及相应传统生产方式的依恋感称为一种畜牧情结。它表现在对牲畜品种、畜种及畜群原有结构之某种程度的维护倾向。

在牲畜品种方面，人们更偏向于地方品种，而非外来优质品种和改良品种。尽管后者能够提供更好的经济效益。牧民除五畜外的鸡、驴、鹿等其他牲畜品种表现出不屑一顾的态度，虽然在一段时期政府曾支持牧户饲养这些更适于定居生产的家畜。在畜种结构方面，政府一直大力支持发展专业户，培育特色产业，从而出现一些养牛专业户、养羊大户等牧养单一畜种的家庭牧场。一些牧民抓住此机遇，大量牧养骆驼，使骆驼成为个案区西部最具特色的畜种。然而，五畜俱全的观念依然存留于人们的头脑中。当一些专业户建构了较为成熟的生产体系之后开始扩展其他畜种。在社区内部，畜种的牧养具有一种家族传统与记忆，如某家历来是放骆驼的，某家马群从未断过根等。此传统构成一种内部的动力，致使牧户们努力去延续家传的畜种结构。在畜群结构上，市场效益促使人们提高畜群中的母畜比例，从而加快畜群周转，提高经济效益。以羊群为例，母畜比例通常能达到85%以上，故出现家有数百只羊却无一只能够宰杀吃肉的羊的现象。在30年前，人们曾反对出售羔羊，忌讳宰杀仔畜。当前此观念已有变化。但一些牧民仍在羊群中适度留存一些羯羊，并以此提高羊群的美观程度。

第三节 "国家地质公园"与"牧家乐"

对边远牧区旅游资源的开发是国家在新时期实施的一种空间规划实践。2016年内蒙古自治区政府提出"全域旅游，四季旅游，实施'旅游+'战略"① 的重要指示。各旗政府将旅游业作为带动区域经济发展的一个重要措施，对旗境内的旅游资源进行了积极的开发与宣传，制定了旗域旅游线

---

① 李纪恒：《中国共产党内蒙古自治区第十次代表大会报告》，2016年11月，内蒙古新闻网，http：//gov.nmgnews.com.cn/system/2016。

路。由此，边境牧区被重新整合至一种以观光旅游为主线的新型空间体系中。本节以"国家地质公园"与"牧家乐"分别代称国家对边远牧区的空间规划实践与牧民自主营建的旅游点，试图探讨两者对牧区居住空间与景观所起到的影响。

一 "国家地质公园"：边远牧区的旅游资源开发

国家对旅游资源的开发是一种空间拓展与生产过程，它将地处边远区位的地理空间重新纳入庞大的国家体系中。原先地处边境牧区的自然景观，如脑木更山、胡杨林、宝达尔石等由此被"重新发现"，开发为旅游资源。近年，脑木更山地质公园、宝达尔石林等借助专家的地质鉴定与媒介的大力宣传，逐步成为远近闻名的旅游胜地。除对空间的拓展外国家对时间也进行了拓展。各旗政府一改牧区旅游资源的季节性短板，提倡四季旅游，开发了冬季旅游资源。西苏旗骆驼文化节、四子王旗驼桩祭祀冬季那达慕由此而产生。作为一种现代化的结果，旅游业对地方文化的影响是深远的。

（一）地方认知与再发现

这些自然景观被"重新发现"并被赋予非同寻常的地质景观特征之前一般被认为是不适于养牧和居住的社区边缘牧场。这些地方在游牧时代曾是仅举行年度神圣仪式而平时不宜接近的殊胜环境，在大集体时期是偶尔被用作倒场或放养大牲畜的无水机动牧场。出于特殊的地质特性、地理区位与环境特质，这些地方一直被社区居民视为不宜居住的环境。故在实施草畜承包政策时当地人都不愿意分到这些景观所处的牧场。

胡杨林与"硬地"

在 H 嘎查有一小片被外人称作胡杨林，被当地牧民称为"索海"（suqai）的树林。此片树林的存在使平坦无树木的广阔牧场多少具备了一些殊胜的环境特质。"索海"为蒙古语，指柽柳。而与柽柳生长在一处的胡杨，蒙古语称"陶日艾"（tuurai）。这是一种一棵树上能够生长数种形状的叶子的奇特的树。但对往返迁移并长年途经此片树林的牧民而言,"索海"是整个树林的代称,而非"陶日艾"。并且在当地蒙古语中很少听到后者。蒙古人称"索海"是一种神圣而奇特的"哈图冒都",即硬树。认为此树有一种辟邪御凶和与牲畜相克的双重属性。故牧民忌讳用其树枝制作抽打牲畜的鞭子。或许是因为生长索海的关系,此片小树林及周边区域被牧民认为是"哈图嘎扎日",即硬地。在 80 年代实施牧场承包政策时人们都不愿分到此地。后来有一位汉族牧民接受了该地作为牧场。然而,当胡杨林被发现并被赋予特殊价值时前来观看的人也变得络绎不绝。此户也在牧场经营了一家旅游点。①

玛丽·道格拉斯(Mary Douglas)曾指出由社会文化所建构的地方性知识系统对维护地方秩序的作用。她认为,禁忌"作为一个自发的手段,为的是保护宇宙中的清晰种类"。② 在蒙古人的传统观念中,红色的地质景观具有一种不宜栖居的环境特质,它或许与牧民所生存的"绿色的世界"形成一种截然相反的品质。红色土地是不毛之地,是由岩石和红土构成的不可利用的土地。柽柳树枝呈红色,故也被认为是一种不宜使用的树木。除柽柳外,或许最适合玛丽·道格拉斯理论逻辑的案例为胡杨本身。H 嘎查的胡杨树上长有若干不同形状的叶子,其叶形同杨树叶、柳叶,甚至是枫叶等近十种树木的叶子。故它构成了一种无法归属于某一类型的"认知不适",即秩序的混乱,从而具有了一种危险的象征喻义。当地人从未使用"陶日艾"指称此类树木及它所生长的树林,而是以更加熟悉的"索海"来代称。

80 年代末有专家首次认定此树种为胡杨树,并称其为分布稀少的胡杨品种。从而胡杨林成为这片树林的代名词,而取代了多处可见的柽柳。胡杨林周边 8000 亩牧场归旗林业局管理,近年由林业局投资,新建了围护胡

---

① 笔者田野调查记录,2019 年 8 月,H 嘎查。
② [英] 道格拉斯:《洁净与危险》,黄剑波等译,民族出版社 2008 年版,第 2 页。

杨林的围栏与相关保护科研基地。同时，胡杨林周边牧户占据了发展旅游业的有利区位。

经由同样的认知与评价过程，脑木更山、宝德尔石等地处边境区域的殊胜景观被各旗政府所大力宣传，并被赋予科学的环境特质。脑木更山的红色地质被确定为一种实属罕见的丹霞地貌，2004 年自治区政府将此区域确定为自治区级自然保护区。被苏尼特牧民称为"宝达日音朝鲁"，即宝德尔石的零散分布多个天然岩石的牧场被确认为一种特殊的地理景观，并取名"宝德尔石林"。裸露于地表上的奇形怪状的石头被称为"天然石雕"。媒介在宣传这些景观时甚至用上"其构成至今仍然是谜"的字样。各旗将重新发现的旅游资源设为重点开发的区域，并以旗镇为中心规划了若干条连接各景点的旅游线路。其中最具特色的线路当属延伸至个案区域的边境旅游线路。

（二）旗域旅游线路规划

各旗邀请外地公司与团队对旗域旅游资源进行了总体规划。在对旅游品牌、线路进行统一规划的同时各旗也注重选择具有地方特性的，具有差异感的旅游资源。利用地理优势，三个旗均制定了边境特色旅游线路。并且，边境区域的旅游资源成为三旗旅游规划的代表性品牌和中心资源。

四子王旗设定了以格根塔拉草原旅游景区为龙头，以王爷府、红格尔民俗宗教和神舟文化为补充，以独特的大红山丹霞地貌、胡杨林和地热温泉为延伸，通过建设自驾车露营地等进一步完善景区功能，丰富旅游项目，打造旅游精品线路①的构想，并迅速付诸实施。其中大红山（即脑木更山）在 B 嘎查与 S 嘎查之间，胡杨林和地热温泉在 H 嘎查境内。

西苏旗将"银色骆驼文化节"列为四大文化旅游品牌之一。其旗境内的骆驼几乎均在 S 嘎查。以旗镇内某一假日酒店为中心开设的四条旅游线路之一为赛镇至额苏木境内的"脑木更国家地质公园—苏尼特驼养殖基地—德勒哈达岩画—千年古树—沙漠泉水"。②

东苏旗于 2004 年开通了二连市至"查干敖包庙—洪格尔岩画群—宝

---

① 内蒙古通志馆：《四子王旗年鉴（2017 年卷）》，2017 年，第 20 页。
② 《旅游线路》，2015 年 11 月，苏尼特右旗人民政府网，http://www.sntyq.gov.cn/lyfw/lyzx/xl。

德尔朝鲁天然石雕群旅游线路"。① 三处旅游资源依次分布于沿国境线的牧场内，查干敖包庙与宝德尔朝鲁分处 U 嘎查两侧，洪格尔岩画群则横亘于境内。

旅游线路的规划以道路网的修筑为前提。故三旗在各自旗境内修建了由旗镇直通边境苏木驻地与景点的旅游专线，并且在旗界处相接构成一张覆盖整个区域的道路网。2014 年四子王旗修建了从脑苏木至脑木更山顶的旅游线路。2017 年乌镇至艾日格庙二级旅游专线、脑苏木至胡杨林旅游专线全面开工。② 同年，由赛镇至额苏木的公路中分出，并由 S 嘎查队部至脑木更山的旅游公路全线开通。两旗各自修建的道路在脑木更山下连接在一起。发达的道路网最终将边远牧区的一处地理景观与周边城镇紧密联系在了一起。由此，在过去作为偏远神圣，路途遥远艰辛的地景成为城镇旅游者仅开一辆小轿车便能顺利达到的旅游景点。经旅游资源的开发与宣传，脑木更山以当地汉族居民所称的大红山之名名扬各地。此区域被开发为举办越野车拉力赛的地点，挂着京牌的多辆越野车从山下公路呼啸而过，旅行者在感受着穿越戈壁沙漠的空间体验。然而，特殊的地理景观并不能够持续吸引更多的慕名前来的游客。脱离于整体景观与地方叙事的"自然体"仅仅是一个景点。多数游客开车走一圈拍几张照片便返回城镇。故地方政府意识到了特殊景观所处区域文化的重要性。

（三）文化空间的营造

近年，将地域空间与传统文化相结合，扩充旅游内容，提升旅游品质成为各旗所努力打造的方向。一些地方文化，如传统生产实践、节庆仪式、竞技娱乐等生产生活内容被编入整体旅游资源中。政府对地方文化资源的开发，使近乎被忘却的传统习俗获得了复兴的生机，在政府与地方学者的共同参与下，传统文化资源被重新整合并开发。而此工作给予了当地牧民一种参与和展演自身文化的机遇。一些牧业大户积极加入了文化空间的营造实践。

各嘎查以其特殊资源为优势，发展了各自的文化品牌。如 B、S 两个嘎

---

① 娜仁格日勒：《苏尼特左旗志 2000—2010》，内蒙古文化出版社 2016 年版，第 709 页。
② 内蒙古通志馆编：《四子王旗年鉴（2018 年卷）》，2018 年，第 402 页。

查重点发展了骆驼文化。四子王旗的"驼桩祭祀"冬季那达慕、西苏旗的银色骆驼文化节由此产生。而在单个活动所容纳的文化空间上，主办者予以了最大限度的拓展，如骆驼文化节包括驼赛、公骆驼赛、驯驼、骆驼选美、穿鼻轴制作技艺展现、驼具展览与制作竞赛、快马赛、搏克等多项内容。

二　"牧家乐"：家庭牧场式旅游点

与国家地质公园同时兴起的另一类旅游资源为开展田园牧场观光、放牧体验的"牧家乐"旅游。随着收入的提高、休闲时间的增多、道路网的发达与文化观念的转变，休闲旅游已成为人们日常生活的重要内容。由此，到草原观赏牧区景色，体验牧区生活的人越来越多，出现了由政府支持，牧户在自家营地经营旅游点的新现象。

全域旅游的深入开展，使牧民们有意无意地参与一种"地方文化的展示"实践中，其意并非是指牧民已普遍经营家庭旅游点，而是指牧民受到了全域旅游的诸多影响。由于旅游资源的缺乏与非均衡分布使发展"牧家乐"旅游点的牧户数量受到了一定限制，而唯有靠近景点或道旁的牧户才有足够的客源开设"牧家乐"。离景点道路远，地处牧区纵深区位的牧户也曾试图经营旅游业，但多数以失败告终。由于地处边远牧区，多数观光游客在从城镇赶往边远牧区的途中就被中途多家旅游点截流，只有专门观赏边境景点的人或以自驾车旅行为主的散客才到边境牧区。当然，大尺度的距离感与相对淳朴的民风民情使边远牧区具备了一定的吸引力。

旅游景点附近的一些牧户于近年在自家营地搭建若干顶蒙古包经营了"牧家乐"旅游业。旗旅游局也相应地为重点户提供了接待游客用的大型蒙古包。其旅游内容以牧区生活体验、周边景点观光为主。当然，品尝牧区新鲜羊肉与牧民自己加工的奶食品成为其最大卖点。牧家乐的一个特点为其日常生产生活实践的展演性，不管有无游客，家庭牧场的生产照样运行。H嘎查的旅游资源有胡杨林、温泉，嘎查内有一户常开旅游点。B、S两个嘎查的旅游资源有脑木更山及周边戈壁牧区的自然景观。两个嘎查的养驼大户各自开了一家规模不小的旅游点。

我们重点分析一下牧家乐旅游对牧区居住空间所起到的影响。虽然截至目前，牧区旅游业并非像其他知名旅游景点那样有着络绎不绝的客源，但外地游客的零星介入已成为一种常态。对于赶牲畜的牧人而言，时常所能看到的便是将车辆停在路边不停拍摄其畜群，尤其是骆驼和马。本地牧民所熟知的日常生活对外地游客的吸引力，使牧民多少产生一种文化自信心与自豪感。除外地游客之外，几乎每个暑期各家都有一些到访消遣的亲戚朋友。故牧民们开始注重起住居与营地的美观与整洁。宽敞的客厅、设有玻璃转盘的大圆桌等居室设置与器具开始被引入牧区。

三　道路网与沿线居住景观

道路不仅是一种将边远牧区紧紧卷入更大空间体系中的主要设施，同时也是组织牧区居住空间，构筑沿线居住景观的新型公共设施与空间。由各类旅游线、乡道、省道与高速公路构成的道路网覆盖了整个牧区。与过去相比，纵横弯曲的草原路网已由网围栏割断并逐渐消失，而新兴的公路网代之成为一种新型公共空间。由此，新建道路成为组织牧区居住空间的一个不容忽视的元素。由乡间水泥路或公路两侧分化出的长短不同的草原路通向各户，构成与主干道紧紧连接的居住空间体系。道路由外来人主要使用的设施变为本地人也频繁使用的设施，由连接城乡的设施变为沟通乡间各户的设施。

由此，道边风景或沿途景观成为基层政府所注重管理的重点问题，沿途分布的牧民营地成为重点治理的对象。在危房改造过程中，相比纵深区的营地，地方政府对沿途营地景观更加重视，拆除危房的费用也明显高于前者。对沿途景观的重视构成了一种地方"景观营造"实践，如在道旁的牧户不能仅以蒙古包或土房为唯一住居，政府出资为其新建项目房，若在项目房旁增建1—2顶蒙古包，则被视为突出地方文化风貌的好做法。

道边的蒙古包住户

年近60岁的额尔敦为E嘎查牧民，其营地位居二满线（二连市

至满镇）南侧 4 华里处。额尔敦一直以并排搭建的三顶蒙古包为其
住居，住居东南数十米处有红砖砌筑的棚圈。从左至右，三顶蒙古
包分别为逢年过节时招待客人，平常家里来客时居住的客房；自己
一家三口居住的蒙古包；从其曾祖母时传下来，现已当作仓库的小
蒙古包。2016 年，苏木政府在其蒙古包左后侧为其修建了一处砖瓦
房。而额尔敦一家似乎更愿意住在蒙古包中，至 2017 年初时依然未
装修其新房。[1]

　　纵横交错于个案区的铁道、公路一直是建构区域空间的重要元素，如
经赛镇至二连市的集二线从个案区中心穿过，铁路对牧场空间的隔离作用
十分显著。九十年代 H、B、S 嘎查的牧民在寻找走失的驼马群时若说已到
达铁路附近就说明这是牲畜所能到达的最东段，同样对于 U 嘎查牧民而
言，铁路是其畜群能到达的最西段。相比铁路，公路有一种通过性，即畜
群可以经公路的某段平整处穿越至道路另一侧。但网围栏的普及使牧人只
能使用这些道路网，甚至转场的畜群也得沿着道路行进（图 7-1）。

图 7-1　沿着公路返乡的跨苏木敖特尔（H 嘎查，2019）

图片来源：项目组摄。

---

[1]　笔者田野调查记录，2016 年 2 月，E 嘎查。

第四节　城乡往返模式

在当前中国城镇化进程中"农村劳动力在城乡间流动就业是长期现象"。① 而且，农民工回流返乡，农民城镇化意愿不强，农民在城镇常住而不愿转户籍的现象也十分普遍，在内蒙古牧区同样存在这一问题。牧民在城乡之间的往返生活模式已成为一种常态和值得思考的问题，将牧民进城意愿不强和返乡回流热视为有碍城镇化的重要因素的观点出于一种有关城镇化的固有理解范式，即城镇化是城乡二元结构框架下的，人口从牧区迁至城镇的单向过程。如果将城镇化理解为在城乡一体化框架下，人口在城乡之间的双向移动过程的话，城乡往返模式可以被理解为一种牧区就地就近城镇化发展的特殊形式。牧区城镇化进程是一种漫长的社会过程，就城乡二者在整体居住空间中的地位而言，前者具有明显上升的趋势。

一　城乡往返：二元或一体？

将城镇纳入居住空间层级的现象是当前牧区居住空间体系得以重构的重要表现。在牧区，城镇有住房，牧区有牧场的牧户日益增多，并成为一种理想的家庭居住空间布局。城乡往返模式虽常以人口在城乡两种空间中的迁移现象而被理解，但其在现实生活中的表现方式是非常复杂的。上述"城镇有楼房，牧区有营地"或"家庭在城镇，工作在牧区"的模式只是其中之一，需要一种更为细致的分类模式来尽量全面概括不同的城乡往返模式。在此，可设立流动单位、往返频次等6个变量来分析城乡往返现象（图7-1）。

---

① 国务院：《国家新型城镇化规划（2014—2020）》，2014年3月，中国政府网，http://www.gov.cn/zhengce。

表 7 -1 城乡往返模式的类型及倾向

类型 划分依据	A 类 城乡二元倾向	B 类 城乡一体倾向
流动单位	家庭	个人
生活重心	牧区	城镇
往返频次	频次低	频次高
流动区域	跨省、跨盟市	旗县际、旗县内
工作类型	单一	多样
流动主因	务工谋生	子女教育

资料来源：项目组整理。

　　上述划分是以每个变量下的两种极端形式构成的理想类型。而在现实生活中两种极端模式之间存在着若干中间类型。在以流动单位划分的个人与家庭两种类型中，前者指个人在城乡之间的流动，其家庭可设在城乡之间的任何一地，甚至可以分处两地；后者指以家庭为单位在城乡之间的流动，即举家迁移模式。两者中前者为常见类型。牧民在城镇中购房或租房，并将其家庭成员一分为二，老人与孩子在城镇家中居住，自己则常住牧区从事畜牧业生产，并往返走动于城乡之间，统筹家庭生活的模式是当前牧区最为常见的城乡往返类型。在本质上，此种类型与城乡之间流动就业的"双栖型"[①] 人口是完全不同的。前者更多是一种一家两地式生活模式或家庭内部居住空间的灵活分化方式。牧区大尺度的地理空间使这一模式更具有往返迁移的空间感，而旗域内的往返使此模式具有了相对稳定的家庭生活特点，这一往返更多是一种两处住居间的走动而非人口流动现象。

　　在以生活重心划分的以牧区为主或以城镇为主两种类型中，后者已逐步成为一种明显趋势，即城镇日益成为牧民日常生活之重要场所。在某种意义上，老人、妇女或子女所常住的居住地便是家庭生活的重心所在，而在牧区小城镇，上述三个群体恰恰是常住城镇的主要群体。从家庭成员的

---

　　① 刘涛等：《中国流动人口空间格局演变机制及城镇化效应：基于 2000 和 2010 年人口普查分县数据的分析》，《地理学报》2015 年第 4 期。

居住空间布局而言，牧区与一些农区形成完全相反的结构。在农区，年轻人多在城镇务工而老人与孩子在乡镇或乡村居住；而在牧区，年轻男性多在牧区而老人与孩子在城镇居住。

在以往返频次划分的高、底两种类型中，流动区域小、工种多样的人的往返频次明显高于流动区域大、工种单一的人。这就牵涉到流动区域和工作类型两个问题。在当前牧区，在旗域或周边旗境内流动，统筹牧场与城镇生活的人较多并且具有明显上涨趋势，而在跨省或跨盟市务工，在城镇从事单一工种的人较少。后者在 90 年代末至 2000 年初较为盛行，有不少年轻人到北京、广州等地打工，但近年多数已返回。在 6 个嘎查，时常会见到汉语流利，善于交流的年轻牧民。这些牧民年轻而阅历丰富。其中有在北京市的蒙古饭店唱过歌当过服务员的，也有在成都开过滴滴快车的。与原先相比，在田野的调查者以其丰富的旅行阅历和见闻来吸引牧民的方法已逐步"失效"，从而构成一种"压力"。人类学家与牧民的一种区别是前者为"常在城市的人"，而后者是"常在牧区的人"。同样在牧区，牧民们也被分为上述两种类型。

在以流动主因划分的务工谋生和子女教育两种类型中，后者位居主要地位。2000 年后平衡分布于旗境内的苏木小学全部被集中至城镇，在城镇安家，让子女读书已成为牧区人口向城镇转移流动的主要原因。

总之，若对当前牧区的"城乡往返模式"进行细致分类与解析的话，可以发现在其多样性表现形式背后的一系列空间性规律，如城乡二元模式逐步由城乡一体化模式所取代，城镇逐步成为日常生活中的重要场所，牧民的旗域城镇化意愿显著提高等。往返于城乡间，拓展生产生活空间作为一种现代化的结果，其呈现并非限于牧区。

二 城乡之间的生产生活调适

往返于城乡之间的生产生活方式是城乡一体化发展的一种结果。对于作为社会行动者的牧民而言，城乡往返具有以下考虑。其一为能够最大限度地满足个人多样性社会需求。往返于城乡间可享受城镇发达的教育、医疗等社会服务，也可享受牧区舒适宜人的生态环境与居住条件。同时达到保护牧场与维持城市生活的双重目的。其二为可以灵活应对市场风险，拓宽自身的谋生道路。当政策、市场与气候环境等外在因素有利于畜牧业生产时回家养牧或以多种方式经营畜牧业。而当上述诸因素不利于畜牧业生产时缩减畜群或将其全部出售，再到城镇务工。其三为可以优化产业布局，将城乡结合为一体，使两者打造为产品销售点与原材料供应点，由此提升自己的市场竞争力，创造良好的经济效益。

出售驼奶的牧户

B 嘎查一牧户的独生女，大学毕业后在乌镇开了一家驼奶店。父母在牧区挤骆驼奶，将新鲜驼奶装入保温桶之后，送到离营地 30 千米的脑苏木驻地，托隔日往返一趟的客车将驼奶捎到乌镇。驼奶由常住乌镇的姑娘接回店里，进行包装后出售。若驼奶销售量好，供不应求的话，父母开车到 70 千米远的另一个苏木驻地托每日发一趟的客车捎到乌镇。姑娘毕业后与其在二连市工作的大学同学谈恋爱，男孩老家在内蒙古东部区。驼奶售价高，鲜奶一斤 30 元，酸驼奶每斤 38 元，其消费群体主要为来自呼和浩特市等大城市的顾客。①

奶制品销售模式的多样性

在 H、B、S 三个嘎查，2018—2019 年共有 10 家牧民在出售奶食品。这些出售奶制品的牧户在经营模式、生产与出售时间、产品销售范围和城乡资源的利用程度方面完全不同。H 嘎查有 3 户牧民在自家牧场销售奶食品，3 户均为嘎查中等户。牧户 1 从赛镇商贩购买了两头黑白花奶牛，在自家牧场放养，制作奶食品后向周边牧户出售。由于其质量优于城镇奶食，故顾客较多，有时以托人捎物形式出售于乌镇和赛镇。牧户 2 为嘎查中等户，其奶牛以西门塔尔牛和本地牛为主，奶制品主要销售给同嘎查一户开办牧家乐旅游点的牧户，在保证对方

---

① 笔者田野调查记录，2018 年 7 月，B 嘎查；2019 年 7 月，乌镇与 B 嘎查。

货源的同时出售给周边牧民。牧户 3 为牧马人家，仅出售酸马奶。B 嘎查有 3 户牧民在乌镇开奶食店，牧民 1 在自家牧场销售奶食品。牧户 1 为嘎查的富户，夫妻二人在城镇经营奶食店，小儿子往返于城乡之间，经营着牧场，其牲畜以骆驼和马等大牲畜为主。妻子为旗南部牧区的人，擅长制作奶食品，生意较好，其奶源来自乌镇附近的奶牛养殖户。牧户 2 为嘎查的中等户，夫妻二人将牧场转租出去之后，在蒙古族小学旁开了一家奶食店，其奶源来自乌镇附近的奶牛养殖户。牧户 3 为嘎查的中等户，即"出售驼奶的牧户"（见本书第 265 页）。S 嘎查有 2 户牧民在赛镇开奶食店，1 户牧民在自家牧场销售奶食品。[①]

除奶食以外，牧民已开始在城镇开设肉铺，所出售的肉源自自家或亲戚家的牧场。牧民将牲畜运到镇里宰杀卖肉，近年开始在自己营地宰杀牲畜卖给周边牧民或城镇居民。牧民生产生活方式的调整在某种程度上以城镇生活节律为依据。牧民为了延长在城镇居住的时间，提高生产效益，调整了畜群结构。建设网围栏与配套机井、棚圈等设施，放养大牲畜，或以家族及合作社合作的经营方式，因此有更多的"空余时间"。

三　时空观念的重构

对于个体的生活体验而言，往返于城乡之间，即往返穿梭于两种自然空间和社会空间。空间的反复替换给人一种不同的空间感知之外重构一种介于二者间的独特的空间，但城乡二者所代表的不仅是两种截然不同的空间结构，同时也代表着两种时间结构与时间感知。

当前，城镇已成为牧民日常生活中不可或缺的重要场所，城镇生活经验已是多数牧民生活经验中的重要组成部分，城镇生活的作息安排势必会影响到牧民的整体作息表。以钟表时间标示的周末、节日、假期观念已渗入牧区日常生活作息安排中，解构了原有循环往复且无明显时间

[①]　笔者田野调查记录，2015—2019 年的调查总体情况。

节点的"草原时间"，重构一种结合牧区重要生产环节与城镇生活节律的崭新"作息时间表"。在此，仅以周末和假期为例，探讨牧民时间观念之变迁。

城镇学校的作息时间、周末与寒暑假的安排，对牧民而言是很重要的。孩子在镇里上学，牧民周末进城，陪孩子或接孩子回家，周日晚再送回镇里，无论在镇里有无住房，牧民更倾向于把孩子接回牧区。S 嘎查离赛镇约有 100—150 千米。牧户每家有大小几辆车，每周接送孩子。其中有一辆为有正式手续的车辆，用于进城接送孩子。不少中青年牧民已考取了驾照。

周末进城的牧民

每周五下午，S 嘎查牧民巴图都要开车到赛镇接两个孩子回来，家务繁忙时妻子开车到镇里接孩子，一般是周五晚接回来住两个晚上，周日晚到镇里陪孩子住一晚，周一早晨送到学校门口，自己直接回牧区。巴图在赛镇有楼房，楼房多数时候被闲置，只是周日住一晚上。巴图的牧营地离赛镇正好 100 千米。家里主要养骆驼和马，有 50余只用于自家食用的羊。多数时候两人一起去镇里接送孩子。巴图开大车从离营地 10 千米远的水井拉水，将水灌入设在营地的旱井里。妻子忙完营地里的活儿，回家洗漱打扮完后两人换上干净衣服开车到镇里。有时因有事需要在镇里度周末的话，巴图给亲戚打电话，亲戚骑摩托车到其营地饮牲畜。① （图 7 - 2）

巴图为西苏旗南部苏木的人，其牧场不在 S 嘎查。当前的 4800 亩牧场为其妻子的牧场。巴图一家对放牧所用牧场进行了规划：羊群利用自家的 4800 亩牧场。牛和骆驼使用集体牧场。嘎查为鼓励牧户牧养骆驼，允许人们在集体牧场放养骆驼。有时会收取每亩一元的租金。巴图一家又租了同嘎查一家牧民的 9000 亩牧场。用于夏季封育，冬季牧养马群。

---

① 笔者田野调查记录，2019 年 5 月，S 嘎查。

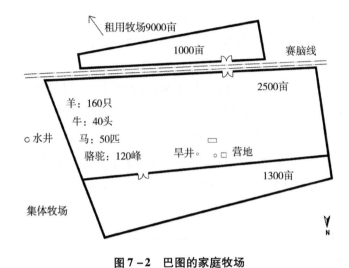

图 7 - 2　巴图的家庭牧场

图片来源:项目组依据访谈资料与实地测绘数据自绘。

S 嘎查于每年 4—5 月休牧一个月。但除小牲畜之外,大牲畜不在休牧范围内。

　　除周末外,节日与假期的观念亦开始在牧区形成,由此构成了牧民外出旅游的热潮,在水草好的年景,外出旅游现象更加普遍。个案区牧民的旅游目的地有以下四种:其一,以探亲访友、同学聚会等名义到周边盟市、旗县观光旅游。从出游地的景观特点而言,中老年牧民更倾向于参观周边盟市的牧区。其二,到青海塔尔寺、甘肃拉卜楞寺、山西五台山等地的朝圣旅游。其三,到北京及南方诸城市的旅游。其四,到蒙古国旅游。

第八章　牧区新型城镇化路径探讨

历经 70 年的城镇化发展历程，内蒙古牧区的城乡体系、牧区小城镇的空间结构逐步得以完善，牧民的城镇生活经验也得到大幅提升。对于无城镇生活经历，甚至是无长久性聚落生活传统的牧区而言，城镇的出现是区域空间结构的一种巨大变革，将城镇纳入居住空间层级则是一次产生于日常生活领域的重大革命。近十年的急速社会转型与城镇化发展使牧民小区、牧民街等新型城镇空间植入牧区小城镇中。而如何将牧区小城镇这一地域城镇类型根植于牧区社会文化基础之上，使其有机融入牧业社区居住空间体系中，从而塑造一种和谐宜居、富有特色、充满活力的现代牧区小城镇生活，是事关新时代社会发展的重要议题。新型城镇化是以人为本的城镇化，而以人为本就是要保证人在现代化、城镇化过程中的主体地位。为避免产生于传统城镇化时期的诸种弊病，有效促进新型城镇化进程，需要思考一种更加符合牧区文化肌理与社会发展脉络的新型城镇化路径。在此路径中，牧区小城镇及其特色化发展、城镇文化空间与城镇共同体的培育、城乡一体化发展、旗域与区域就地就近城镇化路径是需要予以实施的四个空间性实践。四者相辅相成，共同构筑了牧业社区新型城镇化发展的总体路径。

第一节　牧区小城镇及其特色化发展

牧区小城镇是牧区人口城镇化转移的重心所在。出于牧区特殊的区位条件,牧区小城镇具有与农区小城镇相区别的城镇形态与文化特性,更有与中小城市所完全不同的城区规模、人口结构与生活形态。因此牧区小城镇本身是国内众多小城镇类型中的一种少数而特殊的类型。由于自然地理与民族文化原因,内蒙古牧区小城镇又可成为国内众多牧区小城镇类型中的一种地域亚类型。空间的压缩致使旗域牧民居住空间趋以缩小,城镇作为一种新型且重要的生活空间而被纳入牧民居住空间层级中。牧民们纷纷到城镇安家立业,极大地改变了城镇原有居住空间形态与景观特征。牧民居住空间在城镇中的植入与生成丰富了城镇空间形态,使坐落于牧区的小城镇成为文化意义上的真正的牧区特色小城镇。

一　牧区小城镇:定义与特征

在深入开展牧区新型城镇化路径时应有必要对牧区小城镇、牧区特色小城镇、牧区城镇化模式等概念进行深入解析。关于小城镇的规模、等级与人口数量标准,学界无统一界定。一般认为,小城镇包括县城在内的建制镇。有关小城镇的人口数量在第二章已有论述,在此对牧区小城镇的特性进行进一步的分析。

(一)牧区小城镇的定义

在严格的学术意义上,牧区小城镇本身是一个需要被继续概念化、类型化,从而使其含义趋以不断精准化,以至对应所述问题范畴的概念。牧区小城镇的基础含义已包含在其名称中,即其所处区域为牧区,从规模、人口、景观方面具有与农区城镇完全不同的特征。因构成概念的诸要素之多重属性及其他如地形地貌、历史文脉等多种原因,牧区小城镇概念本身有很大的外延空间,如牧区类型之不同势必会导致牧区小城镇形态之不同。内蒙古牧区具有与甘肃、青海、新疆等国内其他牧区不同的特性,在内蒙古自治区境内亦有多种牧区类型。以某区域为个案的城镇化问题研究,应以确立一种适于本区域的概念类型作为必要的前提。

在对牧区小城镇给出一个合理的定义之先,应对一些问题加以思考。首先,城镇对于草原牧区的新颖性,即对牧区而言,城镇是随着现代化的推进才出现的新型聚落形式。草原本无真正意义上的人居城镇空间形态，这并非说草原无城市建设史。在古代，草原曾有过宏伟的都城与游动的大型帐幕群聚落，16世纪以来遍地建立的藏传佛教寺院成为一种草原主要聚落形态，一些寺院周边聚集了工匠与商铺，从而成为近现代区域城镇化发展的起点。近代以来在内蒙古农牧交错带出现的若干集镇，成为新中国成立后设立的盟旗行政中心的起点，但这些城镇形态均未构成普众牧民的居住空间。至少在近百年的社会进程中，牧区无任何城镇生活记忆，这与农业区域悠久的由村落与集市构成的社会文化传统是完全不同的。牧区无城镇的历史事实导致了多种结果，其中与本书相关的则有两点：其一为牧民全无城镇生活经验，其文化适于散居迁移的牧区生活，在城镇空间中生活时势必会需要一段时期的文化调适及适应过程，牧区居住空间的大幅调整出现在由牧区向城镇的转型过程中；其二为无城镇史的事实恰好为牧区小城镇的形态与空间设计提供了无限的创造空间，牧区小城镇的形态可以有多种，因此可以创造出与业已构成普遍化印象和景观想象的小城镇形态所不同的，适于地方文脉与环境的，属于新时代的牧区小城镇形态。

其次，在概念的深度理解上，应区分牧区小城镇与牧区特色小城镇两者之间的差异。前者是地处牧区地理区位的小城镇之统称，而后者指称由牧区特定文化生态所支撑的，具有地方与少数民族特色的牧区小城镇。其特色源自"和谐宜居、富有特色、充满活力"的城市性特征及家庭已融入社区，群体已融入社会的转移人口完全市民化的城镇生活景观。因此，将牧区小城镇转变为牧区特色小城镇是牧区新型城镇化发展的主要路径。

关于小城镇的定义，费孝通在20世纪80年代初就已关注到了作为"比农村社区高一层次的社会实体"① 的小城镇，并将其定义为"新型的正在从乡村性的社区变成多种产业并存的向着现代化城市转变中的过渡性社区"。② 相比费孝通所考察的具有深厚聚落文化传统，区域城镇化发展较早

---

① 费孝通：《费孝通文集》第9卷，群言出版社1999年版，第199页。
② 费孝通：《费孝通文集》第13卷，群言出版社1999年版，第356页。

的江浙一带的小城镇，内蒙古牧区的城镇化发展依然处于起始阶段。从城镇化发展的规律性与阶段性特征而言，其定义十分符合当前牧区小城镇的现状。因此，我们可以为牧区小城镇做出一个一般性意义上的定义。牧区小城镇是指位居牧区的，以牧区转移人口为主要居住群体之一的，以多种适宜于牧区客观条件及文化需求的城镇性特征为特色的，具有多样性空间规划格局的小城镇。广义的牧区小城镇应包括旗镇与乡镇，但在此处仅对旗镇进行分析。

牧区小城镇或牧区小城市亦有多种类型。本书所涉及的城镇分属于三种类型。乌镇属于农牧结合带的具有一定历史文化积淀的城镇，其城镇空间由工薪阶层、农民与牧民三大群体及其各具特色的居住空间构成。赛、满二镇属于具有典型牧区文化气息的，新建于纯牧区的城镇，二者之中后者更具牧区城镇气息。二连市属于传承悠久而浓郁的边贸历史文化特性的边境口岸城市，相比其周边的 3 个镇，其城市性特点更为显著。但该市自建成以来一直与周边牧区有着密切的地缘文化联系，2006 年将格苏木划归到辖区内之后更具牧区小城市特征。

（二）牧区小城镇的特征

作为介于城市与乡村之间的聚落形态，小城镇既有城市品质，亦有乡村气息。同样，牧区小城镇是介于城市与牧区之间的中间节点，同时具备了两者的属性，牧区小城镇具有如下几个特征。

其一为旗域城镇数量的稀少及由此构成的人口向心性迁移。受旗域人口数量限制，各旗境内仅有一个常住人口上万的小城镇——旗镇，即县城或旗政府所在地。2000 年后各旗实施撤乡并镇政策，扩大原苏木的辖区面积，在旗境内设立除县城之外的若干乡镇。但乡镇规模小，常住人口少，不具备城镇生活属性，只能称其为一种特殊的小城镇类型，社会公共服务职能的高度集中使旗域牧民的城镇化迁移集中在了旗镇。

其二为城镇规模小，人口少。位居农区、半农半牧区、牧区的小城镇人口数量通常具有一种依次递减的规律性，如位居农牧交错带的乌镇拥有近 10 万人口，而位居纯牧区的满镇仅有 1 万人口，镇区规模与人口数量对城镇居住空间的构成具有一定影响。在规模偏大，人口较多的城镇，如在乌镇，牧民的居住区并不构成鲜明的空间特性，而更多呈交融状态，而在满镇，却能显出明显的空间属性。

其三为城镇发展史相对短。除乌镇外其余三个城镇均为新建于20世纪50年代的新兴城镇。乌镇由新中国成立前便已自然形成的集镇过渡为县城，乌镇及其周边同样担负向牧区输送粮食与日用商品职能，若干村落构成一张施坚雅（G. William Skinner）所称很少与行政区划的边界相重合的集市和贸易体系。① 该集市和贸易体系是以四子王旗、西苏旗与东苏旗为主的内蒙古中部牧区的一个主要商业中心。一直到20世纪50年代，三旗牧区的粮食供应很大程度上依赖这一商业体系，城镇历程对城市居住空间与生活方式具有一定影响。

其四为城镇具有一种地域亲缘性。城镇位居平坦的牧区，镇区与牧场直接相连，无中间蔬菜种植、建材汽修等过渡地带。镇区有多个出入口，从而与牧区有机衔接并保持良好的互通性。近年来，随着城市规划与新区建设的兴起，出现了环路，在规范并保证城镇秩序的同时在某种程度上围合并阻隔了城乡间的空间链接。

其五为城镇文化具有牧区特性。随着牧民的大量迁入，城镇原有文化结构产生了变化。牧民小区与牧民街的形成营造了具有浓郁的民族性、部族性与地域性特征的新型城镇空间。这是牧区小城镇最具本质含义的特性及牧区城镇化发展的内在动力。

二 牧民的迁入与城镇空间的重构

随着大量牧民的迁入，城镇空间得以被重构，呈现出嵌入原有城镇空间中的，具有浓郁的地域与民族文化特征的新型空间形态。它以牧民集中居住的牧民小区及其近边的以民族特色商品交易为特征的牧民街所构成。随着社会转型，牧区小城镇的原有空间结构出现了大幅变化。由若干单位型居住区相组合的俨然有序的城镇空间向自由分散而无清晰肌理的空间形

① ［美］施坚雅：《中华帝国晚期的城市》，叶光庭等译，中华书局2000年版，第327页。

态过渡，居住空间的分化与重组成为社会分化的一种物化表征。2010年前后各旗开始掀起新区建设与总体规划工程，城镇空间的延展使原来紧凑的城镇居住空间趋以解构。城镇居民纷纷从原单位家属区平房院落迁入新建小区，从而腾出很多空房。恰好此时，牧民开始大量迁入城镇，填充了这些倾向空缺的区位。其过程并不属于一种替代，而是一种新型空间形态的植入或嵌入过程。

在20世纪90年代已出现牧民市场、牧民街等词语，它主要指城镇内聚集经营绸缎、鞍木、毡靴等牧区商品的市场和街巷。进入21世纪，开始出现了牧民楼、牧民小区等词语。这些词语在居民日常用语中被广泛使用，成为一种专指进城牧民相对集中居住的城镇空间之专用语。

在6个嘎查中，截至2018年末，已有将近1/3的牧民在城镇里购买了住房（表8-1），并且这一趋势在日益上涨。同时，也有不少牧民在镇里租房居住。牧民在城镇中的居住模式与空间具有一种清晰的规律性，其居住模式，依据居住时长可分为长期居住与短期居住两种类型；依据住居所有权可分为租住与购房居住两种类型；依据居住密度可分为集中居住和分散居住两种类型；依据住居类型可分为平房与楼房两种类型。

表8-1　　　　　　　各嘎查的城镇购房情况（2016—2018）

	H	B	S	T	E	U
乌镇	24	18	0	0	0	0
赛镇	0	5	27	0	0	1
满镇	0	0	0	0	0	7
二连市	0	1	3	20	29	5

资料来源：项目组依据访谈资料统计。

牧民所购买的楼房有两种。一种是政府为牧区禁牧户或低保户提供的保障性住房。但由于住房资源的稀缺，在具体分配时给地方数量很少，嘎查常以抓阄方式分给够条件的牧户，也有抓到阄却不买房，从而浪费名额的现象。2015年S嘎查分到6套楼房，分房时在纸条上写了1—6的序号，放入选票箱，让牧民抽取。楼房价格为6万元，可办理无息贷款，分三年付清。但有两户抽中之后未买。另一种为自己出资买的商品房。2017年的乌镇商品房均价为 2400 元，赛镇 2300 元，满镇 2100 元，二连市 2000 元。由于牧区小城镇房价相对适中，处于一般中等户的购买能力范围内，故自己选择地段购买楼房的现象亦日益普遍。并且，牧民更倾向于离自己家乡更近的城镇买商品房，如 B 嘎查的牧民更倾向于从赛镇买房。U 嘎查的牧民更倾向于从二连市买房。

进城牧民的居住区较为集中。在乌镇主要集中在镇区西北区位，希望小学（蒙古族小学）以西，富康小区以东的平房区，游牧民定居小区、富康小区一至三期、乌兰小区一至三期、扶贫小区等小区。在赛镇主要集中于富华、巴音、嘉欣、吉日嘎朗图养老院①等小区。在满镇主要集中于达尔罕、金朱拉、昌图三个小区及蒙古族小学附近的平房区。在二连市集中在星光、城建小区及蒙古族小学旁的街区。使牧民的居住区日趋集中化的主要原因，是外部的国家保障性住房政策和民众让子女受教育的需求构成。

三　城镇牧民居住空间类型

迁至城镇的牧民由于国家保障性住房政策的实施以及出于送子女上学及亲友互助等需求，通常呈现出一种聚居的现象。然而，随着城镇化进程的深入推进，出现了由聚居向散居发展的明显趋势。在牧区小城镇，牧民的居住空间类型主要分为牧民小区、陪读家庭居住区及自由散居区三种基本类型。

（一）牧民小区

牧民小区是一种地方性称谓，指在国家保障性住房政策实施下，由牧区迁至城镇的牧民为主要居民的城镇住宅小区。小区有明确的住居归属与居住区边界。满镇金朱拉小区、赛镇巴音小区、二连市星光小区、乌镇游牧民定居小区等属于此类小区，住房以 60—75 平方米的小面积住房为主。牧民小区的形成是由国家所规划并推动的一种政策结果。2006—2016 年，

---

① 赛镇吉日嘎朗图养老院于 2019 年投入使用，至当年 10 月时已有牧民入住。

各旗加大了保障性住房政策的落实力度。由此,在城镇外围出现了成片的移民楼、廉租房等各类住宅区。2009年东苏旗第一批63户转移牧民入住满镇达日罕小区移民楼。[①] 东苏旗2014年的"保障性住房建设任务为160套,其中廉租房100套,建筑面积5306.38平方米。公租房60套,建筑面积3533.5平方米"。[②] 这些住房由城镇中低收入阶层及牧区禁牧区的牧民所居住(图8-1)。

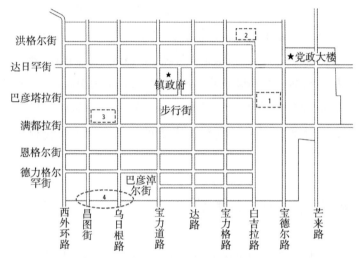

1.达尔罕小区 2.金朱拉小区 3.昌图小区 4.南街陪读家庭聚居区

图8-1 满镇牧民聚居区示意图

图片来源:项目组自绘。

满镇的牧民小区

满镇有达尔罕、金朱拉、昌图三个牧民小区。达尔罕小区初建于2009年。小区中的11、12、13号楼为牧民楼,住宅楼为四层,房屋面积为65平方米,最初价格为每套3万元。金朱拉小区初建于2012年。小区中的7、8、9、10号楼为牧民楼,其中临街的10号与其北侧

---

① 娜仁格日勒主编:《苏尼特左旗志2000—2010年》,内蒙古文化出版社2016年版,第27页。
② 苏尼特左旗党史地方志办公室编:《苏尼特左旗年鉴2011—2015》,创刊号,2017年,第318页。

的 9 号楼由南部苏木牧民居住，而 7、8 号楼的一单元为旗牧场人员居住，其余由北部苏木牧民居住。小区房屋面积为 65 平方米，2013 年的价格为每套 5 万元。每栋楼有 50 户，共有来自全旗 49 个嘎查的 200 户牧民居住于该小区。在所有住户中南部苏木的住户占据多数。仅巴彦淖尔镇（位居东苏旗最南端的一个镇）就有 80 户。北部苏木，尤其是洪苏木的牧民最少。昌图小区初建于 2017 年，分为南北二区，牧民楼在南区 1—5 号，共五栋楼。房屋面积为 65 平方米。2015 年的价格为每套 8 万元。①

所谓牧民小区并非是由单一的牧民群体构成的住宅小区。在小区院内，牧民通常只占据几栋楼，其余楼为商品房，由城镇其他常住居民居住。但由于牧民的年龄结构与生活节奏等因素，牧民在小区院内聚集聊天等情况较其他居民明显增多。牧民小区的居住规模与居住者在城乡间的往返频率，在很大程度上受学校开学与放假的时间影响。当假期开始后，牧民小区内人去楼空，除少数几位老人之外多数人返回牧区。而到开学时期，小区又恢复其往常热闹的氛围。当然，相当数量的牧民仍未在城镇中购房安家，其子女上学的问题多依赖由熟人托管、寄宿学校、合伙租房等多种形式。当子女上大学或工作以后，牧民与城镇的密切关系并非由此而疏远，城镇中的多种社会服务及其在城镇社会中建立起的社会关系网络使其频繁往返于城乡之间。

（二）陪读家庭居住区

陪读家庭居住区是指以学校为中心，以租住模式为主的，由众多牧区陪读家长为主要居民的居住区域。此处所指学校主要指城镇民族小学，由于学生数量与年龄状况、牧区生产规律等原因，在牧区小城镇里，仅有小学周边，而非幼儿园和中学附近才会形成具有一定规模的陪读家庭居住区域。当然，陪读家庭居住区域的构成与特点因学校数量、学校在城镇空间中的位置与学校周边住宅情况而有所不同。所考察的 4 个城镇中各有一所

---

① 笔者田野调查记录，2017 年 10 月，满镇。

蒙古族小学，其当前位置均处于城镇外围，因学校处于城镇外围区位，在城镇民族小学附近通常会有一定规模的平房区域。

这些平房原为旗属各单位职工的家属房或早期迁至城镇的人所自建的房屋。2000 年后因城镇居住空间的大幅变动，多数原居民购买商品房散居于城镇内各小区，平房多有闲置情况。2000 年后基层牧区的苏木小学陆续被集中于城镇内，故送子女至城镇上学的牧民为接送方便就在学校附近租房居住，构成成片的陪读家庭居住区。平房均为独门独院的院落式住宅，设有正房与南房（或门房），与邻居以院墙相隔。牧民可以依据其支付能力与需求租正房、南房或整套院。常有牧民租上整院之后，再将南房租给其他亲戚或朋友，结为邻居。平房具有租价低廉，适于陪读儿童的老年群体等优点，同时具有冬季采暖费事、厕所等相关设施差等缺点，但假期的存在多少降低了这些缺点对日常生活的影响程度。

在乌镇与满镇，围绕小学均有一定面积的平房区。以满镇为例，在镇西南角有一片被当地人称为南屯或南街的平房区域。路南为蒙古族小学。东苏旗蒙古族小学就坐落于满镇西南城乡交界处。学校操场外就是牧场。平房租金为每年 3000—5000 元。不少牧民居住于此，陪读其子女。

满镇蒙古族小学的住校生

东苏旗蒙古族小学是全旗境内唯一一所蒙古族小学。2018 年 9 月时共有 1068 名学生，据校方统计应有 900 余名学生住宿舍。但 2018 年时住校生仅有 210 名，占学生总数的 17%，甚至在 2017 年住校生减少至 60 名，达到历史最低限度。住校生中男孩占多数，8 人住一个宿舍。学校建有两栋宿舍楼，分别为男生和女生宿舍。周末时有 10% 的住校生留在宿舍，其余学生全部回家或被亲戚接走。其中不少孩子被家长直接接回牧区，周日晚再送到宿舍。[1]

当然，除位居平房区的陪读家庭居住区之外，在牧民小区里也住着相

---

① 笔者田野调查记录，2017 年 10 月，满镇蒙古族小学。

当多的陪读家庭。可以说牧民在城镇购房的主要目的便是解决子女上学问题。牧民小区通常离学校较远，陪读家庭成员主要为老人，因此，除少数身体健康的老人骑着电动三轮车按时接送孩子以外，多数家庭将子女托付给专门负责接送孩子的出租车司机，按月支付费用。到上学时间，出租车司机到楼下接上孩子，放学时又将孩子送到楼下。这些出租车司机都是从牧区出来的中青年人，故与牧民有着良好的社会关系。

（三）城镇散居牧民

随着城镇化进程的深入，牧民的城镇居住空间呈现了从最初的聚居模式向周边街区逐步分散的离心化趋势。向外迁移者的居住模式有购置房产与租住等多种模式。一般情况下，富有的牧民倾向于购买住房面积与环境条件相比牧民小区更加优越的商品房。租房群体的居住分布较为自由。牧民由原初的聚居格局逐步转向散居格局，并向城镇其他区域扩散的现象说明了牧民的城市融入程度之提高。而对于牧民小区而言，也呈现出日益分化的趋势。牧民之间的房产转卖、转租关系日益普遍，一些牧户在禁牧期结束后陆续返乡。相比刚迁入时期的牧区生活气息，经过几年的时间就已淡化许多，其原因主要是居住群体之分散所致。

四　牧区小城镇的特色化发展

小城镇有别于大中城市的核心特征，除城镇规模、人口数量与文化异质性的微少等之外，主要显现于其嵌入乡村社会的地缘属性与文化生态特性。在具有浓郁的地方性品质的同时，小城镇又兼具城市文化的多数品质，并且这一城市性特点具有日益强化的趋势。牧区小城镇通常是较大一片区域内的社会服务中心，是由基层日益向外扩展的居住空间层级之顶端。建立牧区特色小城镇，并在现有规模的基础上优化城镇空间布局，同时兼顾分散于牧区的乡镇建设是在牧区新型城镇化发展与乡村振兴战略的一个关键。

（一）牧区小城镇的特色："远记忆"与"近记忆"

防止城镇边界的无序蔓延，"合理控制城镇开发边界，优化城市内舱间结构，促进城市紧凑发展"① 是新型城镇化的一个重要原则。因此，在现有城镇空间内谋取发展，从外在的都市景观营造过渡为内在的城市性培育成为当前城镇化建设的重点。这一从"物质"至"精神"，"景观"至"内涵"的重心转移更需要一种源自地方的文化形塑力量，并需要漫长的培育过程。《家新型城镇化规划（2014—2020)》又强调了城镇文化生态的整体保护与保存城市文化记忆的重要性。②

特色小城镇的建设是新型城镇化发展的一项重点所在。"在乡村振兴和新型城镇化战略耦合进程中，特色小镇是一个重要节点，也是战略耦合的重要载体和平台"。③ 在城镇建设实践中"推动草原文化与城镇规划建设相结合"④，使草原小城镇具备地域、民族与时代风貌已成为内蒙古牧区人文城镇建设的一个重要路径。2010 年前后牧区各城镇在城市扩建浪潮下迅速向外扩展，修建了以宽马路、大广场为特点的新建城区。新建城区在建筑风格与城区景观方面尽力展现了其地域与民族特点。在政府的倡导下，一些能够代表本地域独特文化品质的地方文化符号被筛选出来，并被用于城区景观设计实践中。从建筑外观、主题雕塑至路灯造型，无不含有精心选择的民族与地域文化符号，故将城镇变为一种具有一定历史记忆的，符号化的文化空间。然而，相比新城区，由平房与老楼聚合而成的旧城区，牧民的迁入而更具有一种本土的生活气息。就城镇记忆而言，新城区的记忆属于一种重新建构的历史记忆，其对本土社会文化的融入仍需一段时期的培育。这些地域或民族特点在外来者看来是"凸显"而"新颖"的，而对于多数居住者而言，是一种"远记忆"。而旧城区的文化气息，如在街巷里走动的穿蒙古袍的老人与朴实简单的地方特产小店构成了一种内生而

---

① 国务院:《国家新型城镇化规划（2014—2020)》，2014 年 3 月，中国政府网，http: //www. gov. cn/zhengce。

② 国务院:《国家新型城镇化规划（2014—2020)》，2014 年 3 月，中国政府网，http: //www. gov. cn/zhengce。

③ 徐维祥等:《乡村振兴与新型城镇化的战略耦合：机理阐释及实现路径研究》，《浙江工业大学学报》2019 年第 1 期。

④ 内蒙古自治区人民政府:《内蒙古自治区新型城镇化"十三五"规划（2016—2020)》，2017年 1 月，内蒙古自治区人民政府网，http: //www. nmg. gov. cn/art。

自然的文化景观，对于居住者——包括牧民及所有城镇居民——的知识而言，这是一种"近记忆"。

对于牧区特色小城镇的"文化特色"而言，除对"远记忆"的重构之外，"近记忆"的保护与培育也很重要。近记忆的存在使居住者在城镇空间的生活更加自然而充裕。有关地域文化知识的丰富积累使居住者始终栖居于一种其所完全认知的居住空间内。例如相比城市广场上的主题雕塑，以家乡名山大川之名命名的街道更具有一种认同感与亲切感。特色更多是一种生活气息，而非景观特征。而记忆更多是一种文化记忆，而非单纯的场所记忆。故保护和发展牧民街、新型城镇公共节庆等带有浓郁地域特色的服务业、文化事象成为必然。

（二）小城镇空间的规划

新型城镇化所提倡的城市紧凑发展原则是一种节约国土资源，优化城镇空间的重要原则。城镇规划从大尺度到小尺度，从外延式至内涵式的发展更需要一种细腻而慎重的规划智慧。其前提是以人为本的指导思想及适于本地文化生态的一种日常生活模式之营造。一些学者认为，合理的城市规划将有助于消除和缓解城市性负面影响。[①] 但避免因"分割"而导致的整体性之缺失，除去少数专家以外，应提倡规划实践的公共参与。城镇、居民小区及集体住宅设计的公共参与或共同参与指规划者、设计者在其规划实践中认真采用居住者群体的合理需求与居住期待的方法与过程。深度挖掘并适度吸纳居住者需求的城市规划能够更好地解决城市性的负面问题。

小城镇空间的规划分为城区、街区与小区规划等不同层次。对于不同层次的规划而言，考虑主要居住群体的日常生活需求是必要的。牧区特色小城镇的"特色"在于其日常生活的纯朴性与原真性，以及由远记忆与近记忆相融合互补而构成的文化氛围。相比住居的构造性，居住的整体性意义更加复杂而多元。故列斐伏尔称"居住，只有在实践的名义下，才会被降低为一种

---

① ［英］安东尼·吉登斯：《社会学基本概念》，王修晓译，北京大学出版社 2019 年版，第 59 页。

可以确定的，可以独立的，可以被具体定位的功能，即住宅"。① 恢复居住的本质意义，使居住空间更具活力的工程并不需要对所有设施的重新设计与建造，而是在于现有基础上的人性化设计与完善。

随着城镇的发展，一些具有地域特征的广场被相继建立起来。但这些广场的使用率并非很高。超越多数居住者使用范围的大尺度的广场仅成为一种景观设置。在牧民小区，相比住居面积与楼层设计问题，小区环境及公共空间问题尤为重要。牧民小区院内的景观设施显得简易而单调，小区地面全部由水泥硬化，人车未分流，缺乏合宜安全的公共空间。盖尔（Jan Gehl）将人在公共空间中的活动分为必要性活动、自发性活动和社会性活动三种类型。并认为高质量的公共空间将有助于促成自发性活动和有赖于他人参与的社会性活动。② 牧民小区的主要居住者为老人与小孩。其公共活动空间主要限于小区院内。城镇居委会虽为老年群体设置了各类文化活动室，但一般位居小区外的街区，故超越了主要居住群体所能利用的尺度范围。

城镇空间的规划在某种程度上是一种将预期的社会行动与社会关系予以空间化的过程。因此，以人的需求为中心的，由社会各方共同参与的城镇空间设计方能营造一种合宜的生活空间。当然，小城镇的规划与设计是一种过程。在牧区特色小城镇的自然发展过程中不断融入低碳、绿色、宜居、方便的理念与要素的同时恢复并激发城镇空间所含有的社会性意义，才能构筑一种合宜的城镇居住空间。

第二节　城镇文化空间与城镇共同体的培育

对于进城牧民而言，迁至城镇不仅意味着住居形态的变迁，也预示着社会空间的重构。从蒙古包或平房等独栋住居迁入城镇集体住宅，促成了居住者日常生活模式的结构性变化。从人口密度、文化异质性至微观居住

---

① ［法］列斐伏尔：《空间与政治》，李春译，上海人民出版社 2015 年版，第 4 页。
② ［丹麦］盖尔：《交往与空间》，何人可译，中国建筑工业出版社 2002 年版，第 15—16 页。

空间结构等各方面，城镇与牧区是完全不同的，牧民要适应楼房住居空间的同时也要适应新的邻里和社区空间，前者对其起居行为模式起到了一定的形塑作用，而后者成为牧民群体的再组织化、再社区化场域。栖居不仅是适于居住，它还要创造空间，即居住者需要建构社会交往与文化实践空间。而合宜的城镇文化空间与城镇共同体的培育是牧区新型城镇化发展的一种前提，也是一种结果。

一　住居革命——从毡房至楼房

从蒙古包至土房，再到砖房，最终到楼房，定居化与城镇化的快速推进使牧民在数十年时间内依次经历了多种住居类型中的生活。每一种住居类型，作为一种制度或生活观念的物化表达，对居住者的日常生活模式起到一定形塑作用。住居类型的制度性差异是明显的，从平面形态、室内空间、就座方式、家具布局等属性而言，蒙古包是圆形的、无隔断的、席地而坐的、向心型的，而楼房则是方形的、有隔断的、垂足而坐的、离心型的，此类二元对立性的差异还可以列举很多。此处，只是借此来表达不同建筑类型之间存在的显著差异性。特定的住居类型塑造了居住者特定的行为模式，住居类型的更替势必会导致行为模式的变化及由此形成的种种感受——或是一种惬意的、舒适的，或是陌生的、不适的感受。当然，此种体验具有一种难以阐述或连居住者自己都难以言说的特性。几乎所有居住者都会逐一列举由住居更替所致的生活方式之变化现象，但却很少有人能够准确提出住居更替带来的更加深层的感受与体验。人们只是尽力适应不断更新的住居环境。

迁至城镇意味着转入新的居住空间，相比外在的城镇空间，住居作为家是最易于适应的。牧民群体的年龄结构与居住经历是影响其适应城镇住居空间的重要因素。住居适应由时间范围，即居住时长与适应程度来衡量。对于迁至城镇的老年群体而言，楼房是一种需要一段时间的适应过程及更长时间的住居感之培育方能安心居住的住居类型。H、B、U等嘎查的老人多于90年代末至2005年时已住进固定住居，故其所需适应时间相对短，仅住一段时间即可基本适应。而 S、T、E 等嘎查的老人在迁至城镇之前多住在蒙古包，甚至家里已建砖房后仍有不少老人仍旧住在蒙古包，故其所需适应时间相对长。对于这些老人，楼层的叠加性、楼梯、室内卫生间等均构成不利因素。即使在城镇住了若干年，依然觉得不大适应。

初居楼房的体验

T 嘎查的一位老人从 2006 年起一直住在二连市星光小区。住房在 4 楼，面积为 70 平方米。因女儿嫁到周边旗县，老人经常独自住在家中。老人称刚住进楼房时总睡不着觉，因为白天无所事事，身体不累；楼层的叠加使其总有一种拥挤感或被挤压感；离开土地（hörösö，译作土壤或表层土更为准确），被架空之后对身体不好。在日常起居生活方面，厨房与卫生间只隔一墙，很不适应。最需要完全隔离的两种空间在小面积住居中的相邻，使其经历了很长一段时间才适应。但至今，家里有人时依然感觉使用不方便。以前从不洗澡，现在偶尔洗一回。老人有腿脚病（牧区老人普遍患有的病），偶尔下楼之外几乎整天待在家中，走楼梯担心摔倒，从而给子女找麻烦。老人称现已完全适应住楼房，并也"学坏"了，估计让她回牧区待几天还真适应不了。①

经历住居类型最多的老年群体，同时也是对传统住居文化与起居习俗保留最为完整的群体，从毡房至楼房的转变无疑会带来一系列秩序混乱。虽然，在牧区人们已经历了住居形态的变迁，但居住者可以在很大程度上左右和重置室内秩序。但城镇楼房是一种相比乡间住居更加机械而"严格"的制度，居住者无法以重置、增建、改造等方式获取更加适宜的空间体验，区位属性、方位、居室关系需要被予以重新调整，如摆设一件神圣器具时其区位与方向成为需要反复思考的问题。炉灶区位的变化解构了原有性别（gender）空间，从而重构了男女的社会分工或居家角色，如男性开始戴着围裙收拾家，洗衣服，而妇女坐在沙发正中看电视等。

---

① 笔者田野调查笔记，2018 年 7 月，二连市星光小区。

除老人之外，中青年人显然更易于适应城镇住居空间。近十年的复合式住居空间中的生活经历能够使牧民较快适应楼房，但需要注意的是，对于长期居住在牧区，并有普遍的蒙古包居住经历的牧民而言，对城镇住居的较高适应程度及经由完全适应才能产生的住居感之培育仍需一段时间。在牧民小区，住房装修普遍呈一种简易而一致的风格。除壁纸多带有民族图案及电视柜上放置一些民族工艺品之外，无很明显的地域和民族风格。住居为小面积的两室一厅格局，家具简易而稀少。而在年轻人居住的商品房内，室内装饰显然华丽许多。住居室内的器件数量、装饰程度某方面说明了居住者的居住态度与居家感的强烈程度。

二 牧民聚居区——再社区化场域

城镇居住空间应由住居、小区、街区（或片区）、城区四个空间层级构成。因此，对于牧民而言除适应新的住居空间以外还要去适应多人聚居的小区、车辆穿梭的街区与更大尺度的城区。对于牧民的城镇生活而言，住居的适应只是基础性问题，它解决的仅是其能否在城镇中住下去的问题。而适应并融入新的邻里、小区、社区等外在的社会环境才是更为重要的问题。它所解决的则是能否在城镇中实现自我价值与归属感、存在感，从而真正融入城镇生活，并安逸度日的问题。故而，居住者在城镇空间中的再社会化成为必然。所谓再社区化是指居住者在新的居住空间体系中，重新建立其邻里、群体及社区关系，使自己融入新共同体的过程与结果。然而，因其不同的空间构成与场所特性，牧民的再社区化过程具有不同的模式。

（一）集合式住居场所中的日常交往

牧民小区是全旗牧民集中而居的城镇住宅小区。来自各个嘎查的牧民共居一个小区，构成了一种同质性较高的城镇社区。其常住居民多为老人，他们在城镇养老养病，陪伴在城镇务工的子女或照看上学的孙辈。共居一个小区的牧民们出于共同的语言、身份、年龄、畜牧业生产经验与经历等共同性基础，能够迅速彼此认识并达成伙伴关系。一些从事多年旗、苏木行政工作的退休干部及具有辉煌养牧经历的牧业大户也住在牧民小区内。故在共同的居住空间内建构了一种较为平等的社会空间。

以老年人为主要居住群体的牧民小区院内，具有一种相异于商品住宅小区的生活气息与亲和力。其因为居住者群体所具有的一种集体性人格心理特征。曾经历游牧时代与集体经济时代的老年人，具有普遍的传统道德品性与集体主义精神。故通常表现出性情直爽、外向热情、诚实正直的性格特点。这一集体人格特征在小城镇空间内得到了维持。而与老人们住在一起或在牧民小区外居住的，生长于市场经济时代的年青一代已明显具备了谨慎、冷淡、个人主义的人格心理特征。牧民们将生成于草原牧区的喜欢打探新闻趣事，善于观察，积极主动的社交习惯带入了城镇空间，故构成一种较为融洽的社区氛围，然而，若要深入观察，依然会发现一些交往困境与不适。

作为一种文化感受的"寂寞"

2016 年 10 月，项目组在满镇两个牧民小区开展了为期两周的"进城牧民城市生活融入度调查"。问卷中设计了一道问题，其假设为，与牧区相比城镇至少有一个突出优势，即不寂寞。然而，在实际填写问卷及访谈过程中很快得知这一假设的错误性，几乎所有老人都称城镇生活更加寂寞。尽管老人们在温暖天气都下楼坐在小区院内的石阶上聊天，但仍感一种"寂寞"。而问到为何在牧区就不寂寞时回答通常为在牧区能够看到牛羊、牧场及远处的景色（qola-yin bar-a），人们之间往来亲密等。显然，有关寂寞的概念理解上调查者与被调查者之间出现了某种出入与误解。能够确定的是，牧民心中的"寂寞"（uyidqar）更多是一种文化感受。①

是"楼梯"在阻碍人们的日常交往吗？

在满镇金朱拉小区，牧民的主要社交空间为小区院内围绕一处假

---

① 笔者田野调查笔记，2016 年 10 月，满镇金朱拉小区。

山的台阶。老人们在阳光明媚的天气或在出租车司机送孩子到小区时下楼见面聊天。多数老人们熟知彼此住处的楼号、单元号与楼层，但相比在楼下见面，彼此间很少串门拜访。老人们称见面聊会儿天之后便上楼，很少有相互串门的时候。然而，地处学校附近的陪读家庭居住区则显示出更加频繁的走家串门的情况，甚至有牧民略显自豪地称我们（陪读家庭居住区）比起那些住楼房的人走动更加密切。为何在两种聚居区有不同的交往模式呢？有调查者称是楼梯的原因，即多数老人腿脚不好，爬楼梯对其而言是十分困难的。①

将楼梯视为一种阻碍日常交往的因素，强调了场所条件对社会交往行为的影响作用。的确，楼梯成为普遍患有腿脚病的老年群体之行动障碍。但除微观的建筑元素之因以外，另有源自宏观的场所性质及社会空间的深层原因。城镇空间的公共与私密性特质较乡下更为显著而有区别，小区院落、街道、广场是公共空间，而住居成为私密性的空间，陪读家庭居住区位居平房区，缺乏一种合宜而固定的公共交流空间，因而人们只能以走家串门的形式满足社交需求。虽然在一些城镇，平房院落的排列十分整齐，巷子整洁而宽敞，但依然缺乏公共交流空间。除场所条件之外，社区与居住者群体的构成是另一个重要因素，陪读家庭居住区的一种共性，即其上学的子女为其提供了一种共同话语及社会纽带。另外，相比长久性居住的个人住居，作为临时性住居的租住房屋，尤其是平房具有相对随意而私密性较弱的场所性质。

（二）其他住居场所中的日常交往

围绕学校而形成的陪读家庭居住区是随着城市人居环境的更新而逐步缩减或转化的居住空间，相比具有整齐划一的空间规划、清晰的居住区边界与相对固定的居住群体之牧民小区，自然形成的陪读家庭居住区更具有一种居住空间零散无序、居住区边界不清晰和人口常变化的社区属性，在此，人们的交往更显自由而不受场所限制。故而串门喝茶聊天、打牌打麻

---

① 笔者田野调查笔记，2016 年 10 月，满镇金朱拉小区。

将已成为主要的消遣与交流方式。早上将孩子送入校门之后，一些人便微信联络预约会面地点，或许小学门口是这些牧民所能会聚聊天的唯一的公共场所，每天在放学之前约一个小时校门口便会聚一帮人。牧区的水草牲畜情况、政策动向、邻里趣闻等各种传闻均在此处被传播。

与牧民小区的居住者不同的是，陪读家庭居住区主要由年轻妇女和少数老人作为主要居住者，其活动范围要大于牧民小区的老年人。人们按照苏木、嘎查或子女所属班级形成若干亲密往来的群体，与牧民小区的居民一样，陪读家庭居住区的牧民主要依赖各类补贴及后方家庭支援为生，故有充裕的空闲时间。也由此形成以娱乐为导向的一种生活模式。其所促成的一种次生关系为趣缘群体的关系。牧民们加入了各类趣缘群体，以集体聚会形式消磨时光，如蒙古象棋协会、传统射箭协会、歌咏与祝赞词协会等各类协会充斥牧区小城镇。相比牧民小区，产生于陪读家庭居住区内的社会问题也比较多，如对娱乐生活的过度痴迷以及由长期的分居与城市生活诱惑所导致的离婚率的上升等。

城镇是一种聚合各类异质群体，并重新建构其社会关系的空间。从各苏木嘎查迁至城镇的牧民，在新的居住空间内拓展了其新的社会关系与交往模式。对于每一位牧民而言，其所认识的人已并不仅限于本嘎查人或外嘎查的少数亲戚。嘎查或苏木名称依然被人们所强调，但只是作为牧民用于区分与标识其邻居或熟人的一种身份属性。在牧民小区内乘凉的一群牧区老人一向以自己的嘎查名称作为向外来者介绍其身份的主要标志。除嘎查之外，牧民在城镇里通过所居小区、同学关系、家长关系及某一类业余爱好而构成各类群体。除牧民之外，与城镇公职人员和外地人的交往更加拓展了牧民的社会关系领域。

无论是对聚居或散居的牧民而言，一种虚拟的社交平台——微信群已成为重要的交往空间。一个牧民可以有嘎查通知群、嘎查交流群、亲属群、浩特群、小区群、单元群、家长群及趣缘群体群等若干微信群。在这些群里充斥着有关嘎查社区文件、包括牲畜、牧草、劳力等生产要素的转包出售信息、各类宴席邀请，甚至是出现于孩子作业上的生词解答等内容。微信群以虚拟的空间形式超越了城乡地理距离，从而将分居于城乡的人整合至共同的交往空间内。相比老年人所关注的娱乐与文化信息，年轻人则更重视各类就业与生意信息。并且年轻人的微信群已超越城镇空间本身，并涉及周边城镇社区。从而在更广阔的空间范围内进行交流。

三 城镇文化空间

居住空间趋以成熟并稳定的一个显要表征是围绕居住地的文化空间之形成。嵌入城镇日常生活领域中的小规模地方性商业模式及在城镇空间中逐步形成的群体文化实践是具有代表性意义的两类文化空间，其物理性空间载体便是牧民街与广场。此处所指牧民街是指逐步形成于牧民小区周边街区与陪读家庭区域内的，以具有鲜明地域与民族特色的商品店、饭馆及相关服务行业构成并相对集中的商业街。其出现与牧民居住空间构成与日常生活需求具有密切联系。牧民聚居区与牧民街分别成为进城务工牧民的生活与工作区域。后者的生成、发展及其空间意义是值得关注的一项问题。而城镇广场与其他大型场馆成为一种正式的，有组织的集体活动得以开展的公共空间。近年兴起的旅游文化与非遗保护热使牧民们获得了展演其知识与技能的空间。

（一）牧民街

围绕牧民聚居区自然形成的牧民街与由政府统一规划并建设的民族商品产业园之间具有一定区别。前者是依据牧民群体的生活需求而自然形成，并由牧民自行经营，产品与服务多样而具有地域特点，也多由牧民消费的街道；而后者则是政府为拓宽进城务工牧民的谋生道路而创建并予以一定政策鼓励与优惠的商业区域。其经营者由城镇商人和少数牧民组成，产品多为民族和地域特色产品，并多由外地旅游者消费。在所处区位上，前者处于房租价格低廉，离学校和牧民聚居区近的小街巷里；而后者通常处于城镇广场或主干街上。

牧民街的形成是一种自然的社会过程，其形成是进城牧民群体对城镇空间的一种影响结果，从经营范围与种类而言，具有多样化发展的明显趋势。在内蒙古牧区，奶食店、蒙古传统服装店、蒙餐馆三者或许是出现最早，并至今作为主要类型的三种城镇民族特色产业。经历十余年的发展，牧民的经营范围由上述三者扩展至旅店、首饰店、婚纱摄影店、肉铺、文化产品店、书店、时尚服装店、蒙古包厂、出租车、辅导班等多种类型。

从单一经营种类而言，具有日趋精细化、特色化的发展趋势。以奶食店为例，90年代末至2000年初始现于城镇中的由牧民自己经营的奶食店与当前的奶食店在奶源、产品种类、销售模式等方面具有明显差异。在奶源方面，前者仅依赖城镇郊区的奶牛养殖场，而后者开始使用牧区的奶源。在制作与销售的产品种类方面，前者主要是以牛奶制成的奶豆腐、奶油、黄油等传统奶制品。而后者已拓展成用牛奶、驼奶、羊奶制成的酸奶、奶酒等多样化产品。同时已出现奶糖、奶卷等各类新发明的特色产品。从销售模式而言，前者主要依赖实体店出售模式，而后者除实体店销售外有网络销售、微商、为某家旅游点专供产品等多种形式。

民族产品的多样化、精细化发展说明牧民在城镇空间中的谋生技能之增长以及由此形成的生存空间之拓展。从90年代末进入城镇经营自己擅长的民族产业到当前的多样化经营格局也说明了牧民的城镇融入性之增长。奶食与蒙古袍等民族产品的制作是牧民所熟知的生活技能，故在早期城镇化过程中牧民主要依赖自己所擅长的生活技能。随着城镇化的深入发展，已有十余年城市生活经历的牧民开始拓展其他经营类型。这些经营类型并不仅限于民族与地域产品种类。

乌镇的一条奶食小街

在乌镇西北角，牧民小区以东的一条小巷里聚集了8家大小奶食店。此地段以平房为主，仅在十字路口建有二层门脸房。路南为平房区，故其临街的一面为房屋后墙，未设商铺。而路北为平房区院落正门的向街处，居民将南房改成店铺，向外出租或自行营业。在数十米的街里共有12家店铺。2015年时此处仅有一家由B嘎查牧民经营的小奶食店，其余店铺为当地人经营的火燎羊头蹄和收购羊皮与羊肠的小店铺及小商店。然而，2019年时进城牧民成为此街巷的主要经营者，奶食店发展成 8 家，并"挤走"了其他店铺。8 家奶食店中的 3 家具有亲属关系。牧民也以初开奶食店的老板之名，称此巷为"某某古都木"，即"某某胡同"。居住于牧民小区与周边街区的牧民是这里的主要消费者。并且常有熟人在这些店里喝茶聊天。①

牧民街的形成或民族商品店的聚集化也说明了一种城镇牧民社会交往空间的形成。由牧民经营的各类实体店成为牧民们经常会面聊天的场所。早先由城镇居民经营，并取得一定成就的蒙古服饰店、首饰店已开始进入拓展业务，打造品牌的发展模式，并将其顾客群锁定在中高收入群体。然而，由进城牧民经营的奶食店、服饰店等依然处于起始阶段。然而，就因此特点，这些地处偏僻小巷的小店营造了一种更近乎牧民日常生活的，具有浓郁的地域特色的城镇空间。

（二）广场

牧区社会生活重心向城镇倾斜的一个重要表现为地方公共节庆与仪式向城镇的转移。除敖包祭祀、烙马印等受空间与条件限制的祭祀与生产活动之外，牧民个人举办的类别如剪发礼、婚礼、祝寿礼等传统仪式已几乎全部由城镇宾馆和饭店所承担。并且，出于便捷的城镇服务与礼尚往来需求，集体礼仪开始明显增多。搬进新买的楼房时举办乔迁礼，子女考上大学后举办升学宴，甚至在老人 61 岁时就举办祝寿礼等。故牧民时常到城镇的一个重要理由是参加各类仪式庆典。这些仪式庆典在日常生活中起到一种维持社会关系、促进社区成员的互动、拓宽社会关系网的作用。对这些在每周末几乎都有的大小庆典，牧民是十分认真的。宴席是展示某人社会地位与关系的场域，并且呈现一种互惠特点。它以"参与仪式"作为交换的筹码。

然而，除集体性仪式的场所转移之外，我们更应注意产生于城镇空间中的一些新兴公共活动类型。上述各类人生仪礼只是利用了城镇便利的场所与服务条件，而在仪式本身并无明显的城镇特点。城镇新型公共活动则

---

① 笔者田野调查笔记，2015 年 10 月，乌镇蒙幼小巷；2019 年 7 月重访。

是指产生于城镇空间内，由正式组织予以批准和支持的，由常住城镇的牧民作为主要参与者的公共活动。这些活动包括集体春晚演出、集体祭火仪式与各类文化展演与竞技比赛。新型公共活动的举办者多为各级政府，也有各类牧民自行组织的文化协会。

公共祭火仪式

农历腊月二十三是蒙古族传统的祭火日。出于神圣而私密的仪式性质，祭火仪式需在住居内进行，参与者必须为家庭成员。然而，近年在内蒙古各城镇都兴起一种新型公共仪式——集体祭火仪式。在乌镇，每年的集体祭火仪式在乌镇中心广场之———哈萨尔广场举行。仪式由当地民俗文化爱好者组成的民俗学会主持，政府给予一定的资助。人们在广场中央的大型火撑里生火，穿着民族传统服装的牧民前来参加仪式。[①]

与城镇居住空间将原有公共性文化元素加以私密化一样，城镇文化空间则将原有私密性文化元素加以公开化。这些双向文化构型现象是乡村牧区文化在城镇空间内得以重构的重要表现。公共祭火仪式是一项十分具有文化喻义的"传统的发明"。其发明者并非是牧民，而是城镇居民或确切而言是以退休干部和地方文化研究者为主的文化精英。多数牧民对此虽持有一种批判态度，但其参与度是可观的。祭火由传统的家族、家户性神圣仪式逐步变为现代的社区、社会性公共活动。其娱乐性、展演性意义强于原有私密性、神圣性意义。尽管文化精英们想方设法为此活动注入各种神圣的信仰文化要素，使其看来更加仪式化和程式化，但其娱乐性特点依然处于一种重要地位。这一公共仪式在某种程度上延长了人们在城镇中逗留的时间。"炉灶"在哪里，"生活"便在那里，尽管其具有显著的文化展演性，但它在某种程度上隐喻了城镇在日常生活中的重要性。

---

① 笔者田野调查笔记，2018 年 2 月，乌镇哈萨尔广场。

（三）文化展演空间

居住于牧民小区，坐在小区院内石阶上等着孩子放学的老人们是常被忽略的一个群体。在家庭生活方面，他们的存在使家庭、亲属及社区维持了一种凝聚力，他们所居之处便是家庭生活之重心所在，相比在牧区参与生产的中青年人，这些老人是亲历区域社会发展史各阶段的，经历包括居住空间变化在内的若干社会变迁事项的，具有丰富的人生阅历的，传统畜牧业文化知识的真正持有者。他们掌握着丰富的传统畜牧业生产知识与技能。在此，我们所关注的是在特定社会文化空间中形成的对传统知识的需求以及由此促成的文化展演空间。

在旅游业与非物质文化遗产保护语境下，人们将注意力逐步转向这些老人。其所掌握的知识从而成为一种文化资本，由政府和地方协会举办的各类宣传与教育活动为老人们提供了展示其知识技能的空间，老人们在旗文化馆、非遗保护中心、学校趣味课堂，甚至是到更远的城镇，开始展演和传授其技能，与此同时各类群众性展览与比赛活动也开始兴起。它包括沙嘎游戏、绣毡、毛绳编织、蒙古袍缝制等内容。这对于牧区老人，尤其是老太太而言是一种业余消遣行为与重要社会交往场所，也是一种增收渠道。

格苏木牧民春晚

2019 年 1 月 22 日"戈壁之春"格苏木乙亥年牧民春节文艺晚会在二连市群众文化馆举行。当晚，从周边 4 个嘎查赶来的牧民车辆停满了平时空旷的大型停车场，多数牧民穿着民族服装，扶老携幼走进演出大厅。晚会主持人与主要演出者均为当地牧民，晚会也邀请了几名蒙古国的艺人。在台下观赏节目的牧民们每看到自己嘎查的演出或熟人时就显露出骄傲之情。从演出者的技艺水平而言，所有入选的节目均已达到相当高的专业水平，演出者也都是穿着时髦的年轻人，这远非是 90 年代偶尔在队部举办的牧民晚会。①

---

① 笔者田野调查笔记，2015 年 10 月，二连市群众文化馆。

四　牧民的城镇共同体

有关乡村与城市两种居住空间的社会生活与人格心理特征，滕尼斯曾用社区与社会概念予以区别。以乡村为主的社区是以"共同领会"①作为意志的亲密而一致的共同体；而以城市为主的社会则是分离而独立的社会。滕尼斯的观点深刻影响了人们对城乡二元社会所持有的价值评判标准之形成，而涂尔干的观点则超越了城乡二元空间的划分，他"反对把部落或'乡村'环境完全视为'自然的'"，并认为在更大社会中的"小群体、小圈子中的生活都是自然的"。②究其本质，其观点的差异在于人们对城市的不同理解上。有关现代城市对社会生活方式及人格的影响和塑造作用，学者们褒贬不一，观点不一致。但大致可分为乐观派与悲观派两种派别。同时，随着现代化的深入，在乡村社会也出现了诸多类似现代城市的所谓城市性特点。这促使人们改变了以往对城乡二元结构的观点，也对"乡村牧歌"式共同体想象产生了怀疑。列维斯（Oscar Lewis）称"不仅村庄的生活不是那么动人和融洽，城市化也没有给社会组织或生活方式带来大规模的、不可逆转的变化"。③

牧区邻里空间的变化、牧户的均衡化分布趋势、日常交往的减少、居住空间层级的结构性变化及现代家庭牧场的出现等现象证实了城市性并不仅仅是源自城镇空间的一种结果，而乡村牧区也同样具有产生城市性的条件之事实。以城市性作为外在核心特质之一的现代性因素在牧区的积累，使居住者产生一种普遍的无所适从且孤立无助的感受。这一体验与感知在某种程度上反映了人们对原有共同体的憧憬与依恋。在近年牧区出现的返乡养牧、亲属关系的认同与重建、以传统仪式重新唤起社

---

① ［德］斐迪南·滕尼斯：《共同体与社会》，张巍卓译，商务印书馆2019年版，第95页。

② ［美］马休尼斯等：《城市社会学：城市与城市生活》，姚伟等译，中国人民大学出版社2015年版，第112页。

③ ［美］拉波特等：《社会文化人类学的关键概念》，鲍雯妍等译，华夏出版社2013年版，第345页。

区记忆及邻里合伙修建围栏或撤除围栏的行为证实了人们对牧区共同体的重建实践。

然而，在牧区小城镇，这一共同体的重建实践具有更好的社会基础。甘斯（Herbert J. Gans）曾提出城市性或都市主义"可以催生而不是摧毁社区生活"①的观点。城镇化毕竟不是单纯的人口向城镇空间的聚集与转移过程，也是一种社会构筑运动。牧民的城镇聚居区已向再组织化、再社区化方向发展，从而重构了牧民原有的地域组织归属。但社区与共同体在严格意义上，并非是两个意义相同的概念。前者只是一种地域共同体或居住空间的共同体。而后者更属于一种情感、道德与文化的共同体。相比大中城市，牧区小城镇所具有的文化生态与空间场所特性，使其更易于培育城镇新共同体的形成。城镇共同体的最终形成是人们在城镇空间中"宜业宜居"的一个关键因素。

第三节　旗域城乡一体化发展

新型城镇化是符合社会发展之根本宗旨的城镇化模式。以人为本的城镇化模式，就是以人的需求为中心，设计出低碳、绿色、宜居、方便的城镇空间与各具特色的美丽乡村构成的合宜城乡空间，助力于构筑城镇美好生活的模式。城乡一体化是城市与乡村通过打破相互分割的壁垒，实现城乡要素的合理流动与优化组合，从而逐步缩小直至消灭城乡之间的基本差别，使城市和乡村融为一体的过程和结果。对于本研究而言，城乡一体化又是一种居住空间与社会空间的双重空间化实践，其空间结构是一种更加和谐、有机、平等的生活空间之形成。

一　城乡一体化居住空间的重构

城乡一体化发展是一种新时代新条件下的空间规划实践。与原有等级

---

① ［英］安东尼·吉登斯：《社会学基本概念》，王修晓译，北京大学出版社 2019 年版，第93 页。

化、分割化的空间结构所不同的是它是一种打破特定区域内众多制度壁垒的，实现城乡融合的空间规划。故它又是一种居住空间秩序的变革，其制度性意义强于景观性意义。在具体实践层面，城乡一体化可被分为居住空间的重构与旗域城乡体系的完善两个部分。随着牧区城镇化发展从速度型向质量型的发展，逐步完善城乡一体化空间，放缓城镇化发展的外部推动作用，使日益增长的城市性因素作为内生型动力是重要的举措。

（一）居住空间结构的自然变迁

城乡一体化发展模式可以维持牧区居住空间层级的自然变迁。由居室、住居、营地、邻里、牧场、社区与地域等层级构成的居住空间结构是一种符合干旱牧区生态环境的居住空间体系，提出这一空间性概念的意义在于强调居住者持有的一种移动性生存模式之存续问题。随着国家空间规划实践的调整与现代化的整体性影响，牧民在积极调整其居住空间的每个层级结构及各层级之间的关系。城镇空间在日常生产生活中的地位提升、社会保障制度的健全与市场要素的自由流通将最终取缔仅出于气候等客观因素的，随机性的生产性移动，而使居住者在既定的旗域空间内自主设计其合宜的，以日常生活为中心的居住空间。城镇逐步被纳入牧民的地域居住空间层级中，并成为重要的日常居住空间与公共交往空间。

需要指出的是，将城镇视为地域居住空间之组成部分的观点是以牧营地为中心或起点的划分结果。而以城镇住居为起点的划分可以完全颠覆上述层级序列，并建构一种将牧营地作为地域空间的空间层级。然而，无论是单极化或是两极化居住空间层级中，处于中间的各层级将会长期维持其稳定的结构。当下，城镇已是部分牧民的生活重心与长久性居住地，但依然与牧区维持着多重关系。因此，无论是何种结构，均以居住者在相比之前更为广阔的城乡空间内的自由迁移和安心栖居为宗旨。历经多年的牧区人居环境建设工程，牧区微观居住空间的物质建设已取得初步成效。同时，牧民城镇居住空间也逐步得到了成熟与发展。住有所居及住居更新的问题已基本得到解决。接下来的任务便是使人们安居于宜居宜业的城乡空间中的问题。

（二）居住空间利益的集体维护

城乡一体化是城乡之间在制度、经济、社会、文化、生态、空间上的协调发展过程。随着制度改革与经济要素的自由流通，城乡之间的差距正在缩小。然而，在此过程中，乡村牧区在各方面的劣势也逐步凸显。其一种表现为城乡在空间上的非均衡化发展，即乡村空间在城镇化压力下的一种日益缩小的趋势。来自大都市和地方城镇的资本已开始流向边远牧区。地方政府的招商引资策略与牧民的理性经济行为使部分不利于地方生态环境、居住空间的经济行为侵入牧区。牧场的碎片化、日益增长的个体主义与集体管理意识的淡化为其创造了可能性。

居住空间的保护体现在两个层面，即社区公共空间及个户牧场空间。从公共空间而言，在城乡一体化进程中，城乡要素的自由流通和乡村经济多元化发展是必不可少的措施与趋势。但在此过程中需认真辨别和评估外来生产要素对牧区社会文化、生态环境可持续发展的深远影响。除国家基础建设项目之外，由个别企业或个人投资兴建于草原上的一些设施之产业效能并不高，反而成为冲击和破坏地域原真性地景与文化结构的事物。相比城镇，乡村牧区空间更具脆弱性，稍不慎的投资将会成为有碍于整体景观与日常生活的事物。《国家新型城镇化规划（2014—2020）》提出城市"多予少取"放活方针与"严守耕地保护红线"的规定。① 同样，保护牧场及其畜牧业生产性功能是事关牧区城镇化发展的重要问题。从个户牧场空间而言，个别牧户在利己主义趋势下，采取了不利于所属牧业组或社区整体居住空间的长年外租牧场而不予严加看管、代牧异地牲畜、任意建设基础设施等不良生产行为。由此，有效抵制上述行为，维护居住空间利益的行为成为必然。

在批判资本主义空间矛盾的基础上，列斐伏尔提出"社会主义的空间将会是一个差异的空间"②。并强调了"只能是集体的与实际的，由基层控

---

① 国务院：《国家新型城镇化规划（2014—2020）》，2014年3月，中国政府网，http：//www.gov.cn/zhengce。

② 包亚明：《现代性与空间的生产》，上海教育出版社2002年版，第55页。

制,亦即是民主的"①,即普遍性的自我管理的空间主张。由居住者自行调整,并由国家合理引导的居住空间规划成为必然。从而实现被权力部门及专家所"分割"的"有待实现的总体性"。②其一种引申意义为,将居住权力与能动性还给居住者,使其积极建构其所栖居的空间。而这正是新型城镇化战略所坚持的核心思想之一。哈维的空间正义观念继承了列斐伏尔的思想。哈维认为正义是"一组社会地构成的信仰、话语和制度"。③从本质而言,空间的正义就是恢复并强化居住者对居住空间的集体控制权与形塑能力。

　　近年在牧区逐步显现的诸种新型产业类型中,除以地方优质畜种为特色的生态型现代畜牧业之外,旅游业或许是一种最具生态效益的产业类型。各旗县以部族文化与地域风景作为资本而大力宣传其旅游业。在个案区,边境观光旅游与驼奶疗养是两大特色品牌。与易于被复制的文化产品相比,地方性的空间资源因其不可复制性与再生产性,成为最可靠的产业资本。近年周边牧区及更为遥远的地区已从包括个案区西部在内的地方购买相当数量的骆驼,用于发展其特色驼奶事业。然而,作为牧场的"地质公园"却依旧维持着其吸引力。观光旅游作为一种空间消费形式,是以完整的地景与真实的居住空间或最古老且最平常的"栖居景观"④为持久性资源。旅游业固然有一定负面影响,但从空间视域而言,旅游更多是一种与地方性生活空间并不重叠的另一种空间层面的行为。

　　细心保护并渐次优化完整的居住空间及真实的生活场景,从而维护社区地方性特征本身是创造并提升现代产业竞争能力的行为。维护牧区居住空间利益,使其成为安居乐业的居住空间之根本措施在于空间利益的集体性维护实践。其关键在于使基层政府工作人员与公众真正领悟国家新型城镇化、乡村振兴等战略的原初精神含义与地方性意义,建立由政府引导,

----

　　① 包亚明:《现代性与空间的生产》,上海教育出版社2002年版,第56页。
　　② [法] 列斐伏尔:《空间与政治》,李春译,上海人民出版社2015年版,第12—13页。
　　③ [美] 哈维:《正义、自然与差异地理学》,胡大平译,上海人民出版社2017年版,第380页。
　　④ [美] 约翰·布林克霍夫·杰克逊:《发现乡土景观》,俞孔坚等译,商务印书馆2016年版,第380页。

地方社会参与的有效监督与管理机制。

（三）旗域城乡体系的完善

新型城镇化以推动城乡发展一体化为主要目标之一。"加大统筹城乡发展力度，增强农村发展活力，逐步缩小城乡差距，促进城镇化和新农村建设协调推进"① 是新型城镇化的重要发展路径。故在旗域空间内，加强城乡融合，提升畜牧业现代化水平，完善畜牧业产品流通体系，建设社会主义新牧区是内蒙古牧区城乡一体化发展的主要目的。

在宏观的空间规划意义上，城乡一体化涉及一种旗域城乡体系的调整与重新规划问题。鉴于牧区大尺度的地理空间条件，应维持从新中国建立初期便建构的由旗镇、乡镇、牧营地三者构筑的城乡空间体系。在城乡一体化发展阶段，只是需要调整其每个结点的功能及其在整体空间中所处的位置。如适度强化已呈现某种衰退迹象或功能弱化的节点；如乡镇，使其成为一种介于中间区位的，空间过渡和连接点，从而维持整体城乡体系的平衡机制。

二　中间社区——苏木驻地的乡镇化发展

苏木驻地是介于旗镇与嘎查之间的一个中间社区，其兴衰发展史见证了牧区数十年的空间过程。在当前已缩小为办公区的苏木驻地在城乡一体化空间中的角色转变及其乡镇化发展路径是一项需要被认真思考的问题。在以单一城镇为中心的大尺度区域空间内，适度强化中间社区所承担的社会职能，将苏木驻地转化为乡镇，使其作为社区生活中心是一条可行的路径。对于牧区乡镇而言，并不需要一种人口聚集效益或大规模的城镇设施建设。牧区乡镇是一种迥异于一般乡镇概念的微型小镇。它应以小巧简练的规模、较为完整的社会服务职能、安逸舒适的场所性为其特点。

苏木驻地之乡镇化发展的关键在于其原有社区职能的适度恢复。其中包括教育、医疗、商业等多样性功能。当然，恢复社区职能，并非使苏木

---

① 国务院：《国家新型城镇化规划（2014—2020）》，2014 年 3 月，中国政府网，http：//www. gov. cn/zhengce。

驻地恢复昔日人民公社的完整规模。这有悖于历经数十年的发展而获得的现有空间结果。城乡空间的压缩使苏木驻地不再承担完善的社会服务职能。然而，近年由国家支持重建的供销社、卫生院等机构所释放的活力证明了苏木驻地仍旧作为社区中心的重要地位。边境苏木的卫生院成为周边牧民看病取药，从而光顾苏木驻地的一个中心场所。除一直得以维续的商业职能，近年兴起的苏木卫生院的蒙医治疗，以及由牧民参与经营的餐饮、汽修等行业成为重要的社会服务类型。而在苏木驻地所担负的多种社会职能中基础教育是最为重要的一项社会职能。

在当前牧区，教育问题依然是牧民群体向城镇迁移并频繁往返于城乡间的主要原因。对于常住牧区的年轻牧民而言，每周末到城镇接送子女的工作已成为一种负担。在广泛获取地方居住者之意见的基础上，在乡镇建立幼儿园与小学低年级授课班是一种行之有效的方法。四子王旗在位居旗中部的红格尔苏木设立了小学，额苏木驻地设有幼儿园。周边地区的牧民将其子女送到上述学校就读。其对牧区基层教育所起到的效果是显著的。若将学龄前儿童或小学低年级学生的教育职能转移至乡镇，能够大幅降低牧民的日常开支压力，并能由此激活乡镇的生活气息。对于高年级的学生，可以适度开设校车制度。在离旗镇距离适中的某一乡镇设立学生接送点，由校方负责统一接送，让牧民定时定点到乡镇接送孩子也是一种可采纳的方法。

除社会服务职能外，苏木驻地的人文与居住景观的保护亦很重要。在城镇化进程中，建筑物的更新是最为直观的现象。个案区的多数生土住居与大集体时期的部分公共建筑被作为危房而由地方政府出资拆除。在当前苏木驻地仍有不少建于新中国成立初期至包产到户时期的公共建筑与集体设施遗存。在提倡并大力扶持全域旅游业的当下，除保护名胜古迹遗存与乡土文化生态环境之外，也应适度保护具有地方特点和纪念性意义的，不可再生的，结构框架仍较为完整而安全的部分民居与公共建筑，如供销合作社、粮站、牧区小学等老旧建筑与建筑遗存，从而丰富地方旅游资源与文化记忆。这些作为历史现场的建筑遗存是苏木驻地亟待保护的一种文化遗产。

三　城乡一体化社会空间的重构

相比物理性居住空间的建构，城乡一体化更多是一种社会空间的建构过程。城乡差距的缩小或消灭，将促使一种更加平等的社会关系之产生。居住空间层级的社会阶层属性从而逐步淡化。由集体经济时代自上而下设立的城镇和牧区、干部和牧民、中心与边缘等立体的空间结构转化为一种均等化、平面化的空间结构。列斐伏尔称"空间里弥漫着社会关系；它不仅被社会关系支持，也生产社会关系和被社会关系所生产"。[①] 城乡一体化空间结构是新型社会关系的空间化产物。

城乡一体化是在"消除城乡二元结构的体制机制障碍"[②] 下形成的一种制度创新结果。其表现为，城乡要素与公共资源在城乡之间的自由流通及由此形成的均衡配置。同时，城乡一体化作为一种空间规划实践，具有与城乡二元结构完全不同的空间性特点。就当前牧业旗的现状而言，在地理空间视域中，位居中心的旗镇与外围牧营地之间已由便捷通达的道路体系紧密连接在一起。原先处于边远、偏僻区位的牧区已被编入这一日趋扩张的体系中，从而失去了原有神秘而遥远的属性。全域旅游的兴起，促进了边远区域的大众化空间消费。但除道路、资讯与景观上的变化之外，城乡一体的地理空间别无其他明显的表征。其空间性更多地显现于社会空间的重构性意义上。

除了生产要素在城乡间的流通之外，新型经营模式与组织方式已出现于牧区。以现代家庭牧场为基础性经营主体的新型经营方式促成了基层社区的再组织化倾向。"推进家庭经营、集体经营、合作经营、企业经营等共同发展"[③] 是提升现代畜牧业发展水平的重要手段。一些牧民开始建立多种类型的文化协会与畜牧业合作社。基于亲属关系的邻里、家户等组织

[①] 包亚明：《现代性与空间的生产》，上海教育出版社 2002 年版，第 48 页。

[②] 国务院：《国家新型城镇化规划（2014—2020）》，2014 年 3 月，中国政府网，http：//www.gov.cn/zhengce。

[③] 国务院：《国家新型城镇化规划（2014—2020）》，2014 年 3 月，中国政府网，http：//www.gov.cn/zhengce。

依然在起作用，同时，超越血缘关系的，更具社会性意义的社会组织应运而生。这在一定程度上影响了居住空间的重构模式，即适度恢复原有邻里、牧场与社区空间之同时建构一种更有益于新型社会关系与交往模式的空间形态。牧区合作社、城镇共同体等新型社会组织的出现将有助于建构一种更加符合城乡一体化空间的社会组织形态。

城乡一体化发展的一种结果便是包括牧民在内的居住者在旗域、区域城乡空间内的往返生活模式。这一模式并不有碍于城镇化的正常发展，而是在城乡一体化空间内必然要长久持续的现象。彼得·桑德斯（Peter. Saunders）称创立城市社会学的任何尝试都必定会被扩展为研究社会整体的社会学。[①]因为一些看似源自城镇空间或专属城市的社会现象其实产生于更大的社会空间内。其所提倡的"非空间"的，而非"去空间"的城市社会学主张，使人们更加看重整体的社会空间，而非单一的城镇空间本身。将城镇更多地视为一种整体空间中的一部分，而非某一独立的地点或场所的观点适于城乡一体化空间结构。

第四节　旗域就地就近城镇化路径

小城镇兼具都市生活品质与地方文化基础的空间特性，使其成为在现代化深入推进时期最具生命力的栖居地之一。出于特殊的生态、区位、人口、文化等因素，牧区就地就近城镇化路径应具有其特殊的模式。以旗县区划或跨旗区域为界域的，具有清晰边界与合理结构的城乡一体化空间内的就地就近城镇化是符合国家发展战略的，使人民栖居于其土地上，构筑美好生活的合理模式。

一　牧区就地就近城镇化模式

在全国范围内，农民工的返乡已成为一种普遍的趋势。同样在牧区

---

① ［英］格利高里等：《社会关系与空间结构》，谢礼圣等译，北京师范大学出版社2011年版，第80页。

也出现了跨省、跨盟旗的外出务工者陆续返乡的情况。城乡差距的缩小以及新型城镇化与乡村振兴战略的全面实施，使多数外出人口开始回流。但此回流并非是返乡务农，而是一种特殊的城镇化过程，即就地就近城镇化。从大城市陆续返乡的外出务工者与从牧区转移至城镇的牧民之最重要的居住地或生活重心为家乡的小城镇。牧区就地就近城镇化路径应分为旗域就地城镇化与区域就近城镇化两种模式。前者指牧民向自己旗境内的城镇，即旗镇的转移。而后者指牧民向其周边旗县境内城镇的转移。

（一）旗域就地城镇化

就地城镇化，从其本意而言，有乡村就地城镇化和经整治调整的相邻乡村的就地城镇化两种基本类型。前者指居住者在原住村落中完成的城镇化，后者指通过整合周边村落，并在其中最为合宜的区位聚居的城镇化。"不迁移"和"小尺度迁移"是两者间的一种区别。出于同样的逻辑，牧区就地城镇化也可被分为在基层社区完成的城镇化和在旗镇或某一乡镇聚合的城镇化两种类型。前者除散居的景观特性之外在城市性生活指标方面完全可以符合城镇化要求；而后者是向旗镇迁居的城镇化模式。从牧区生态环境、区位条件、社会结构、经济类型等因素而言，后者无疑是就地城镇化的主要模式，即牧区就地城镇化主要指旗境内的牧民向旗镇迁居或以旗镇作为重要居住空间的城镇化模式。在此意义上，旗域就地城镇化与旗域就近城镇化是相同的概念。

对于牧民群体而言，以其牧区住居为中心向外逐层扩展的居住空间是其日常生活的总体性空间。随着国家空间规划之调整，这一空间一直处于一种动态的变迁过程中。在城乡二元对立时期，牧民的居住空间被限于邻里及社区空间内。而在城乡一体化时期，牧民的居住空间开始跨越社区，扩及更广阔的区域内。目前，牧民的居住空间已扩延至旗域城乡体系，即由旗镇、苏木、嘎查组成的空间体系之内。当牧民的居住空间之外界边缘达到旗镇之后，总体上维持了一种从营地至旗镇的稳定的尺度范围内，而很少有跨越这一尺度的现象。这说明了一种特定群体较为稳定的居住空间边界之存在。

当然，牧区的城镇化仍处于初始阶段。牧民在小城镇立足之后也曾出现过短暂而零散的向周边大中城市的转移，或称二次城镇化的现象。但此类迁移属于一种少数地方精英的教育迁移，如 H、B、S 嘎查的个别牧民从90 年代末便将子女送到呼和浩特市、集宁市、锡林浩特市中小学校就读，并在这些城市购房或租房居住。但由于户籍、学籍及近年的地方教育部门的生源保护政策，这一现象已开始日趋减少。绝大多数的牧民还是留在了各自旗镇或周边旗镇内。

（二）区域就近城镇化

此处所称区域就近城镇化是指牧民视地理距离的远近在跨旗区域内自由选择迁居城镇，并将相邻旗县的城镇作为重要居住空间的现象。跨旗区域一般介于两旗之间，主要由居住地与所属旗镇的距离大于居住地与周边外旗旗镇的距离的牧民予以选择。牧民向近边城镇迁移或频繁走动的普遍倾向反映了牧民的就近城镇化意愿。如 B 嘎查东部的孩子多数在赛镇上学，U 嘎查的孩子几乎都在二连市上学，两个嘎查的不少牧民在赛镇与二连市创业或工作等。

牧民选择就近城镇化的首要考虑因素为地理距离的远近与交通线路的便捷与否。除此以外，城镇环境、教育条件、商品价格，以及文化相似性与认同程度等均起到不同程度的影响。如 2017 年满镇至洪苏木驻地的小油路被修复一新后 U 嘎查牧民往返于满镇的现象明显增多，而之前几乎无人在满镇送子女上学或居住。对于一些牧民，宁愿走 200 千米的油路到旗镇也不走近百千米的砂石路到周边城镇。然而，除交通条件及地方政策之外，一种作为本地人的文化身份及认同起到一定作用。出于本研究的学科特点，研究者关注了进城牧民的文化认同。二连市的 T、U 两个嘎查的牧民虽来自两个旗，但同属一个部族，文化的高度相似性使两者间持有很高的文化认同。而赛镇的 B、S 两个嘎查的牧民虽牧场相连，但出于不同的旗属、部族而具有一定的方言与习俗差异，正是此差异性使两者间总持有一种文化偏见。文化认同问题作为潜在或次要因素，不会影响区域就近城镇化的总体进度，但作为常见于日常生活中的现象，是关乎居住者在异地常居的一个重要问题。

二　就地就近城镇化：家乡情结与地方化实践

与传统城镇化以异地城镇化为主导模式所不同的是，新型城镇化以就地就近城镇化为主要模式。① 就地就近城镇化模式的实施首先以划定一个可容纳城镇化得以顺利进行的、尺度小且合宜的地理或行政空间范围为前提。在全国范围内，县域是一个最为理想的就地就近城镇化区域。同样，在内蒙古牧区，旗域是一种合宜的范围。以旗为范围的城镇化区域模式有益于保护并维持牧区固有的居住空间层级，并使居住者在此空间内进行自然的城镇化转移。无论是旗域，还是跨旗区域均处于居住者的宏观居住空间之最大层级，即地域空间之内。牧民在其居住地至旗镇的空间距离内建构了其居住空间层级，从而保证了其日常生产生活事项的正常运行。

旗域或区域就地就近城镇化模式有益于重构并培育一种居住者在一定居住空间层级内长久居住，并安居乐业的家乡情结。努图克或家乡是以住居为中心的一种被地方化的空间。家乡情结既是乡愁，又是一种依恋于本真性居住空间的集体性情感。至于家乡这一精神空间的边界可借助居住空间的拓延而逐步扩大。特定的居住空间范围之存在有益于建构一种稳定的家乡边界。

在内蒙古牧区，各旗均有较为显著的地域与部族文化特性，旗一级别的行政建制具有一种文化空间属性，而这一属性对于居住者而言是至关重要的。牧民在自己的家乡居住和生活，其整体文化环境有益于群体固有的日常生活模式之维持。在此基础上形成的一种家乡情结与自豪感是一种有益于生态保护、社会和谐发展的动力源泉，它可以建构一种宜居宜业的居住空间。

同样，区域就近城镇化模式也并不违背上述假设，反而更有益于构成一种包容开放的家乡情结。随着行动空间的逐步扩大，居住者的家乡观念及文化包容性正在发生变化。文化相同或相近的周边区域也可以被人们纳

---

① 李梦娜：《新型城镇化与乡村振兴的战略耦合机制研究》，《当代经济管理》2019 年第 5 期。

入其家乡范畴之内。然而，在现实中常有在社会资源的分享问题上，出现一些地方保护主义与文化排斥现象。因此，在制度层面，应取消牧民子女在周边城镇就学的户籍与学籍限制。在教育及就业岗位上向周边旗县的牧民给予与地方居民同等的待遇，从而提高牧民对跨旗区域的认同程度。通过接纳而形成的家乡情结可以使人们安居于某处在文化与制度层面被予以接纳，情感与身份层面已融入地方社会的城镇空间中。

家乡情结以家乡概念及其边界的确立为首要前提。这说明牧民的家乡概念具有一种可塑性。家乡，即地方，它需要被外力所生产，并由居住者所认同。在谈论网络空间问题时，卡斯特（Manuel Castells）称无论是在现代社会还是传统社会都存在一种空间——地方空间。"地方乃是一个其形式、功能与意义都自我包容于物理临近性之界限内的地域。"① 可以认为，地方是一种长久存在的现象，但在现代性时空条件下，地方具有一种被重新创造的可能。借助文化环境的营造与宣传工作而实施的恰当的"地方制作"实践或地方化实践可以使牧民们真正地居住于城镇空间中，而非在城镇拥有自己的住居。"地方制作"，即空间的地方化建构实践，使牧民们产生一种城镇亦是其家乡的一部分，并具有与其牧场同等重要的地位之观念，需要合理的引导方法与实践。其具体措施为维护在城镇空间中自然生成并日益壮大的地方文化实践与宣传媒介的正面引导。

三　旗域城镇化的时间进程

城乡一体化与就地就近城镇化均是以特定空间性为前提的时间概念。城镇化作为一种社会过程，本身含有一种时间性。它是一种内生而整体的，自然而漫长的时间过程。同时又是特定空间以城市性方式重组的空间过程。因此，包括政策因素在内的外部力量更多起到一种指导与规划作用，而民间内生性的生存需求则是主要动力。

---

① ［西班牙］曼纽尔·卡斯特：《网络社会的崛起》，夏铸九等译，社会科学文献出版社2001年版，第518页。

（一）旗域居住空间体系：生存与适应

牧民在城乡一体化空间内的生存与适应是旗域或区域就地就近城镇化的首要问题。牧民在旗域城乡空间内的就业渠道与观念的多样化说明了城镇化所取得的一定成就。进城牧民是一个有必要继续细化和分类的群体概念。进城牧民指常住城镇而户籍未转入城镇的牧民。依据其进城原因可分为禁牧户、自愿进城务工者、陪读群体及随子女迁至城镇养老的牧民四大类型。禁牧户为自愿签订生态移民禁牧合同（期限为 5 年）后，享受由政府给予的住房补贴与草场补贴，并在政府统一规划建设的经济适用房居住的牧户。政府给予的住房补贴通常很高，故牧户只需出一小部分钱就可以迁入新房。享受补贴的牧户不得在规定期限（5 年）内转让房屋。另外，可以依据其出生年代将进城牧民分为老年（20 世纪 50 年代之前出生）、中年（20 世纪 60—70 年代出生）、青年（20 世纪 80 年代—2000 年后出生）三大群体。进城牧民不包括已在城镇或乡镇事业单位就业，从而常住城镇的牧民子女以及仍从事畜牧业生产，并频繁往返于城乡之间的牧民。当然，相比个体，家庭作为生活共同体，对进城牧民的分类与研究更具代表意义。通常，在一个家户中同时有分属上述各类群体的成员，如老人为禁牧户，未成家的女儿在城镇事业单位上班，已婚的儿子在牧区放牧，媳妇常住城镇陪读子女并打零工等。依据进城牧民的居住空间选择倾向而言，可以将其分为以下几种类型。

其一为陪读老人与妇女。为照顾在城镇上学的子女，牧区多数家庭在城镇购房或租房，将老人送至城镇陪读照顾孩子。家无老人或老人已失去劳动力的家庭只能一分为二，妻子到镇里陪读，丈夫在家养牧。妇女们除接送孩子和做饭之外很少做兼职工作。这些老人与妇女主要居住在牧民小区或学校附近的学区房内。

其二为中青年打工者。在牧区举家迁至城镇并打工谋生的家庭相对少，但几乎所有家庭中总有一至几名成员在城镇务工。在城镇打工多年的人多数是缺乏劳力而无法从事畜牧业生产的特殊家庭成员或 90 年代时便已到城镇谋生的牧民。牧民工在城镇中的工种主要有以下两种：一种为打零工，如在冷库、肉铺、机修、建筑工地等地方打工。此类工作较为灵活自

由，牧民干一天工作挣一天的钱。有时能承揽一些大活，召集亲戚朋友一
起做。另一种为在某岗位上的较长期的工作。如在饭店、宾馆、商场、洗
车行等地当服务员。此类工作有劳动合同，故具有一种稳定性。另外，因
城镇功能与特色的不同，每个城镇中的工种也有一定区别。如在二连市，
不少牧民借靠自己的语言优势做跨国贸易的蒙汉翻译、装卸工、劳务中介
等工作，而在乌镇，牧民在农忙季节到农场打零工。打工者主要在城镇租
房散居，随工作变化随时更换住所或寻找租价更加低廉的地点而频繁更换
住处。打零工的牧民有更充裕的时间往返于城乡之间。

在农场打工的牧民

在乌镇，牧民经常到城镇附近的农场做日工。由各农场派车到镇
里负责接送工人。其工作类型有人工打农药、除草、挖土豆、选装土
豆、割葵花饼、掰玉米等。日工在农闲季节每日挣 100—120 元，农忙
季节挣 150—240 元。工费当日结算，并送回城镇。八九十年代，旗境
西南部农区的农民大量流向中北部牧区放羊、盖房。而至 2000 年后，
旗境中北部的中青年牧民开始到城镇周边农区打零工。[①]

地方劳力在农牧区之间的反向流动反映了一种旗域空间的缩小与城镇
化进程的深入发展趋势。牧民的就业方式与观念已有很大变化。从事除畜
牧业之外的工种，拓宽就业渠道的种种实践说明了牧民在城乡一体化空间
中的一种适应能力的提高。

灌血肠的妇女

随着饭店、肉铺及城镇居民对肉食品的需求量之增长，从牧区运
来活羊在城镇现杀现卖的生意盛行于各牧区小城镇。这一生意需求量
大且一年四季均有稳定的市场。这对进城牧民，尤其对妇女群体提
供了一种良好的就业途径。牧区妇女有灌血肠、肉肠的娴熟技艺，且

---

① 笔者田野调查记录，2018 年 7 月，乌镇南街平房区；2019 年 7 月，脑苏木驻地。

工作干得干净利落。因此，人们愿意雇用这些牧区妇女。2017 年的工费为，灌一套血肠与肉肠为 60 元，若需刮洗毛肚另加 20 元。故一些妇女一天能做 5—6 套，挣 300—400 元。加工肉食品的地方都备有从城镇各处接送工人的专用车辆，并且按工作量当日支付酬劳。①

其三为中青年创业者。除少数打工者在长期的城镇生活基础上积累经验与资金自主创业之外，在城镇创业的多数人属于较好地处理了城乡生活格局，并且在一定程度上依赖牧区产业的牧民。其亲戚或家人在牧区养牧，自己则在城镇创业，故具有良好的后方支撑资源。个体户的创业模式有开饭馆、奶食点、肉铺等几种类型。他们或将牧场托付于亲戚经营，或将牧场与城镇连接起来做畜产品推销工作。这些人一般偏向于购买商品房。

在城镇创业的牧民

U 嘎查一名年轻牧民在二连市创业多年。其妻子为蒙古国公民，故二人起先从蒙古国带来银碗、首饰等器具转售于同乡人，做一些小本生意。2015 年在星光小区路南小街开了一家蒙古服饰店，雇用蒙古国的裁缝缝制蒙古袍。2018 年另开一家蒙古包家具加工厂，定做喀尔喀式蒙古包及家具用品。其母亲帮助经营服饰店，店内摆满了精致的蒙古袍及一些蒙古包构件及家具。其弟弟在牧区养牧，并经营其母亲与兄长的牧场及少量牲畜。②

牧民在城镇空间中面临的是一种文化适应问题。毕竟，在牧民的生活经历中无任何有关城镇生活的经验，牧民群体需要一种自然而缓慢的城镇化适应过程。故有关牧区城镇化的时空规划不应仅限于城镇区域及较短的时期内，而是以整体区域或旗域为规划对象，以自然有序的变迁进程为时间限度。规划时空的扩延对地域居住空间的文化生态保护具有

---

① 笔者田野调查记录，2017 年 1 月，乌镇南街平房区。
② 笔者田野调查记录，2018 年 12 月，二连市星光小区。

很重要的意义。

城镇小区里的牧区生活展现

在周末的牧民小区院内通常停满后带拉羊架的各类皮卡，颇有牧区生活气息。2017年国庆节前夕当调查组在满镇金朱拉小区园内访谈时看见两个牧民开着皮卡车拉着一只羊开进了小区。过了一会儿，两人下楼将车上的羊抱下来，在单元门口宰杀之后，将羊皮剥下来整齐地叠好放在楼下的垃圾箱上面，把整只羊抬到了楼上。事后得知，这是一位老人的两个儿子在节假日从牧场赶到镇里给老母亲喝汤。①

（二）城镇化历程的自然性

在现代化进程中，由国家扮演推进和控制城镇化进程的主要角色是常见的现象。其通常的逻辑为，在工业化早期，由政策主导的城镇化与人口转移虽在短时期内取得显著的成效，但同时也产生了众多社会问题。而在工业化的晚期，城镇化进程得以延缓，并以更加自然而缓慢的方式发展，在大中城市，郊区化、逆城镇化等空间运动随之而起。

在个案区，2000年之后实施的一系列生态移民政策的低效性说明了人口聚集化、城镇化所牵涉的社会因素之复杂性。仅借靠政策优惠的人口迁移模式，只能让人们在统一规划的居住区内留居一段时间，待预订居住期限或契约结束后又陆续离开，并返回牧区从事养牧。机械的人口转移最终导致公共资源的浪费，集中修建的住居与公共设施被大量闲置或遗弃。

与传统城镇化所注重的城乡二元格局下的人口机械转移所不同的是，新型城镇化更多地关注区域或旗域的总体空间规划与人口在其中的自然转移。城镇与乡村，并不是一种非此即彼的居住空间选择问题，而是在城乡一体化空间结构中的协调发展。一般情况下，人们所注重的是一种宏观的空间规划效益，即列斐伏尔所称"空间的再现"② 或构想的空间，它是由

---

① 笔者田野调查笔记，2017年9月，满镇金朱拉小区。

② Lefebvre, Henri, *The Production of Space*, Translated by Donald Nicholson-Smith, Canbridge: Basil Blackwell, Ltd., 1991, p.33.

各行业专家所构想的一种概念化的总体空间规划。这一规划不仅包括旗镇空间本身，也包括旗域城乡体系。并将外围牧区视为由多个散居牧户构成的居住空间。然而，常见于现实生活中的是列斐伏尔所称的另一个空间，即"再现的空间"或实际的空间，就是居住者自行建构的一种居住空间。这一空间是"与隐秘的或公开的社会生活所联系的"①，有时是一种符号化的居住空间，它由社会和文化诸因素建构而成。因此需要重视居住空间层序的自然变化与城市性的自然培育过程。

从城镇化的进度与方式而言，在当前牧区城镇，常住人口城镇化率显然要高于户籍人口城镇化率。如后者是东苏旗"国民经济和社会发展第十三个五年规划纲要"里完成难度大的三项指标之一。② 然而，这是转型期所特有的正常现象。人们不愿离开家乡或土地，说明一种居住空间结构的持续作用之存在。从长远的发展趋势看，城镇化是一种必然的趋势。它需要的是一段自然而缓慢的过程。

---

① Lefebvre, Henri, *The Production of Space*, Translated by Donald Nicholson-Smith, Canbridge: Basil Blackwell, Ltd., 1991, p. 33.

② 李延泽：《苏尼特左旗第十五届人民代表大会常务委员会召开第十一次常委会议》，2019年5月8日，苏尼特左旗微平台。

参考文献

一 中文论著

阿拉腾：《文化的变迁：一个嘎查的故事》，民族出版社 2006 年版。

敖仁其编著：《牧区制度与政策研究：以草原畜牧业生产方式变迁为主线》，内蒙古教育出版社 2009 年版。

敖仁其主编：《制度变迁与游牧文明》，内蒙古人民出版社 2004 年版。

包亚明主编：《现代性与空间的生产》，上海教育出版社 2002 年版。

陈祥军主编：《草原生态与人文价值：中国牧区人类学研究三十年》，社会科学文献出版社 2015 年版。

丁元竹：《社区的基本理论与方法》，北京师范大学出版社 2009 年版。

费孝通：《费孝通文集》第 9 卷，群言出版社 1999 年版。

费孝通：《费孝通文集》第 13 卷，群言出版社 1999 年版。

费孝通：《江村经济》，戴可景译，北京大学出版社 2012 年版。

费孝通：《乡土中国》，人民出版社 2008 年版。

冯钢等主编：《社区：整合与发展》，中央文献出版社 2003 年版。

国务院发展研究中心课题组：《中国新型城镇化：道路、模式和政策》，中国发展出版社 2014 年版。

胡慧琴编著：《世界住居与居住文化》，中国建筑工业出版社 2008 年版。

贾晓华：《内蒙古牧区城镇化发展研究》，中国经济出版社 2017 年版。

景天魁等：《时空社会学：理论和方法》，北京师范大学出版社 2012 年版。

李斌：《中国城市居住空间阶层化研究》，光明日报出版社 2013 年版。

李拓编：《中国新型城镇化的进程及模式研究》，中国经济出版社 2017 年版。

内蒙古图书馆主编：《西盟会议始末记、西盟游记、侦蒙记、征蒙战事详记》，远方出版社 2007 年版。

色音等主编：《生态移民的环境社会学研究》，民族出版社 2009 年版。

王婧：《牧区的抉择——内蒙古一个旗的案例研究》，中国社会科学出版社 2016 年版。

王晓毅：《环境压力下的草原社区：内蒙古六个嘎查村的调查》，社会科学文献出版社 2009 年版。

王韵：《向世界聚落学习》，中国建筑工业出版社 2011 年版。

吴良镛：《人居环境科学导论》，中国建筑工业出版社 2008 年版。

荀丽丽：《"失序"的自然：一个草原社区的生态、权力与道德》，社会科学文献出版社 2012 年版。

张昆：《根在草原：东乌珠穆沁旗定居牧民的生计选择与草原情结》，社会科学文献出版社 2018 年版。

张雯：《自然的脱嵌：建国以来一个草原牧区的环境与社会变迁》，知识产权出版社 2016 年版。

中国社会科学院社会学研究所、农村环境与社会研究中心主编：《游牧社会的转型与现代性（蒙古卷）》，中国社会科学出版社 2013 年版。

二　外文译著

［英］埃文思·普里查德：《努尔人：对尼罗河畔一个人群的生活方式和政治制度的描述》，诸建芳等译，华夏出版社 2001 年版。

［英］安东尼·吉登斯：《社会学基本概念》，王修晓译，北京大学出版社 2019 年版。

［英］安东尼·吉登斯：《现代性的后果》，田禾译，译林出版社 2011 年版。

［法］巴什拉：《空间的诗学》，张逸婧译，上海译文出版社 2013 年版。

［法］布迪厄：《实践感》，蒋梓骅译，译林出版社 2012 年版。

［英］布罗尼斯拉夫·马林诺夫斯基:《西太平洋上的航海者》,张云江译,中国社会科学出版社 2009 年版。

［英］当·查提等主编:《现代游牧民及其保留地:老问题,新挑战》(英文版),知识产权出版社 2012 年版。

［美］大卫·哈维:《地理学中的解释》,高泳源等译,商务印书馆 1996 年版。

［美］大卫·哈维:《正义、自然与差异地理学》,胡大平译,上海人民出版社 2017 年版。

［美］戴利:《超越增长:可持续发展的经济学》,诸大建等译,上海译文出版社 2001 年版。

［美］戴维等:《民族考古学实践》,郭立新等译,岳麓书社 2009 年版。

［英］道格拉斯:《洁净与危险》,黄剑波等译,民族出版社 2008 年版。

［美］段义孚:《恋地情结》,志丞等译,商务印书馆 2018 年版。

［德］恩格斯:《论住宅问题》,曹葆华等译,人民出版社 1951 年版。

［德］斐迪南·滕尼斯:《共同体与社会》,张巍卓译,商务印书馆 2019 年版。

［丹麦］盖尔:《交往与空间》,何人可译,中国建筑工业出版社 2002 年版。

［英］格利高里等编:《社会关系与空间结构》,谢礼圣等译,北京师范大学出版社 2011 年版。

［德］海德格尔:《海德格尔文集:演讲与论文集》,孙周兴译,商务印书馆 2018 年版。

［日］后藤久:《西洋住居史:石文化和木文化》,林铮顗译,清华大学出版社 2011 年版。

［法］柯布西耶:《走向新建筑》,杨至德译,江苏科学技术出版社 2015 年版。

［澳］克里布:《游牧考古学:在伊朗和土耳其的田野调查》,李莎等译,郑州大学出版社 2015 年版。

［法］克洛德·列维－斯特劳斯:《面具之道》,张祖建译,中国人民大学出版社 2008 年版。

［法］克洛德·列维－斯特劳斯:《人类学讲演集》,张毅声等译,中国人民大学出版社 2007 年版。

［法］克洛德·列维－斯特劳斯:《忧郁的热带》,王志明译,中国人民大

学出版社 2009 年版。

［美］拉波特等：《社会文化人类学的关键概念》，鲍雯妍等译，华夏出版
　　社 2013 年版。

［美］拉普卜特：《文化特性与建筑设计》，常青等译，中国建筑工业出版
　　社 2004 年版。

［美］拉普卜特：《宅形与文化》，常青等译，中国建筑工业出版社 2007 年版。

［美］里克沃特：《亚当之家：建筑史中关于原始棚屋的思考》，李保译，
　　中国建筑工业出版社 2006 年版。

［英］利奇：《缅甸高地诸政治体系——对克钦社会结构的一项研究》，杨
　　春宇等译，商务印书馆 2010 年版。

［法］列斐伏尔：《空间与政治》，李春译，上海人民出版社 2015 年版。

［美］刘易斯·芒福德：《城市发展史：起源、演变和前景》，宋俊岭等译，
　　中国建筑工业出版社 2004 年版。

［美］路易斯·亨利·摩尔根：《美洲土著的房屋和家庭生活》，李培茱译，
　　中国社会科学出版社 1985 年版。

［法］马塞尔·毛斯：《社会学与人类学》，佘碧平译，上海译文出版社 2003
　　年版。

［美］马休尼斯等：《城市社会学：城市与城市生活》，姚伟等译，中国人
　　民大学出版社 2015 年版。

［西班牙］曼纽尔·卡斯特：《网络社会的崛起》，夏铸九等译，社会科学
　　文献出版社 2001 年版。

［美］穆尔：《人类学家的文化见解》，欧阳敏等译，商务印书馆 2009 年版。

［日］七户长生等：《干旱、游牧、草原：中国干旱地区草原畜牧经营》，
　　李莎等译，农业出版社 1994 年版。

［德］齐美尔：《社会是如何可能的：齐美尔社会学文选》，林荣远编译，
　　广西师范大学出版社 2002 年版。

［美］芮德菲尔德：《农民社会与文化：人类学对文明的一种诠释》，王莹
　　译，中国社会科学出版社 2013 年版。

［美］萨林斯：《文化与实践理性》，赵丙祥译，上海人民出版社 2002 年版。

［美］施坚雅:《中华帝国晚期的城市》,叶光庭等译,中华书局 2000 年版。

［美］斯科特:《弱者的武器》,郑广怀等译,译林出版社 2011 年版。

［美］苏贾:《后现代地理学:重申批判社会理论中的空间》,王文斌译,商务印书馆 2004 年版。

［美］维克托·布克利:《建筑人类学》,潘曦等译,中国建筑工业出版社 2018 年版。

［美］约翰·布林克霍夫·杰克逊:《发现乡土景观》,俞孔贤等译,商务印书馆 2016 年版。

［英］约翰斯顿:《地理学和地理学家:1945 年以来的英美人文地理学》,唐晓峰等译,商务印书馆 2010 年版。

三 英文论著

Anatoly M. Khazanov, *Nomads and the Outside World*, Second Edition, The University of Wisconsin Press, 1994.

Caroline Humphrey and David Sneath, *The End of Nomadism? Society, State and the Environment in Inner Asia*, Durham: Duke University Press, 1999.

Caroline Humphrey, Piers Vitebsky, *Sacred Architecture*, Dunkan Baird Publisher, London, 2003.

Elizabeth Endicott, *A History of Land Use in Mongolia: The Thirteenth Century to Present*, New York: Palgrave Macmillan, 2012.

Erene Cieraad, *At home: An Anthropology of Domestic Space*, New york: Syracuse University Press, 1999.

Fredrik Barth, *Nomads of South-Persia, The Basseri Tribe of the Khamseh Confederacy*, Little, Brown and Company, Boston, 1961.

Julian H. Steward, *Handbook of South American Indians*, Volume 5, Cooper Square Publishers, New York, 1963.

Lefebvre, Henri, *Translated by Donald Nicholson-Smith*, The Production of Space, Canbridge: Basil Blackwell, Ltd. , 1991.

Mari-Jose Amerlinck，*Architectural Anthropology*，Bergin Garvey，Westport Connecticut，London，2001.

Mildred Reed Hall，Edward T. Hall，*The Fourth Dimension in Architecture*，Santa Fe. New Mexico，1975.

Pierre Bourdieu，Translated by Richard Nice，*The Logic of Pratice*，California：Stanford University Press，1990.

Roxana Waterson，*The Living House*：*an anthropology of architecture in South-East Asia*，Singapore：Tuttle Publishing，2009.

Setha M. Low and Denise Lawrence-Zúñiga，*The Anthropology of Space and Place*，Blackwell Publishing Ltd.，2003.

William A. Haviland，*Cultural Anthropology*，Ninth Edition，Harcourt Brace College Publishers，Orlando，1999.

四 蒙古文论著

阿旺拉索编：《锡林郭勒寺院》，内蒙古文化出版社 2014 年版。

车登扎布：《巴彦塔拉草原历史变迁纪实》，内蒙古教育出版社 2011 年版。

达·查干编：《苏尼特寺院志概要》，苏尼特左旗政协文史资料（第六辑），2001 年。

达·查干编：《乌日尼勒特嘎查志》，内部资料，2016 年。

达·查干等编著：《红格尔苏木志》，内蒙古人民出版社 2007 年版。

额尔敦宝乐主编：《永远的怀念：追忆额尔敦陶格陶》，内蒙古教育出版社 2004 年版。

二连浩特市政协文史资料编纂工作组编：《二连浩特市文史资料（蒙古文）》第二辑，内部资料，2015 年。

嘎林达尔：《永远的故乡·苏尼特右旗地名实录》，内蒙古人民出版社 2011 年版。

满都麦等主编：《乌兰察布寺院》，内蒙古文化出版社 1996 年版。

那木吉拉玛整理：《二十八卷本辞典》，内蒙古人民出版社 2013 年版。

内蒙古蒙古语言文学历史研究所整理：《二十一卷本辞典》，内蒙古人民出
　　版社 2013 年版。

彭斯格德庆等编：《四子部民俗》，内蒙古科学技术出版社 2018 年版。

乌·苏木雅等主编：《文明的烛光苏尼特中学》，内蒙古文化出版社 2005
　　年版。

五　政府文件与地方文献

巴雅尔主编：《苏尼特右旗志》，内蒙古文化出版社 2002 年版。

二连浩特市地方志编纂委员会编：《二连浩特市志》，内蒙古文化出版社
　　2003 年版。

国家民政部《关于调整建制镇标准的报告》（1984）。

《国家新型城镇化规划（2014—2020）》。

内蒙古党委政策研究室、内蒙古自治区农业委员会编：《内蒙古畜牧业文
　　献资料选编（1947—1987）》，1986 年。

《内蒙古自治区新型城镇化十三五规划（2016—2020）》。

四子王旗地方志编纂委员会编：《四子王旗志》，内蒙古文化出版社 2005
　　年版。

四子王旗人民政府主办、四子王旗档案史志局承办、内蒙古通志馆编纂：
　　《四子王旗年鉴（2014—2015 年卷）》，2016 年。

四子王旗人民政府主办、四子王旗档案史志局承办、内蒙古通志馆编纂：
　　《四子王旗年鉴（2017 年卷）》，2017 年。

四子王旗人民政府主办、四子王旗档案史志局承办、内蒙古通志馆编纂：
　　《四子王旗年鉴（2018 年卷）》，2018 年。

《苏尼特右旗 2018 年国民经济和社会发展统计公报》，2018 年。

苏尼特左旗党史地方志办公室编：《苏尼特左旗年鉴 2011—2015》，创刊
　　号，2017 年。

苏尼特左旗党史地方志办公室编：《苏尼特左旗志：2000—2010 年》，内蒙
　　古文化出版社 2016 年版。

苏尼特左旗地方志编纂委员会编：《苏尼特左旗志》，内蒙古文化出版社 2004
　　年版。

苏尼特左旗十个全覆盖工作领导小组办公室编：《苏尼特左旗"十个全覆
　　盖"工作宣传手册》，2015 年。

乌兰夫革命史料编研室：《乌兰夫论牧区工作》，内蒙古人民出版社 1990
　　年版。

《乡村振兴战略规划（2018—2022）》。

中共四子王旗委员会、四子王旗人民政府编：《四子王旗政府工作报告汇
　　编（1954—2013）》，2014 年。

《中国共产党内蒙古自治区第十次代表大会报告》（2016.11.22）。

六　中文论文

布和朝鲁：《关于围封转移战略的研究报告》（上），《北方经济》2005 年
　　第 1 期。

布和朝鲁：《关于围封转移战略的研究报告》（下），《北方经济》2005 年
　　第 2 期。

黄应贵：《空间，力与社会》，《广西民族学院学报》2002 年第 2 期。

李梦娜：《新型城镇化与乡村振兴的战略耦合机制研究》，《当代经济管理》
　　2019 年第 5 期。

刘精明等：《阶层化：居住空间，生活方式，社会交往与阶层认同：我国
　　城镇社会阶层化问题的实证研究》，《社会学研究》2005 年第 3 期。

刘涛等：《中国流动人口空间格局演变机制及城镇化效应：基于 2000 和
　　2010 年人口普查分县数据的分析》，《地理学报》2015 年第 4 期。

罗意：《游牧—定居连续统：一种游牧社会变迁的人类学研究范式》，《青
　　海民族研究》2014 年第 1 期。

马戎：《草原上的学校——牧区蒙古族基层教育事业的变迁》，王铭铭主编
　　《中国人类学评论》第 3 辑，世界图书出版公司 2007 年版。

吴文藻：《蒙古包》，《社会研究》1936 年第 74 期。

徐维祥等:《乡村振兴与新型城镇化的战略耦合:机理阐释及实现路径研
究》,《浙江工业大学学报》2019 年第 1 期。

朱晓阳:《语言混乱与草原"共有地"》,《西北民族研究》2007 年第 1 期。

七　英文论文

Caroline Humphrey,"Inside a Mongolian Tent",*New Society* 31 October 1974.

Ressel,Christian,"Some Remarks on a Changing Concept of Nutag in 20th cen-
tury Mongolia",*Mongolica*,*an International Journal of Mongol Studies*,
Vol. 52,2018.

Richard Symanski,Ian R. Manners,and R. J. Bromley,"The Mobile-Sedentary
Continuum",*Annals of the Association of American Geograrhers*,Vol. 65,
No. 3,1975.